当代新哲学丛书

赵剑英　肖　峰■主编

量子信息哲学

吴国林　著

中国社会科学出版社

图书在版编目（CIP）数据

量子信息哲学/吴国林著 . —北京：中国社会科学出版社，
2011.9
（当代新哲学丛书）
ISBN 978-7-5004-9987-9

I. ①量… II. ①吴… III. ①量子力学—信息技术—物理学哲学
IV. ①O413.1-02

中国版本图书馆 CIP 数据核字（2011）第 143275 号

责任编辑　储诚喜
责任校对　刘　娟
封面设计　苍海光天设计工作室
技术编辑　王　超

出版发行　中国社会科学出版社
社　　址　北京鼓楼西大街甲 158 号　　邮　编　100720
电　　话　010 - 84029450（邮购）
网　　址　http：//www.csspw.cn
经　　销　新华书店
印　　刷　北京君升印刷有限公司　　装　订　广增装订厂
版　　次　2011 年 9 月第 1 版　　印　次　2011 年 9 月第 1 次印刷
开　　本　710×1000　1/16
印　　张　18.25　　插　页　2
字　　数　246 千字
定　　价　38.00 元

《当代新哲学丛书》总序

如果说"哲学是时代精神的精华",那么哲学的重要使命,无疑就是要通过对时代趋势的把握,来展现出时代精神的丰富内涵,并从中提炼出新的哲学观念、哲学方法和哲学视野,去影响人们更合理地构建自己的时代。

凡存在的,都是变动演化的,由此而形成不断推陈出新的趋势,人类智力和智慧的一种"内在本能",就是要极力把握住这种新的趋势,以获得对存在之奥妙的"明白",消解心中因外界的变动不居而留下的疑惑,并借助实践的力量将认识世界的成果转变为改善现实的成果。所以,对新事物的把握汇聚着人类各个层次的精神探求,在这个意义上,哲学不仅仅是一种"为往圣继绝学"的传承过程,更是"为当世探新知"的"开来"活动,这就是"探求新学"的活动,我们无疑可称这个意义上的哲学为"当代新哲学"。

"新哲学"也意味着,我们的哲学是处于发展中的哲学,而我们的哲学发展也不断形成新的趋向。无论是不断强化着的"科学性"、"实践性",还是成为焦点的"人本性"、"文化性",都是当今学术界在探索新哲学的过程中所归结的特征,这些特征当然并没有穷尽对哲学之新的把握,而本丛书所展示的方面,可以说是对新兴哲学的又一些维度的探视。

当代新哲学的多维度存在,表明她的来源是多样化的,她所汇聚的是多样的趋势，例如，本丛书就择取的是如下视角：

其一是追踪科学技术的前沿趋势，让哲学走进"新大陆"。科学技术是人类在探新的过程中迄今走在最前沿的领域，它长期以来为哲学的发展提供着源源不断的智力支持和问题激励，以至于追踪科学技术的前沿趋势，成为每一个时代哲学保持其生命活力的必要条件之一。本丛书我们选取了"量子信息"和"纳米科技"这两个国内哲学界从未涉足的科技前沿领域，对其发展的现状和趋势进行了哲学初探。进入这些领域，也犹如让哲学踏上"新大陆"，进入由当代科技为我们开辟的知识上的"处女地"，使我们面对从未接触过的新存在、新现象去尝试性地进行哲学分析和思辨性概括，在其中看看能否获得新的哲学发现。这个过程也是哲学与新兴学科的相互嵌入，用哲学的方式去打开这些新的"黑箱"，力求产生出智力上的"互惠"和视域上融合。

其二是把握日常生活的变动趋势，也就是让哲学走进"新生活"。生活世界的新问题是层出不穷的，它们为哲学思考提供了取之不尽的新养料，在今天由"现代性"和"后现代性"交织影响的日常生活中，女性问题、技术的人文问题以及视觉文化问题都已经成为"焦点问题"，也有的成为公众的"热门话题"，因为它们或者关系到一部分人的社会地位，或者关系到全人类的"生存还是死亡"，再或者关系到我们日常的文化社会方式问题，它们成为生活世界中不断兴起的关注点和"热词"，对其加以哲学的分析和归结，可以使形而上的哲理具象化，使抽象的哲学观点社会化。抑或说，这是一种在生活世界与哲学探究之间相互会通的尝试，体现了哲学"从生活中来，再到生活中去"的强劲趋势。

其三是反思思想学术的"转型"趋势，也就是让哲学进入"新视界"。近来，各种新兴思潮尤其是"＊＊主义"的兴起，不断掀动着思想学术或理论范式的"转型"，出现了从"物质主义"到信息主义、从实体主义到计算主义，从客观主义到社会建构主义，呈现出新兴学术思潮冲击传统思潮的强大趋势。这些学术思潮起初发源于具体学科，分别作为"信息观"、"计算观"、"知识观"等等而存在，但由于其潜在的说明世界的普遍性方法论功能，无疑包含着成为一种种新哲学的趋势；这些理论范式在走向哲学的过程为我们"重新"认识世界提供了若干新的参照系，引领我们换一个角度看世界，去看看世界究竟会是个什么样子？这无疑是一种智力探险，同时也伴随了丰富的思想成果，为当代哲学图景起到了"增光添彩"的作用，同时其"利弊得失"的"双重效果"也构成为哲学反思的新课题，正因为如此，这些选题构成为本丛书的一个重要组成部分。

总之，我们的新哲学源自于探索领域的新扩张、或是焦点问题的新延伸、或是观察视角的新转移。

世界范围内经济、政治、文化的大变迁，必然伴之以人类智慧和思想的大发展，使得哲学探新的势头日趋强劲，各个新领域、新侧面的哲学探索不断推出新的成果。如果从哲学上20世纪是"分析的时代"，21世纪则是各种新哲学思想竞相争艳的时代，正是在这种背景下，各种当代新哲学连续诞生，成为人类知识宝库和文化成就中的重要组成部分，"当代新哲学"的选题就是反映21世纪以来最引人注目的哲学新学科，展现近几十年乃至近几年来异军突起的哲学新亮点，它们认识论到方法论再到本体论，都带来了"新气象"。作者们力求从当代新的自然图景、社会图景和人文图景中把握总体性的新的世界图景，从而增加我们从哲学上把握世界的时代感、生动性和趋势感；这些新哲学的出现即使构不成哲学中的"全新革命"，但至少也由于其应对了时代的"挑战"而实现了哪怕是局部的"突破"和"超越"，从而形成了实实在在的"新发展"。哲学必须有它的传统和历史的积淀，才有智慧的进化；哲学也必须有对人类新发现新发明新趋势的追踪和创新性思考，才有不仅仅是作为"非物质文化遗产"的哲学存在，而且还有作为把握现实的世界观和方法论哲学的存在。由于"存在就是推陈出新",也由于哲学的探新精神,新哲学的涌现是没有止境的。

本丛书汇聚了一批中青年哲学工作者参与写作,其长处是他们对于"求新"的渴望,他们中不少在追踪学术前沿的过程中,已经开辟了或正在开辟新的哲学领域;同时,由于初涉这些全新的领域,所以这样的探索还只能是"初探"。当然,即便如此,我们也是力求以一种前沿性、学术性和通俗性相结合的方式,将其传播至公众和学者,力求通过焦点之新和表述之活来对更多的人产生更大的吸引力,可以称之为对哲学的一种"新传播":提高哲学尤其是新哲学对世界的"影响力",从而不仅仅是满足于能够以各种方式解释新的世界,而且还能够参与建构一个新世界。这或许就是当代新哲学的"力量"及其旨趣和追求。

赵剑英、肖峰

2011 年 8 月

目　　录

前　言

　　人们对世界的三大基本要素——物质、能量与信息的重要性的理性认识，最为晚近的是信息。经典信息论开始于 1948 年申农的《通信的数学理论》，而量子信息也在 20 世纪末受到了高度关注。"大器晚成"的量子信息，注定不一般，展现出一个全新的视阈，释放出人们探索世界与改变世界的多种可能性。

　　量子信息概念与量子力学密切有关。自 20 世纪 20 年代建立量子力学矩阵力学和波动力学以来，在近一个世纪的探索中，量子力学取得了巨大成功，但是，仍然有多种量子力学诠释，这些诠释之间还有相当大的分歧。1935 年爱因斯坦、波多尔斯基和罗森（EPR）在《物理评论》发表了《能认为量子力学对物理实在的描述是完备的吗？》一文，EPR 佯谬成为令人困惑的重大问题。1964 年，贝尔提出了贝尔不等式。20 世纪 70 年代以来，一连串的物理实验开始检验贝尔不等式，并开始检验 EPR 佯谬本身。

　　量子信息概念还与计算机技术的发展有关。1982 年，著名物理学家费曼（R. P. Feynman）首先推测，按照量子力学规律工作的计算机（量子计算机）可能避免能耗这一困难。1994 年，肖尔（P. Shor）发现了具体的量子算法。1993 年，本内特（C. H. Bennett）等四个国家的 6 位科学家联合在《物理评论快报》发表题为《经由经典和 EPR 通道传送未知量子态》的论文，这是一篇直接引发了量子信息理论的一系列重要研究的论文。1997 年 9

月，中国科技大学学者潘建伟与荷兰博士波密斯特尔等合作完成了"实验量子隐形传态"[①] 并在《自然》杂志报道了基于 EPR 关联的量子隐形传态的实验结果，这一成果标志着在实验层次上从量子力学原理向量子信息处理研究的转变。量子隐形传态（teleportation）是量子信息的根本性特点。20 世纪后半期，量子计算、量子密钥分配算法和量子纠错编码等 3 种基本思想的出现，标志着以量子力学为基础的量子信息论基本形成。2000 年，研究量子信息的权威本内特等在《自然》杂志上撰文认为，量子信息理论已开始将量子力学与经典信息结合起来，成为一门独立的学科[②]。

量子信息（quantum information）是近 10 年来受到国内外学术界高度关注的一个重要的理论和技术问题，出现了许多综述性论文，量子信息理论已取得了重大理论突破，并在量子信息技术取得进展。量子信息理论已开始将量子力学与经典信息结合起来，成为一门独立的学科。国内外学界高度关注量子信息理论及其应用。国内 2000 年以后，仅有几篇直接是量子信息的哲学研究的论文，更缺乏系统的研究。随着量子信息理论成为一门独立的学科，在其重要性日益突出的同时，量子信息哲学也开始建立自己的话语体系和理论框架。

下面我们简要介绍本著作的主要内容：

在第一章，我们首先介绍了量子与量子纠缠的一些基本概念。具体分析了量子性、波粒二象性、波函数的意义等，它们构成了理解微观世界的基础。数创造和揭示了一个新的空间，为人们认识世界展开了新的可能性。量子纠缠所表现出来的性质超越人的想象，本章由此探讨了量子纠缠的基本涵义。

第二章探讨了量子信息的本质。结合经典信息的涵义，对量

[①] D. Bouwmeester, J. W. Pan, K. Mattle, M. Eibl, H. Weinfurter & A. Zeilinger. Experimental Quantum Teleportation. *Nature* 390, p. 575, 1997.

[②] Bennett C. H. and Di Vinecenzo D. P. quantum information and computation, *Nature*, 2000, p. 404.

子信息和经典信息的联系和区别进行了讨论，并对量子信息进行了本体论和认识论上的区分：所谓本体论量子信息，是指在量子相干长度之内所展示的事物运动的量子状态与关联方式；所谓认识论量子信息，是指主体感受和所表述的在量子相干长度之内的事物运动的量子状态与关联的方式。量子信息不是量子实在，而是作为量子实在的状态、关联、变化、差异的表现。量子信息也就是微观事物的量子状态与关联方式的自身显现。

什么是实在的，实在的东西有什么特点？那实在的东西有没有一个实体存在？这实体是不可进入吗？不可变吗？实在是潜在的吗？第三章在于阐明微观实在的特点。而波函数是量子实在的典型形式，量子控制所控制的对象也是波函数等。研究了评价实在的标准，即"实在"的三个判据：可观察性标准、因果性标准和语义标准，这三个标准都必须满足，才能说某事物是实在的。据此，我们探讨了波函数、算符的实在性。对于"万物源于比特"（It from bit）这一问题，事物的运动不是与信息没有关系的，信息与事物的运动是统一的；并没有虚无的信息存在，信息是事物或存在的某种显现。

第四章再次研究量子纠缠。量子隐形传态就像神话传说中的"土行孙的遁地术"一样。我们详细研究了量子纠缠的基本性质。量子纠缠是微观物质的根本性质，它以非定域方式存在，并且具有实在性、转移性、独立性、可创生性和可消亡性，以及分离性和非分离性的统一等特征。在量子隐形传态过程中，究竟传递的是什么东西？它有没有实在性？这涉及量子力学中一个非常重要的全同性原理。在具体研究中，以真假悟空为例，说明了如何区别两个事物。从外观、力量大小、内在的感知能力都没能区分真假悟空。尽管谛听能做出区分，但控制力不强，也没有让假悟空显现出来。只有如来以自己的知识和力量，借助器具——钵盂，将六耳猕猴显现出本。要做出事物的区别，必须具备理论知识，又要具有使用技术控制现实的能力，缺少一个都不行。在量子信息理论中，我们着重于从量子隐形传态过程入手，具体分析微观粒子的同一性问题，认为微观粒子本身是内在性质和外在性质的统一。从这一意义上讲，微观粒子是内在同一的，而不具有外在同一性，或者说，是同一性与可分辨性的统一。

从狭义相对论来看，一般认为，信息传递的最大速度为光速，否则将违反因果性。但是，经典物理的因果性未必一定能推演到量子物理中，包括其有信息传递的速度不超过光速。第五章研究了因果性问题，还将具体探讨在量子隐形传态过程中的因果性问题。利用基于事件概念的邦格状态空间模型对量子隐形传态实验中的相互作用及因果关系进行了研究。量子隐形传态中所展现出的量子非定域性违背了"定域性作用"假设，其中有相互作用的发生，进而展示出了一种新型的非定域性因果关系的存在。这不仅将丰富和拓展我们对于因果关系观念的思考和理解，而且还将拓展我们对于一般性意义上的因果关系观念的思考和理解。本书用不确定性原理来说明量子隐形传态中有能量波动，并可以把"能量波动"看作是对经典因果性的"能量传递"概念的提升。

第六章探讨现象学与量子现象、量子信息之间可能的关系，这是为本书作者所倡导的量子现象学做一些准备。现象学作为二十世纪哲学界的显学，量子力学自 20 世纪初诞生以来，到目前仍然是科学的前沿，两者对于哲学和物理学的重要地位自不待言。我们比较了现象学的"现象"与量子力学的量子现象，量子力学的概率与现象学的"可能性"，量子力学的互补原理与现象学的变更理论，以及用（后）现象学的基本概念和方法分析了量子信息的体现性与变量性，以期为现象学和自然科学的交叉研究做一个奠基性的工作。

从现象学来看，信息就是物质的状态与关联方式的自我显现，关键在于向他者传递、显明或解蔽物质之所是。物质的客观实在性与信息是相互统一的。对于微观物质而言，量子实在就是微观物质自我同一性的显现。量子信息就是微观物质的状态与关联方式的自我显现。这里的"显现"还有一个在什么境域中显现，通过什么方式来显现，以及向谁显现的问题。在现象学意义上，量子信息是由量子技术与量子实在（或量子客体）不断生成的，实质上，量子信息就是意向性与量子实在所构成（constitution）的状态与关联方式的自我显现。

第七章探讨量子算法与量子计算的特点及其哲学意义。量子算法最根本的特征是，它充分利用了量子态的迭加性和相干性，以及量子比特之间的纠缠性。量子计算机就是一个量子力学系统，量子计算过程则是量子系统的量子态的演化过程。与经典计算主要基于数学的抽象性不同，量子算法与量子计算以 EPR 关联——量子纠缠作为其关键运行机制，这使得数学的经验性在更高的层次上凸显出来，量子计算展现给我们的观点是，数学深刻地揭示了客观世界的物理本质。从量子计算与量子算法来看，波函数（或几率幅）与算符都具有物理实在的意义，波函数描述了微观物质（量子系统）的状态和运动（演化）性质，量子黑盒显示出不同于经典黑箱的方法论意义。

第八章围绕对称性、量子信息与相互作用展开研究，探讨量子信息是否意味着一种新的相互作用形式的出现。从现象学意义上，"对称性支配相互作用"可以进一步理解为：客观事物的本质支配了相互作用。量子信息的发现显现了一种新的相互作用，它不同于原来的通过传递中间玻色子一类的四种相互作用的类型，量子信息的传递并不破坏因果律。不仅要从各种相互作用出发研究物理系统的运动规律，而且要把对称性作为支配这些相互作用的更深层次的规律，并把对称性作为一种重要的物理学方法。"客观事物"与"相互作用"是同时存在的，它们都是"存在"（being）的表现形式。在一些具体的情况下，"客观事物"可能表现为实体、场等形式，"相互作用"可能表现为力、关系等形式。客观事物在一定环境或相互作用中，就表现为客观现象。

量子纠缠成为一种重要的资源是量子信息哲学兴起的重要标志。

能否用量子力学哲学来取代量子信息哲学呢？显然不能。量子信息哲学的研究范围比量子力学哲学要大得多，量子力学仅是量子信息理论的基础之一，量子信息理论还包括信息理论、计算理论等。因此，量子信息哲学的研究范围，除了以新的角度对量子力学的有关问题展开研究之外，还要扩大研究范围。即使对于同样的物理现象，量子信息哲学也会有新的角度。比如，对于EPR 关联问题，量子力学哲学对它的存在还处于争论之中，而在量子信息哲学中，EPR 关联是作为一种最基本的存在，并对其展开多方面的研究。

如何给量子信息哲学（philosophy of quantum information）下一定义，如何定义这门学科，其回答取决于量子信息理论的发展状况，取决于对这门学科所持的观点。如果不是一个学科，当然就无从研究该学科的研究对象问题，而只能将其视为自然科学中某个领域的哲学问题，如量子信息论中的哲学问题等。无疑持这种方法是不利于对量子信息进行哲学研究的，尽管量子信息哲学与量子力学哲学有交叉，但是，量子信息哲学正在形成自己的话语特质，形成自己的概念体系、理论结构等。

我们可以大致下一个定义，量子信息哲学就是对量子信息理论（包括重大实验）的哲学反思，其中包括量子信息的实在性问题（如量子信息的客观性、量子信息的本质问题、量子纠缠问题、量子消相干问题等）、量子信息的认识论问题（如量子信息与经典信息的关系问题、量子信息的发生与演化问题）、量子信息论的方法论意义、量子信息资源的意义（如量子纠缠的资源意义、量子信息与复杂性的关系、量子信息与计算的关系）等。限于篇幅，本书仅对其中一些问题展开了研究。

早在 2004 年，我申请的"量子信息的哲学研究"被批准为广东省哲学社会科学"十五"规划项目，经过这 6 年的潜心研究，取得了一些进展，本项目是国内最早资助量子信息研究的哲学课题，2010 年 6 月正式结项，结项为良。本书就是相关研究的部分成果。由于本书主旨针对更广泛的读者，降低了数理的要求，因此尽可能用日常语言来表达，为此一些论述的严格性就会降低，但不会影响到结论的严格性。

阅读建议

虽然我们尽可能用较简单的话语来叙述，但是，对于非专业性普通读者而言，量子信息理论及其哲学分析还是有一定的难度，因此，我们给出阅读本书的方法建议：

1. 书中使用的一些基本数学表达式，一般的代数与三角函数，如果遇到较难的数学公式，可以跳述，直接从结论来理解。

2. 要比较好地理解本书，建议要认真阅读附录"狄拉克符号、直和与直积"。这是与量子力学有关的数学知识，然后才能更好地认识和理解量子纠缠、量子信息。这些符号看似难，实则简单，读者只需要知道这些符号的运算规则，而不需要亲自计算。花十多分钟就可看懂。狄拉克符号是由著名物理学家首创的，对于处理微观世界或量子力学问题具有重要意义。狄拉克符号是将括号 < > 分为左右两个部分，在括号左边的 <| 称之为左矢，在括号右边的 |> 称之为右矢。

第 一 章

波函数与量子纠缠

人生活在宏观世界而不是微观世界，人不能变成像原子或电子那么小，可以直接感知原子或电子，但是，我们又想认识微观世界，那就得想想办法，当我们不知道办法，那就只有试，"摸着石头过河"，试对了，就继续沿这一方法做；若未能试出来，就换一种方法试，还不行，就再试。看似很简单的宏观现象，可能有着更深刻的微观原因；在宏观世界看来不可能的事情，有可能在微观世界中能够发生或存在。一根很远看起来是如一根线的绳子，近看起来却是许多根不同的更细的绳子缠绕在一起。本章主要研究波函数与量子纠缠的基本性质。量子纠缠比宏观的绳子的缠绕更为复杂和有趣，而且量子纠缠所表现出来的性质超越人的想象。

一 量子态与波粒二象性

在经典物理中，粒子与波是两类不同的实体。经典粒子和经典波是相互排斥的。粒子是一种易见的宏观现象，如一个篮球等。经典粒子有确定的质量、电荷等性质，在确定时刻于空间中占据确定的位置，有确定的动量，有"不可入性"和定域性；粒子的运动在时空中形成一条确定的轨道，由初始条件和牛顿运动方程决定，可以同时测量粒子的位置与动量。在相空间粒子经过一条确定的轨迹，由初始条件和哈密顿正则方程确定；在任意时刻粒子的所有力学量具有确定的数值。

在日常生活中，波动通常分为两类，一类是机械波，另一类是电磁波。机械波是机械振动在媒质中的传播，而电磁波是变化的电场与磁场在空间中的传播。但两者都有一个共同的特点，即波动性，它们都能产生反射、折射、干涉、衍射等现象。

经典力学中的波被称作经典波，比如水波、弹簧振动形成的弹性波。波的传播离不开由粒子构成的媒质，波动是大量粒子的运动状态在空间的分布。波动是实际物理量在空间的分布，因此，ψ，$A\psi$（$A \neq 1$）两个波就表示两个不同的波，因为振幅不相同。

当有几个波同时在同一媒质中传播，如果这几个波在空间中相遇，那么，相遇处的振动将是各个波所引起的分振动的合成或迭加。或者说，每个波都是独立地保持自己原有的性质（频率、波长、振动方向等）。波动传播的独立性现象，就是波的迭加原理。比如，在管弦乐团合奏或大型交响乐中，我们能够区分各种乐器的声音，就是一个具体的例子。

波动的本质在于波之间具有相干迭加性，即两个波迭加时，是振幅相加，而不是强度相加，这是一切干涉现象的根源。干涉、衍射等是典型的波动现象，也是判断一个客观事物是否具有波动性的标准。

在经典物理中，描述一个波动现象，可以用 $y = A\cos(\omega t + \theta)$ 来描述，这是一个实数。

任何微观粒子都处在一定的量子态中。描述微观粒子的状态只能用波函数或几率幅 ψ，它是复数，而不是实数。比如，电子在晶体表面衍射的实验中，电子在晶体表面反射后，可能以各种不同的动量 p 运动。以一个确定动量 p 运动的状态用波函数（wave function）

$$\psi(r, t) = Ae^{\frac{i}{\hbar}(p \cdot r - Et)}$$

来描述，其中，$\hbar = \dfrac{h}{2\pi}$，h = 6.626 × 10^{-34}焦耳·秒，是普朗克常数，非常非常小。$i = \sqrt{-1}$为虚数单位。微观粒子具有的粒子性与波动性不同于经典粒子与经典波。

量子力学中有一个非常重要的态迭加原理：如果 φ_1、φ_2 是量子系统的两个可能状态，那么，它们的线性迭加 $\varphi = c_1\varphi_1 + c_2\varphi_2$（其中 c_1、c_2 是复数）也是该系统的一个可能状态。或者说，当量子系统处于态 φ 时，那么，量子系统必然部分地处于态 φ_1、φ_2 中。态迭加原理可以推广到多个量子态的情形。态迭加原则深刻揭示了波具有迭加性，就水波的迭加性一样，而且说明波函数完全描述了一个量子系统。

量子迭加原理是理解量子信息的基础。量子信息就是用量子态或波函数来存储的。一个量子位（量子比特，quantum bit）就是一个微观粒子构成的两态系统（比如，两能级原子系统、光子的左右偏振等）。假如一个量子系统的量子态 φ_1 表示 0、φ_2 表示 1，那么，该量子系统还可以处于它们二者的迭加态 $\varphi = c_1\varphi_1 + c_2\varphi_2$ 上，即量子态 φ 还可以表示 0 与 1 的任意迭加。也就是说，一个量子位可同时存储两个状态的信息。而经典物理态只能存储 0 或 1 中的一个状态。从另一角度来看，在经典信息中，1 个比特要么是 0，要么是 1，只能是二者中取其一，表现出一个"量子的"计算机现象；但是，在量子信息中，量子比特却是连续的，表现出一个"模拟的"计算机现象。

我们还需要指出的是，两个量子态的迭加将形成新的物理态。正如泽（H. Dieter Zeh）所说："在迭加原理的要求下，比如说，自旋向上和自旋向下的迭加态不仅仅导致了某些操作统计上的干涉条纹，而且定义了一个新的独立的物理状态。"[①] 近几十年来，已有许多量子力学的实验证明了越来越多的迭加态的存在，

---

① H. D. 泽：《波函数：实体还是信息？》，载［美］约翰·巴罗等编：《宇宙极问——量子、信息和宇宙》，朱芸慧等译，湖南科学技术出版社 2009 年版，第 71 页。

比如，超导量子干涉仪、介观薛定谔猫、玻色凝聚等。也包括成功设计出来的量子计算机的微观器件，它的迭加态的不同组分可以同时进行不同的计算，这正是量子计算的平行性，能够利用迭加、干涉、纠缠等性质来实施量子计算。

在经典物理中，波的迭加原理适用于振幅的迭加，而在量子力学和量子信息理论中，迭加再不是微观粒子的振幅，而是微观粒子的波函数，前述的波函数也称之为几率幅。几率幅不同于经典的几率，几率幅的绝对值的平方才是几率。波函数或几率幅完全描述了微观粒子的各种性质，已经为各种实验所检验。

粒子和波动这两个词汇，都是经典物理学中的词汇，本应从量子力学的词典中消除掉。但是，由于宏观世界的观念在人们头脑中根深蒂固，因此，在描写微观客体时不得不用"波粒二象性"（Wave-Particle Duality）这一词汇，或者玻尔所提出的互补原理。但是请注意，虽然借用了粒子性和波动性这两个词汇，但是我们要强调：这里的粒子不是经典力学中的粒子，波动也不是经典力学中的波动。微观客体就是微观客体，既不是经典的"粒子"也不是经典的"波"。微观客体在一定条件下表现出"波动性"（例如电子双缝干涉中通过双缝的过程），一定条件下表现出"粒子性"（如电子双缝干涉实验中最后在屏上显示光点）。波粒二象性这一概念本身就是非量子力学性质的，只能是经典概念的一种隐喻。见图1—1，图1—2。

干涉条纹是波的特征。波可以相互干涉，而粒子则不能。

做一个形象的比喻，波粒二象性描述微观粒子，有点像一个调皮的小孩，当没有客人来时，表现很乖和安静；当有客人到来时，表现得相当捣乱和淘气。但小孩还是那个小孩，其本质并没有变，"乖"与"淘气"只是小孩在不同环境下的两种表现。微观粒子也会在不同的环境（包括仪器提供的环境等）下具有不同的表现。

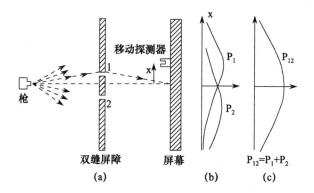

图1—1　经典粒子作用下的双缝实验图，几率直接是
通过两个缝的粒子的几率的迭加

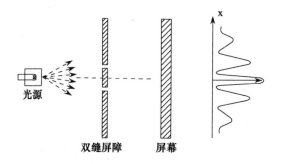

图1—2　微观粒子（光）作用下的双缝实验图，几率不等于
通过两个缝的粒子的几率的迭加

　　可见，经典物理世界是一个"非此即彼"的地方。比如，
指南针不能在某一时刻既指向南方又指向北方。而量子世界是
一个"亦此亦彼"的世界。一个被磁化的原子可以同时指向两
个方向。这就是物理学家所称的量子迭加态。"远在天边，近在
眼前。"这似乎具有亦此亦彼的特点。即是说，从空间上来看，
一个事物既在远处，又在近处。这只有具有量子特点的事物才
可以做到。

二 波函数及其意义

波动思想是量子力学的一种重要思想。波动思想经德布罗意1923年首先提出之后，引起了爱因斯坦的注意。爱因斯坦在1925年2月的一篇论文中对德布罗意的工作给予了评价。在那个时候，物理学家对爱因斯坦的每句话都非常留意，科学巨人的点头足以使薛定谔开始探索德布罗意工作的价值。

薛定谔波动方程是如何产生的呢？薛定谔设想，就像几何光学是波动光学的近似，经典力学可能也是一种波动力学的近似。他尝试将德布罗意波推广到非自由粒子，用波来描述量子物理。1926年1—6月间连续发表4篇论文，这4篇论文的题目都是《量子化就是本征值问题》，提出了对应于波动光学的波动方程。见图1—3。

$$\frac{几何光学}{波学动光} \approx \frac{经典力学}{波学动力}$$

薛定谔的类比思想：

图1—3 薛定谔建立波动方程的思想

开始时，他试图建立相对论性运动方程，但由于不知道电子的自旋，于是关于氢原子光谱的解释就与实验数据不相符合。后来，他改用非相对论性波动方程来处理电子，关于氢原子的解释就与实验数据相符合了，这个波动方程就称之为薛定谔方程。

薛定谔在第一篇论文中引入了波函数 ψ 的概念，利用物理上的变分原理，得到了不含时间的氢原子的波动方程：

$$\nabla^2 \psi + \frac{8\pi^2 m}{h^2}\left(E + \frac{e^2}{r}\right)\psi = 0$$

他从这一方程得到了氢原子的能级公式，于是量子化就成为薛定谔方程的自然结果，而不需要人为地引入或规定量子化条件。

薛定谔从一个清晰的物理图像——原子是一个"真正的"整体——出发。其理论的核心为电子是波。

关于波函数究竟是什么，物理学界和哲学界都有许多争论。

薛定谔提出了波动方程，并没有对波函数的意义给予明确的诠释。由于薛定谔的波动力学是通过类比建立起来的，他自然是用波动的思想来解释波函数 ψ 的意义。他把波函数解释为描写物质波动性的一种振幅，用波群的运动来描述波动力学过程。在他看来，粒子是波集中在一起形成的波群，即波包。

1926 年，玻恩（Bohm）在对散射问题研究中认为，仅有薛定谔的波动力学能够胜任。在对两个自由粒子的散射问题进行计算后，探讨了波函数的物理意义：发现粒子的几率正比于波函数 ψ 的绝对值的平方 $|\psi|^2$。这就是说，只有这样，粒子散射结果才有明确的物理意义。玻恩关于波函数物理意义的解释已为物理学界所接受，并成为物质波的正统解释。

后来，玻恩在回忆他当时是如何提出波函数的解释时，又提到了爱因斯坦思想的影响。他说："爱因斯坦的观点又一次引导了我。他曾经把光波振幅解释为光子出现的几率密度，从而使粒子（光量子光子）和波的二象性成为可以理解的。这个观念马上可以推广到 ψ 函数上：$|\psi|^2$ 必须是电子（或其他粒子）的几率密度。"[①]

概率也称为几率。玻恩认为物质波不代表实际物理量的波动，只是刻画粒子空间分布的几率波（probability wave）。比如，

———————————

① 玻恩：《我这一代的物理学》，商务印书馆 1964 年版。

在电子双缝实验中，电子通过双缝后不是可以打到屏幕 P 上的任何位置，而是几率地打到不同位置上，在几率大的地方，电子打到屏幕上的可能性就大，出现在这里的电子数目就多，形成干涉极大。在出现几率小的地方形成干涉极小。当双缝都打开时，两束电子的几率波产生干涉，电子在屏幕上的分布显示干涉图样。可见，物质波就是粒子分布的几率波。

一个量子系统的状态，就是量子态，描述量子态有许多种方法。最常见的方法是用波函数或几率幅来描述。波函数对微观粒子的描写统一了它的粒子性与波动性，这种统一性关键在于波函数的统计诠释。前面的态迭加原理说明，如果 φ_1 是量子系统的一个可能状态，φ_2 是量子系统的另一个可能状态，那么，它们的任意的线性迭加 $\varphi = c_1\varphi_1 + c_2\varphi_2$ 也是该系统的一个可能状态。

描述量子态的波函数 $\psi(r, t)$ 满足薛定谔方程：

$$i\hbar\frac{\partial\psi}{\partial t} = -\frac{\hbar^2}{2m}\nabla^2\psi + U(r)\psi$$

其中 m 表示质量，$i = \sqrt{-1}$，这是复数偏微分方程，求解较难，只有在一些简单情况才能严格求解。该方程就是描述微观粒子运动或量子态演化的基本方程，它不是通过实验做出来的，而是人的大胆的创造，其正确性为其后的多种实验所检验。在量子力学中，波函数是不可观测的，不具有直接的可观测效应，只有力学量或者物理量才可观测。薛定谔方程的地位就如牛顿力学中的牛顿第二定律 $F = ma$ 一样，在经典世界中，牛顿第二定律是描述经典物理的基本方程。

火箭上天，所使用的规律还是牛顿第二定律。牛顿第二定律 $F = ma$ 中的力 F、质量 m 和加速度 a 都是实数。而由薛定谔方程所求解出来的波函数 $\psi(r, t)$ 是一个复数，这就是说，只有复数才能揭示微观世界的本质。正是微观世界具有复数性质，才使得微观世界呈现出不同于经典物理世界的性质。比如，经典物理世界用实数描述，微观世界用复数描述，实数有大小，而复数没有大小。大小可以表示距离远近，而复数没有大小，就无法描述两个微观事物之间的距离，或者说，微观事物之间没有距离。

三　量子纠缠的涵义

说起"纠缠"，人们可能会想到相互缠绕在一起的线绳。我们这里要说的量子纠缠，远比线绳缠绕在一起要复杂得多，而且更有意思，由量子纠缠所产生的各种物理现象更是令人难以理解。理解量子纠缠是认识量子信息的前提。为了解量子纠缠现象，我们先看一下物理学家是如何发现量子纠缠的。

英文 entanglement 的涵义是：缠绕在一起或缠绕成为混乱，使复杂、使混乱，卷入缠结之中。在中文中，纠缠是指缠绕在一起，难解难分。

对于宏观物体来说，如果它被分解为许多碎片，各个碎片向各个方向飞去，可以描述各个碎片的状态，就可以描述整个系统的状态。即，整个系统的状态是各个碎片状态之和。但是，量子纠缠表示的系统不是这样。我们不能通过独立描述各个量子位的状态来描述整个量子系统的状态。

量子纠缠是一种非常奇妙的现象，存在于多子系统的量子系统中。对于由两个子系统构成的量子系统来说，量子纠缠表现为，对一个子系统的测量结果无法独立于对其他子系统的测量。"纠缠"这一名词的出现可以追溯到量子力学诞生之初。纠缠（entanglement）的概念最早来自于薛定谔 1935 年的薛定谔猫态的论文，猫的死态、活态与放射源放出一个粒子或没有放出一个粒子相纠缠[1]。

① E. Schrödinger. Die gegenwarige Situation in der quanenmechannik. *Natürwissensch-aften*, 1935, 23: pp. 807 – 812, 823 – 828, 844 – 849.

用不严格的语言讲，设由两个微观粒子 F 与 G 构成一个复合量子系统 S，如两个光子构成一个复合系统，假设粒子 F 有两个相互矛盾的状态（即量子态）f_1 和 f_2，就是说，在同一时刻，这两个状态不可能同时存在，比如生与死状态，夫人与情人状态等；粒子 G 也有两个相互矛盾的状态 g_1 和 g_2。这就是说，粒子 F 可以处于 f_1 态，也可以处于 f_2；粒子 G 可以处于 g_1 态，也可以处于 g_2 态。我们前面述说了量子系统的态迭加原理，如果 φ_1、φ_2 是量子系统的两个可能状态，那么，它们的线性迭加 $\varphi = c_1\varphi_1 + c_2\varphi_2$ 也是系统的可能状态。

态迭加原理表明的是"既……又……"的迭加性质，而不是"不是……就是……"或"或者……或者……"的选择性质。

对系统 F 来说，如果 f_1、f_2 是系统 F 的可能状态，那么，它们的迭加态也是系统 F 的可能状态。系统 F 的状态可以大致（不严格假设，取迭加系数为 1）写为：$f = f_1 + f_2$，系统 G 的状态也可大致写为：$g = g_1 + g_2$。

于是，复合系统 S 就可以处于 4 种状态之一，即 f_1g_1，f_1g_2，f_2g_1 或 f_2g_2，也就是 F 与 G 两个系统中各取出一个状态直接相乘。数学上用"直积"来称呼，用符号 $\otimes$ 表示相乘，相当于乘法 $\times$，如 $f_1 \otimes g_1$ 可以将符号省略掉，记为 f_1g_1，但不要改变符号前后的次序。

事物中有前后次序的东西很多。比如，先拉弓，后射箭。有的事物，改变了先后次序，其意义是不一样的，比如，先上洗手间，然后吃饭；若反过来，先吃饭，后上洗手间，二者的意义就不一样。

下面我们考察复合系统的状态：

如果复合系统的状态为 $f_1g_1 + f_1g_2$，那么，我们可以将该状态分解为 f_1 和 $g_1 + g_2$，即可以把 f_1 作为公因子提出来，$f_1g_1 + f_1g_2 = f_1(g_1 + g_2)$，这相当于系统 F 处于 f_1 态，而系统 G 处于 $g_1 + g_2$ 态，系统 F 与系统 G 还没有纠缠起来，因为它们还能够分开，因此，把 $f_1g_1 + f_1g_2$ 态称为可分离态，亦即不是纠缠态。$f_1g_2 + f_2g_2$ 也是一个可分离态。

如果复合系统的状态为 $f_1g_1 + f_2g_2$，那么能否将复合系统的状态分解为两个系统的状态的乘积？

能否有适当的系数 a，b，c 与 d 使得：$(af_1 + bf_2) \times (cg_1 + dg_2) = f_1g_1 + f_2g_2$？显然，不存在那样的系数 a，b，c 与 d。$f_1g_1 + f_2g_2$ 态，为此就称为纠缠态，这时粒子 F 与粒子 G 的状态缠绕在一起、分不开，不论这两个系统相距有多远。由于纠缠态仅存在于量子系统中，因此，纠缠只能是量子纠缠。由于在量子力学中，相位有重要意义，$f_1g_1 - f_2g_2$ 是不同于 $f_1g_1 + f_2g_2$ 的量子纠缠态。相类似，$f_1g_2 + f_2g_1$ 也是一种量子纠缠态。

子系统之间有量子纠缠的最重要特点是，子系统 F 和 G 的状态均处于依赖于对方而各自都处于一种不确定的状态。这样一来，对一个进行测量必将使另一个产生关联的塌缩。纠缠态的关联是一种纯量子的非定域关联，是一种超空间的关联。[1] 处于量子纠缠的两个粒子，无论其距离有多远，一个粒子的变化都会影响到另一个粒子的现象，即两个粒子间不论相距多远，从根本上讲它们还是相互联系的。

当粒子 F 与粒子 G 处于量子纠缠态 $f_1g_1 + f_2g_2$，粒子 F 与粒子 G 一起具有确定的属性，但粒子 F 与粒子 G 的状态都处于依赖于对方的不确定状态。在这一情况下，粒子 F 与粒子 G 只能处于相关联的状态 f_1g_1 或 f_2g_2：

（1）当粒子 F 处于态 f_1，必然粒子 G 处于态 g_1，因为 f_1g_1；或反过来，当我们得知粒子 G 处于状态 g_1 时，粒子 F 也必然处于态 f_1。

（2）当粒子 F 处于态 f_2，必然粒子 G 处于态 g_2，因为 f_2g_2。

---

[1]　张永德、吴盛俊等：《量子信息论》，华中师范大学出版社 2002 年版，第 21 页。

从这里，我们也可以总结出一个基本规律，如果两个子系统发生量子纠缠，那么每个子系统至少要有两个相互矛盾的态，否则，不可能有量子纠缠现象发生。比如，其中一个子系统两个态，另一个子系统仅有一个态，这时也不可能构成量子纠缠态。

量子纠缠是量子系统的特有现象，只能用日常现象作"只可意会，不可言传；只可神通，难以语达"的粗略比喻。我们作一个不准确且不雅的比喻，有两个家庭1与2，家庭1有丈夫张三与夫人李四，家庭2有丈夫赵五与夫人王六，正常情况下，这两个家庭各是独立的系统，假设他们两家经过一次跳舞之后，两家发生了意想不到的纠缠，即家庭1的丈夫张三与家庭2的夫人王六在一起成双成对的出现，家庭2的丈夫赵五与家庭1的夫人李四在一起成对成双地出现。也就是说，当我们看到王六，必然知道张三在此；当我们看到赵五，必然知道李四在此。这两个家庭并没有各自离婚，并重新建立新家庭，因此，在社会学意义上，虽然这两个家庭还是独立的，但是，这两个家庭处于不确定状态。

一般来说，设想由 A 和 B 构成的复合系统，若其量子态不能表示成为子系统态的直积则称为纠缠态，即复合系统的波函数（几率幅）$\Psi(x_1, x_2)$不能表示为子系统的波函数 $\Psi(x_1)$ 与 $\Psi(x_2)$ 的直积：

$$\Psi(x_1, x_2) \neq \Psi(x_1) \otimes \Psi(x_2)$$

严格讲，一个由 N 个子系统构成的复合系统，如果系统的波函数不能写成各个子系统的波函数的直积的线性和的形式，则这个复合系统是量子纠缠的。

一个量子系统的量子态是不能产生纠缠态的。要构成一个量子纠缠态，至少需要有两个量子子系统才行。我们设 $|0>$ 与 $|1>$ 表示一个系统的两个态，比如有两个能级的原子。如用矩阵表示 $|0>$ 和 $|1>$ 时，它们可以表示为：

$$|0> = \begin{bmatrix} 1 \\ 0 \end{bmatrix} \qquad |1> = \begin{bmatrix} 0 \\ 1 \end{bmatrix}$$

这里的｜0＞与｜1＞就表示一个原子的两个能级。当然，｜0＞与｜1＞还可能表示任意正交的两个态，如光的两个正交偏振态。

比如，两个粒子形成的一个态｜00＞＋｜11＞，就不能是两个量子位（态）的各自的状态的积。｜00＞＋｜11＞是｜0＞｜0＞＋｜1＞｜1＞的简写。｜00＞＋｜11＞就是不能被分解的态。我们称这种不能被分解的态就是纠缠态，反之，就是可分解态。

在量子力学中，当体系处于能量算符本征函数所描写的状态（即能量本征态）时，粒子的能量有确定的数值，这个数值就是与这个本征函数相对应的能量算符的本征值。

量子力学中的态迭加定理确定了微观粒子的完全描述。在经典物理学中，｜0＞与｜1＞的迭加表示两列波的迭加，而在量子力学中，｜0＞与｜1＞的迭加是几率幅的迭加，而不是几率的迭加。在薛定谔方程中，计算的是态矢量，即波函数，也就是几率幅。

需要说明的是，本书使用习惯的粒子用法，如粒子1、2和3，但是这种表达是不严格的，而应当是用量子态或波函数。在实验中，量子比特的物理载体是任何两态的量子系统。在现实物理中，｜0＞与｜1＞就表示两个量子态。

常见的著名的量子纠缠态：粒子1和粒子2构成的贝尔基，具有最大的纠缠态。这是我们后面要理解量子隐形传态所必需了解的。贝尔基是成为四维空间中的一组正交归一化基，以下分别为4个贝尔基：

$$|\psi^+> = \frac{1}{\sqrt{2}}\ (\ |0_1> \otimes |1_2> + |1_1> \otimes |0_2>\ )$$

$$|\psi^-> = \frac{1}{\sqrt{2}}\ (\ |0_1> \otimes |1_2> - |1_1> \otimes |0_2>\ )$$

$$|\phi^+> = \frac{1}{\sqrt{2}}\ (\ |0_1> \otimes |0_2> + |1_1> \otimes |1_2>\ )$$

$$| \phi^- > = \frac{1}{\sqrt{2}} \ (\ | \ 0_1 > \otimes | \ 0_2 > \ - \ | \ 1_1 > \otimes | \ 1_2 > \ )$$

这里的脚标 1 与 2 表示粒子 1 与粒子 2。| 0_1 >、| 1_1 > 表示粒子 1 的两个正交的状态，| 0_2 >、| 1_2 > 表示粒子 2 的两个正交的状态。理解贝尔基，是我们认识量子信息的基础。

以 | ψ^+ > $= \frac{1}{\sqrt{2}}$ （| 0_1 > $\otimes$ | 1_2 > $+$ | 1_1 > $\otimes$ | 0_2 >）为例，看一下这两个粒子是如何纠缠的。

假设一个原子的两个能级构成了两个正交的状态，设低能级为 0 态（即 | 0 > 态），高能级为 1 态（即 | 1 > 态）。进一步，需要有两个原子，每个原子有两个能级组成。原子 1 的两个状态为 | 0_1 >、| 1_1 >，原子 2 的两个状态为 | 0_2 >、| 1_2 >（当然，一个原子也可以有 3 个能级，那么这 3 个能级就构成 3 个量子态）。我们这里仅考虑由两个能级构成的原子。见图 1—4。

由此，在 | ψ^+ > $= \frac{1}{\sqrt{2}}$ （| 0_1 > $\otimes$ | 1_2 > $+$ | 1_1 > $\otimes$ | 0_2 >）中，| 0_1 > 与 | 1_2 > 纠缠在一起，亦即是说，原子 1 的低能级与原子 2 的高能级关联在一起，是不可分开的，不论原子 1 与原子 2 之间的距离有多远；

同样，| 1_1 > 与 | 0_2 > 纠缠在一起，原子 1 的高能级与原子 2 的低能级关联在一起，是不可分开的，不论原子 1 与原子 2 之间的距离有多远。

图 1—4 两个原子能级的量子纠缠之示意图

如果我们对 $|\psi^+> = \frac{1}{\sqrt{2}}(|0_1> \otimes |1_2> + |1_1> \otimes |0_2>)$

进行测量，当测量到原子 1 的状态为低能级 0 态（即 $|0_1>$），那么原子 2 必然处于高能级 1 态（$|1_2>$）。当测量到原子 2 的状态为低能级 0 态（$|0_2>$），那么原子 1 必然处于高能级 1 态（$|1_1>$）。这就是说，原子 1 与原子 2 各自的两个分立的原子态（0 态与 1 态），都与对方发生关联而纠缠在一起，而不是原子 1 自身的两个状态（0 与 1 态）的关联，或原子 2 自身的两个状态（0 与 1 态）的关联。可见，两个原子之间的纠缠是每个原子的一个状态与对方的一个状态发生关联。

由三个两能级的粒子（用脚标 1、2、3 分别表示三个粒子）构成 GHZ（Greenberger-Horne-Zeilinger）量子纠缠态，它比两粒子纠缠有更强的纠缠效应：

$$|\psi>_{123} = \frac{1}{\sqrt{2}}(|0>_1|0>_2|0>_3 - |1>_1|1>_2|1>_3)$$

三粒子构成的纠缠态，就是每一个粒子的一个状态与其余两个粒子的一个状态纠缠在一起，难以分开，且不论这三个粒子之间的距离有多远。

四　EPR 关联——两粒子量子纠缠

1935 年 3 月 25 日，爱因斯坦（Einstein）、波多尔斯基（Podolsky）和罗森（Rosen）将论文《能认为量子力学对物理实在的描述是完备的吗?》寄到美国《物理学评论》编辑部，不到两个月，亦即 1935 年 5 月 15 日在该刊发表，该论文称为 EPR 论文。在 EPR 论文在《物理学评论》上发表之前，5 月 4 日的《纽约时报》就以《爱因斯坦攻击量子论》为题进行了报道。

这篇论文的效应远远超出爱因斯坦、波多尔斯基和罗森他们的预料之外，这篇论文不仅提出 EPR 佯谬，而且作为 20 世纪一直争论不休的重大议题，更重要的是，原来作为佯谬 EPR 关联现在成为一个重要的科学事实，成为量子信息的重要基础，也成为第二次量子革命的重要标志。

由 EPR 论文所提出的理想实验称之为 EPR 实验，两个量子系统之间的关联叫做 EPR 关联，他们三人的论证称为 EPR 论证。

EPR 论文首先给出了科学理论的完备性判据和物理实在的判据：

（1）完备性判据：物理实在的每个要素都必须在物理理论中有它的对应。

（2）物理实在的判据：若是对一个物理体系没有任何干扰，我们能确定地预测（即几率等于 1）一个物理量的值，那么，必定存在着一个物理实在的要素。

关于物理实在的判据中，隐含了两个假设：

假设 1：物理实在是独立于人的感觉、意识的客观实在。

假设 2：物理实在是空间上分离开来的独立实在。

假设 1 称之为实在论。假设 2 后来被爱因斯坦称之为可分离性原则，或定域性原则，其理由是狭义相对论关于物理作用的传递速度不能超过光速，由此，确立的实在论是定域实在论。

狭义相对论告诉我们，物理相互作用传递的最快速度不可能超过光速，因为按照狭义相对论，如果相互作用的传递速度超过光速，就会出现因果关系倒置。正常的因果关系是，先有原因，后有结果，至少结果不能先于原因。比如，先有父亲，然后有儿子，父亲是原因，儿子是结果。如果因果关系倒置，就会出现，先有儿子，后有父亲，在量子宇宙学中有一个祖父佯谬。因果关系问题将在第四章做进一步论述。

EPR 的论文中包含了一个重要的关联——EPR 关联。为方便理解，我们也用弹子球来做说明。

假设弹子球 1 与弹子球 2，在 t = 0 时刻没有相互作用，在时刻 0 到时刻 T 之间彼此发生碰撞，而形成为一个复合系统（见图 1—5）；

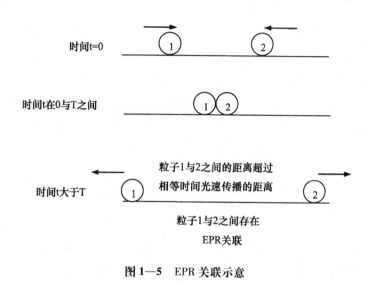

图 1—5 EPR 关联示意

当 t > T 时，弹子球 1 与弹子球 2 彼此分开，不再发生相互作用。

我们看一下两个经典小球的表现。用经典的弹子球来说明上面的物理过程就是，原来两个弹子球 1 与 2 没有相互作用，然后让其发生碰撞，发生碰撞之后，两个弹子球发生分离，相互反方向运动，而且两个弹子球分离得相当远，你想它多远就多远，以至于这两个球之间没有物理相互作用。

当然，这里隐含了一个前提，两了弹子球的碰撞及其过程是有规律的（比如经典力学中的动量守恒定律）。比如，假设两个小球的质量相等，那么经过碰撞之后，不论这两个球分开多远，即使是超过了相等时间光速传播的距离，我们只要测量其中一个球的速度，马上就知道另一个球的速度；只要测量其中一个球的位置，马上就知道另一个球的位置。也就是说，这两个弹子球之间没有任何通信或物理相互作用的方式，利用物理学规律，由一个小球的状态马上就能准确预言另一个小球的状态。在经典物理学中，位置与速度可以完全描述经典物体。尽管这两个球的位置与速度之间存在关联性，它们却是相互独立的。对一个小球的测量，不会对另一个小球产生作用。两个小球之间的关联性是由经典物理学定律规定的。

现在我们在两个小球加上微型电子装置，它可以接受和发射信息（以光速传递信号），还可以控制小球的转向、改变速度的大小。比如，其中一个装置发出信号让另一个小球转向或停止。这样，这两个小球就关联起来，或纠缠起来了，这种纠缠只是经典纠缠。这里的纠缠是因为两个小球之间有无线电的联系，就像手机的电磁信号联系一样。如果我们将两个小球隔离开，即是说，让两个小球之间没有办法进行通信，比如，用电磁装置屏蔽掉无线电信号，那么这两个小球又是相互独立的。这就是说，电磁相互作用形成的两个小球之间的纠缠是不够紧密的，可以用物理手段将其隔开。

那么有没有不可隔离的相互作用呢？那就是引力相互作用。引力是没有办法被屏蔽的。但是，到目前为止，由于引力太弱了，而且还难以直接被测量到，因此，引力并没有直接的利用价值，更不能用来传递信号。引力相互作用的强度比电磁相互作用要弱 10^{-38} 倍。目前已发现有 4 种相互作用，它们的强度如表 1—1 所示。即使引力能够被利用，但引力的传播速度也不能超过光速，在速度上也有限制，它不能具有无限大的速度。换言之，目前发现的所有的物理相互作用传递速度都是有限的，不是无限的，即现在的物理相互作用是近距作用而不是超距作用。也就是说，利用现在的物理相互作用建立的纠缠，总有时间间隔，不是不需要时间。例如，两地相距 1 千米，以光（电磁波）传递信号，需要的时间为 3.3×10^{-6} 秒，即 0.0000033 秒，即是说，从一个地方向 1 千米之外的另一个地方发射信号（如打电话、发邮件等）至少需要 0.0000033 秒的时间，总有时间延迟。如果一个小球在地球上，另一个小球在月球上，由于地球与月球之间的距离大约 38 万千米，光速约为 30 万千米/秒，那么，从一个小球向另一个小球发送信号需要时间约为 1.27 秒，即在 1.27 秒的延迟。这就是说，在 1.27 秒的间隔内，两个小球还是相互独立的。

可见，宏观或经典世界，物体之间本质上是相互独立的，一个物体不会对另一个物体产生瞬间的影响，任何物理之间的作用都是需要时间的。物体之间的相互纠缠是有条件的，既受时间的限制，也受空间的限制。当然这里的时间与空间都是宏观或经典的时间与空间。

但是，量子力学超越了经典时间与空间的限制，好像微观粒子之间的相互作用是瞬间的，正像爱因斯坦所说的"幽灵的"（spooky）相互作用。

表 1—1　　　　　　　　　四种相互作用

	强相互作用	电磁相互作用	弱相互作用	引力相互作用
相对强度	1	10^{-2}	10^{-12}	10^{-40}
例子	质子与质子的作用	无线电、手机的信号	原子核的 β 衰变	苹果落地运动

我们回到 EPR 论文。EPR 论文说：

（1）假设微观粒子 1 与微观粒子 2，在开始时（t = 0）没有相互作用；

（2）经过一段时间（从时刻 0 到时刻 T）彼此发生相互作用，而形成为一个复合量子系统；

（3）这段时间后（当 t > T），微观粒子 1 与微观粒子 2 彼此分开，不再发生相互作用。

按照量子力学规律，当复合量子系统的初态波函数 $\psi(t_0)$ 已知时，由薛定谔波动方程可以推算出复合量子系统在任意一个时刻 t 的系统的波函数 $\psi(t)$，但是，构成复合系统的两个微观粒子 1 和 2 的状态下却不能由波函数来推算，而只能由测量来确定。EPR 的论文中具有分析的复合系统中一个粒子的位置、动量与另一个粒子的位置、动量之间的关系，这是一个理想实验。目前，量子力学完成的相关实验基本检验了 EPR 关联的正确性。

第 二 章

量子信息是什么？

20 世纪后半期，量子计算、量子密钥分配算法和量子纠错编码等三种基本思想的出现，标志着以量子力学为基础的量子信息论基本形成。2000 年，量子信息的权威 Bennett 和 Di Vineenzo 在《自然》杂志上评述，量子信息理论已开始将量子力学与经典信息结合起来，成为一门独立的学科。目前，也创办了国际性的量子信息杂志和虚拟网络杂志。量子信息（quantum information）是近 10 年来受到国内外学术界高度关注的一个重要的理论和技术问题，量子信息理论已取得了重大理论突破。本章主要探讨量子信息的涵义，并与经典信息进行比较。

一 经典信息的涵义

1. 信息的词源与结构上的涵义

刘钢对"信息"的语义进行了仔细的考察①，本书将从另一个角度作简要的分析。

我们先从词源的角度考察"信息"的涵义。其英文是 infor-

---

① 刘钢：《信息哲学探源》，金城出版社 2007 年版，第 94—166 页。

mation，来自于动词形式 inform。inform 由 in 与 form 构成，in 有"在……内、在……里、在区间、界限或面积以内"的涵义，form 有"形式、结构、流行的样式"等涵义。

直接来说，inform 就表示"在事物或现象之内的形式、结构、样式"，由于是动词形式，即产生某种动作、产生某种运动，仅有三种可能：一是使事物或现象有形式、结构或样式；二是使事物或现象之内的形式、结构或样式被传递出来；三是使事物或现象的形式、结构或样式运动起来。"事物或现象之内的形式、结构或样式"就是"事物自身"（things themselves）。将前述三种涵义概括起来，动词形式的 inform 就表示，**使事物自身被显现**。

与 inform 相关的还有两个词，一个是 notify 与 acquaint。inform 指以任何方式直接告知；notify 是指官方正式通告；acquaint 是指使某人了解前所未知的事。

Information 作为名词形式，就表示被通知、告知的事物内部的形式、结构和样式，换言之，英文的"信息"就表示事物本身所显现的形式、结构、样式，或者可以引申为，information 就表示**呈现的事物自身**。可见，信息并不等于事物自身。

当用中文"信息"来翻译"information"时，"信息"的中文涵义也会对"information"产生影响。从中文词的结构来看，"信息"由"信"与"息"构成。

"信"。从人，从言。直接意思表示人之言。"言"，甲骨文字形，下面是"舌"字，下面一横表示言从舌出。"言"是张口伸舌讲话的象形。可见，"信"表示人从口中所说的话或言语。《说文》：信，诚也。

"息"，从心，从自。自，鼻子。古人以为气是从心里通过鼻子来呼吸的。本义：喘气；呼吸。

"信息"就表示"人之言"是从心中，通过自己的鼻子产生的，或者说，从人的心中，通过自己的舌、鼻子产生的话或言语。"从人的心中"意味着所说或所言是真实的、是诚实的。为此，我们认为，中文的"信息"就表示**人之真实所说或所言**。

从另一个角度来看，"息"表示用鼻子呼吸，这就是说，"信息"表示，人在用鼻子呼吸情况下发出言论，人在自然而然的条件下呼吸并讲话，隐喻而言，中文的"信息"就表示，不要做作，顺其自然，只需反映事物的本来面貌。

人为什么要言说？在于人要向外部传递自己之所思所想，呈现事物的本来面貌。因此，真实的、诚实的人之所言或所说，不仅在于传递自身所思所想的真实性，即反映事物的本来面貌或呈现的事物自身，还在于展现人之所是，事物自身对于人具有明见性（evidence）。

于是，我们认为，中文的"信息"具有两个方面的涵义，一是真实地传递所思所想，一是传递者是诚实的。也就是说，人是表里如一的，是诚实可靠的，所思所言是真实的。可见，中文的"信息"表达了言说者与其所言是统一的。中文的"信息"较之于英文的"信息"多了一个所言者，即"信息"的主体——人，两者的共同点在于事物之所是，即呈现的都是事物自身。或者说，中文的"信息"表达了事物自身的呈现以及与传递者（人）的统一，突出了人在信息传递过程中的作用或构造性作用。从现象学的语言来看，"信息"的主体对呈现的事物自身具有明见性。

综上所述，"信息"表示事物自身的呈现，中文的"信息"还表达了人在信息传递过程中的作用。

2. 信息的学科涵义

信息一词的使用已有很长历史。《汉语大词典》中"信息"有两义：（1）音信，消息。信息最早见于南唐李中《暮春怀故人》诗："梦断美人沉信息，目穿长路倚楼台。"（2）现代科学指事先发出的消息、指令、数据、符号等所包含的内容。

在汉语中，information 这个词开始时被译为"情报"。申农最先从通信的角度界定信息，后来这一概念被推广到许多其他领域，增添了许多新的内涵。随着申农的信息论传入我国，人们开始使用"信息"这个词。在经济学界，信息已成为信息经济或知识经济的重要生产要素。信息已经和物质、能量一起被认为是人类社会进步的基本要素之一。在我国台湾地区，"信息"被译为"资讯"，以期与"资本"有某种相似的作用。

信息概念具有丰富的内涵，可以从不同角度、不同层次去加以认识。信息作为一个科学概念，最早出现在通信领域。在20世纪20年代，哈特莱在探讨信息传输问题时，提出了信息与消息在概念上的差别，他认为，信息是包含在消息中的抽象量，而消息是具体的，消息负载着信息。

1948年，申农在《通信的数学理论》中提出了经典信息论。在一些有关通信理论或控制论的著作中，信息被认为是"不确定性的减少"。1950年，维纳已认识到信息与物质、能量等概念框架不同，将信息界定为："信息就是信息，不是物质也不是能量。"[1] 他指出了信息不同于物质与能量。

信息论度量信息的基本出发点是消除不确定性。

2位二进制数有4个：00，01，10，11。每个数出现概率为1/4，每一个数的信息量就是2比特。总的信息量也为2比特。

3位二进制数共8个：000，001，010，100，011，101，110，111，每一个数出现的概率为1/8，每一个数的信息量为3比特，总的信息量也为3比特。

上述分析表明，1经典比特系统就是一个等概率的经典双态系统，可能是物理系统，也可能不是物理系统，或者是数学系统，或者是一个抽象系统等。

王雨田教授主编的《控制论、信息论、系统科学与哲学》（1988年）一书，列举了不同学者对信息的主要看法：

---

① N. 维纳：《控制论》，郝季仁译，科学出版社1963年版，第133页。

（1）信息是人们对事物了解的不定性的度量，从而把信息看作是不定性的减少或消除。

（2）信息是控制系统进行调节活动时，与外界相互作用、相互交换的内容。

（3）信息作为事物的联系、变化、差异的表现。艾什比提出，信息是变异度。

（4）信息表现了物质和能量在时间、空间上的不均匀的分布。

（5）信息是系统的组织程度、有序程度。

（6）信息是由物理载体与语义载体构成的统一体。[①]

对信息的实质也是众说纷纭，主要有以下观点：

（1）信息是物质或物质性的东西。

（2）信息是一切物质的属性或只是控制系统的功能现象。

（3）信息不仅是物质的，有时也是"观念的"。

（4）信息是非物质的精神的属性。

（5）信息是与物质、意识并列的，或者由两者融合起来的第三种东西。[②]

半个多世纪以来，人们还没有给出一个为大家所接受的信息定义。这关键在于不同的学者从不同的学科领域、不同的知识背景来界定信息时，存在着较大的区别。而信息又与知识有关，就信息与知识的关系来看，东西方文化有不同的理解。在西方文化看来，信息与知识可以相互解释。而东方文化认为，信息的范围大于知识的范围，但并不意味着知识是信息的全真子集。[③] 可见，从更深层次来看，信息的定义涉及东西方文化的差异。

尽管如此，从客观信息的角度寻找信息的共通之处还是可能

---

① 王雨田：《控制论、信息论、系统科学与哲学》（第二版），中国人民大学出版社 1988 年版，第 336—342 页。

② 同上书，第 347—354 页。

③ 吴国林：《探索知识经济》，华南理工大学出版社 2001 年版，第 24 页。

的。信息也被用于物理、化学、生物等领域。有的生物学家曾把基因描述为"信息的集合"（a package of information），还明确指出："DNA 是基因的载体，而不是基因本身。"[1]

协同论的创始人哈肯认为："生物系统最惊人的特点之一在于各部分之间的高度协调。""所有这些高度协调、密切相关的过程只有通过交换信息才可能实现。例如，我们将会看到，这些信息被产生、传输、接收、处理，还要被换成信息的新质，并同时在系统的不同部分之间和不同的层次之间交流。""信息不只与通道的容量相联系，也不只与系统的中枢神经对各部分的发号施令有关，它还具有'媒介'的作用系统的各部分对此媒介的存在作出贡献，又从它那里得到怎样以相干的、合作的方式来行动的信息。"[2]"系统的各部分达成了特定的一致，或者说发生了自组织。同时，发生了信息压缩。"[3] 这里表达了信息是要素之间的关联方式。

可以认为，在生物、物理、化学等领域中，信息表现为系统的一种结构、元素（要素）的排列方式和组合方式，也就是要素之间的关联方式。在物理、化学、生物学等领域，往往也将信息与它的载体相区分。一般而言，载体具有物质形式，或转化为某种信号（signal）。信号总是物理的，是可以被接收器接收作用于感官引起感知的东西。也可以把信号看成是信源发生的一个物理事件。

在各个具体学科中，信息的意义与它的载体或媒质（media）是可以区分的。信息的意义是独立于物质或能量的，但信息的存在方式又不能独立于物质或能量而存在。在系统论中，"整体大于它的各部分之和"，部分组成整体时所增加的新的质，就包括

---

[1] 陈禹：《复杂系统中的信息——概念、视角与特征》，《首都师范大学学报》（社科版）2003 年第 2 期，第 101 页。

[2] H. 哈肯：《信息与自组织》，四川教育出版社 1988 年版，第 49—50 页。

[3] 同上书，第 58 页。

了它的结构和排列所表达的信息。信息不同于物质，它不是守恒的，它可以被创造、也可以被消灭，还可以被复制和传递。

无论是申农、维纳、哈肯所强调的信息，还是物理学、化学、生物学等学界所理解的信息，尽管有区别，但是，对于信息的理解的确存在着某种共性和内在联系。简言之，从系统论角度来看，信息可以看作属于系统的整体的性质或某部分或部分之间的性质。我们认为，信息反映的是系统要素之间的某种关联方式，如结构、排列、组合等。即使通信中的发送者和一个接受者也可以看作是一个系统中的两个要素之间的关联方式。

在本部分涉及的信息根源于经典科学（如经典物理学），其信息就是经典信息，下一部分的信息以量子力学为基础，属于量子信息。

二 量子信息的基本涵义与性质

从纯客观的通信理论来看，现有的经典信息以比特（bit）作为信息单元，经典比特只有一个或 0 或 1 的状态。一个比特是给出经典二值系统一个取值的信息量。从物理角度讲，比特是一个两态系统，它可以制备为两个可识别状态中的一个，例如，是或非，真或假，0 或 1 等。比如，在电路中，开关的"开"（on）与"关"（off）就表示 1 与 0 两种不同的经典状态。在数字计算机中电容器平板之间的电压可表示经典信息比特，有电荷代表 1，无电荷代表 0。

一个量子系统包含大量的微观粒子，我们目前还知道量子系统中各微观客体之间的相互作用机制，量子力学的波动方程可以描述量子态的演化。这是一个非常实用的办法，把量子系统的动力作用的机制暂时悬置起来。量子力学用量子态来描述量子系统，即系统是处于态空间（常用 Hilbert 空间来表述）的某种量子态。

通常认为，量子信息是编码在原子尺度上的量子相干态上的信息。但是，按照尼尔逊（Michael A. Nielsen）的看法，量子信息一词有两种不同的用法。一是可以被解释为和利用量子力学进行信息处理有关的所有操作方式的概括，包括诸如量子计算、量子隐形传态、不可克隆原理等；第二种是指对量子信息处理基本任务的研究，一般不包括量子算法设计的内容。一般认为，量子信息包括量子计算和量子通信，量子隐形传态、量子密码术和量子密集编码。以量子力学基本原理为基础，通过量子系统的各种相干特性（如量子并行、量子纠缠和量子不可克隆等），进行计算、编码和信息传输的全新信息方式就是量子信息的最主要内涵。

量子信息的研究就是充分利用量子物理基本原理的研究成果，发挥量子相干特性的强大作用，探索以全新的方式进行计算、编码和信息传输的可能性，为突破芯片极限提供新概念、新思路和新途径。量子力学与信息科学结合，不仅充分显示了学科交叉的重要性，而且量子信息的最终物理实现，会导致信息科学观念和模式的重大变革。事实上，传统计算机也是量子力学的产物，它的器件也利用了诸如量子隧道现象等量子效应。但仅仅应用量子器件的信息技术，并不等于现在所说的量子信息。目前的量子信息主要基于量子力学的相干特征，重构密码、计算和通讯等基本原理。

量子信息研究是以量子态为信息载体的信息理论与技术。量子信息以量子态为信息载体。在量子通信理论中，量子信息的单元称为量子比特（qubit），有的国内学者称之为量子位。一个量子比特是一个双态系统，且是两个线性独立的态。

两个独立的基本量子态常记为：$|0>$ 和 $|1>$。量子比特是两态量子系统的任意迭加态。例如：

$$|\psi> = C_0|0> + C_1|1>$$

且 $|C_0|^2 + |C_1|^2 = 1$

其中 C_0 与 C_1 为复数，而不是实数。当对量子比特进行测量时，得到 0 的几率是 $|C_0|^2$，得到 1 的几率是 $|C_1|^2$。

如果 C_0 与 C_1 为实数，则 $|\psi>$ 就不能描述一个量子比特。上式说明，$|\psi>$ 就是两个独立的量子态 $|0>$ 和 $|1>$ 的迭加，由于系数 C_0 与 C_1 可以是任意的，只要满足 $|C_0|^2 + |C_1|^2 = 1$ 即可，因此，原则上，$|\psi> = C_0|0> + C_1|1>$ 表示了具有无限多的可能性。$|C_0|^2 + |C_1|^2 = 1$ 表示 $|0>$ 和 $|1>$ 两个量子态出现的几率之和等于 1。就像一只骰子的六个面出现的总的几率为 1 一样。

1 量子比特系统是否同于 1 比特的经典系统呢？

对经典信息学家来说，1 比特是一定量的抽象的信息。对工程师来说，1 比特是一个触发器———一种有两个稳定物理状态的硬件。牛津大学的多依奇（D. Deutsch）认为，"量子比特是一个物理体系，而不是纯粹抽象的概念，这是信息的量子理论与经典理论的又一重要区别"[①]。

关于真假的判断，只能是对经典信息，而对量子信息是否只有真假两种判断呢？它可以处于真假的迭加态。量子信息仍然可以用 1 比特作为最小的信息单位，只不过具有迭加性与相干性，而在经典信息中仅可以取 0 或 1。可见，经典信息的 1 比特不同于量子信息的 1 比特。1 比特的经典信息就表示为 0 或 1 这一状态，而 1 比特的量子信息则表示既处于 0 又处于 1，而且还可以处于 0 与 1 的迭加态，它们都是同样真实的。

对于开关的"开"与"关"这一物理状态来说，不可能出现半开半关，或有一点开，有一点关，或 30% 的开，70% 的关这样的情形。但是，量子力学描述的状态则可以处于"开"与"关"

① D. 多依奇：《它来自量子比特》，载［美］约翰·巴罗等编：《宇宙极问——量子、信息和宇宙》，朱芸慧等译，湖南科学技术出版社 2009 年版，第 51 页。

的各种迭加态之中。

量子比特 $|0>$, $|1>$ 是二维复空间中的向量。量子比特的不可观测状态和我们能够观测的差别在量子信息中占有中心地位。量子力学告诉我们只能得到有限信息。

量子比特可以处于 $|0>$, $|1>$ 之间的连续状态之中,直到它被观测。当量子比特被观测,只能得到非"0"即"1"的测量结果,每个结果有一定的概率。

量子比特的物理载体是任何两态的量子系统,如光子、电子、原子、原子核、声子等。一旦用量子态来表示信息,便实现了信息的"量子化",于是信息的过程必须遵从量子物理原理。

经典比特可以看成量子比特的特例($C_0 = 0$ 或 $C_1 = 1$)。

两个量子比特的态张成 4 维希尔伯特空间,它是两个量子比特的量子态的直积 $\otimes$,它存在 4 个正交的态,其基态可以取为: $|00>$, $|01>$, $|10>$ 和 $|11>$。

一个双量子比特有 4 个基态,记作 $|00>$, $|01>$, $|10>$, $|11>$。一对量子比特也可以处于这 4 个基态的迭加,因而双量子比特的量子状态包含相应基态的复系数。多比特系统特有的量子性质是所谓的量子纠缠。两个比特的量子系统有 4 种不同的状态,即两个比特都在 $|0>$ 上的状态 $|00>$,两个比特都在 $|1>$ 上的状态 $|11>$,第一个比特在 $|0>$ 上同时第二个比特在 $|1>$ 上的状态 $|0, 1>$ 以及第一个比特在 $|1>$ 上同时第二个比特在 $|0>$ 上的状态 $|1, 0>$。这一点与两个比特经典系统的情况一样。不同的是,两比特量子系统可以处在非平凡的双粒子相干迭加态——量子纠缠态上,如 Bell 态:

$$|\psi> = \frac{1}{\sqrt{2}} (|0, 1> + |1, 0>)$$

其非平凡性表现在它不能够分解为单个相干迭加态的乘积,从而呈现出比单比特更丰富的、更奇妙的量子力学特性。贝尔态是量子隐形传态和超密编码的关键要素。

用量子态来表示信息是研究量子信息的出发点，有关信息的所有问题都必须采用量子力学理论来处理，信息的演化遵从薛定谔方程，信息传输就是量子态在量子通道中的传送，信息处理（计算）是量子态的幺正变换，信息提取便是对量子系统实行量子测量。在实验中任何两态的量子系统都可以用来制备成量子比特，常见的有：光子的正交偏振态、电子或原子核的自旋、原子或量子点的能级、任何量子系统的空间模式等。

1982 年，Wootters 和 Zurek 在《自然》杂志上提出了量子不可克隆定理的最初表述：是否存在一种物理过程，实现对一个未知量子态的精确复制，使得每个复制态与初始量子态完全相同？该文证明，量子力学的线性特性禁止这样的复制。[①] 按照量子力学的态迭加原理可以证明，量子系统的任意未知量子态，不可能在不遭受破坏的前提下，以 100% 成功的概率被克隆到另一量子体系上。

经典信息可以完全克隆，而量子信息不可克隆（no-cloning theorem）。所谓量子克隆是指原来的量子态不被改变，而在另一个系统中产生一个完全相同的量子态。克隆不同于量子态的传输。量子传输是指量子态从原来的系统中消失，而在另一系统中出现。量子不可克隆定理是指两个不同的非正交量子态，不存在一个物理过程将这两个量子态完全复制。如果可以准确地复制量子态，即存在着许多完全相同的量子态，我们就可以同时准确测量共轭量（如坐标与动量等），这就与量子力学的不确定性原理相矛盾了。

适用于两态的量子不可克隆定理又被推广到混合态情况，得到了量子不可克隆定理的强化形式，即量子不可播送定理（no-

---

① W. K. Wootters and W. H. Zurek. A single quantum cannot be cloned. *Nature*, 1982, 299: pp. 802 – 803.

broadcasting theorem)①，该定理指出，两个混合态经过幺正演化可以被量子播送，当且仅当它们相互对易。也就是说，两个量子正交态是可以被克隆的。所谓正交量子态，就相当于在平面坐标系中的两个正交的矢量一样。

近年来，不可克隆定理又被推广到纠缠态情况。还有学者在狭义相对论的基础上论证：复合系统的正交态不可以被克隆。

量子不可克隆定理断言，非正交态不可以克隆，但它并没有排除非精确复制量子态的可能性。段路明与郭光灿教授等证明，两个非正交态通过适当设计的幺正演化和测量过程结合，可以以不等于零的概率产生出输入态的精确复制。②

量子态不可克隆是量子密码术的重要前提，它确保了量子密码的安全性，使窃听者不能采取克隆技术来获得合法用户的信息。

量子态不可克隆同生物大分子克隆的对比。生物克隆其实是一种经典克隆，它是原子或者分子排列顺序的克隆，通俗地讲就相当于硬件克隆。而量子克隆是软硬件全部信息的克隆，量子克隆的不可能性说明，要想制造出外表一样而且连知识、记忆、思想以及性格都一样的人是不可能的。

三 量子信息涵义的论争

目前，对量子信息的涵义还存在着争论。对量子信息的界定，主要是从量子力学的角度或从操作角度来下定义的。其主要观点分为两大类：第一类观点认为量子信息在本质上不同于经典

---

① H. B. arnum etal. Noncommuting Mixed States Cannot Be Broadcast. *Phys. Rev. Lett.*，1996，76：p. 2818.

② L. M. Duan，G. C. Guo，A Probabilistic Cloning Machine for Replicating Two Non-orthogonal States. *Phys. Lett. A*，1998，243：p. 261.

信息，第二类观点认为量子信息与经典信息没有本质区别。但主流的观点是量子信息显著不同于经典信息。

第一类量子信息观点可以分为以下几种：

（1）量子信息是指存储在量子系统中的经典信息或申农信息。坎维斯（C. M. Caves）与芬奇斯（C. A. Fuchs）认为，"量子信息指的是量子系统的与众不同的信息处理性质，当量子信息从非正交量子态中存储或取回时，量子信息就产生了"①。

（2）量子信息显著不同于申农信息。焦沙（R. Jozsa）认为，量子信息明显不同于经典信息，它提供了一个基本性和诠释性的经典理论与量子理论的差别的新视角②。

（3）从量子态的角度下定义。在国外非常著名的量子信息的教材《量子计算与量子信息》（*Quantum Computation and Quantum Information*）中，尼尔逊（Michael A. Nielsen）与昌（Isaac L. Chuang）认为，量子信息一词在量子计算与量子信息的研究中有两种不同的用途。第一种用途是可以被解释为与利用量子力学进行信息处理有关的所有操作方式的概括，这包括诸如量子计算机、量子隐形传态、不可克隆原理和该书其他全部内容。量子信息的第二个用途要专门得多，指对量子信息处理的基本任务的研究。③

国防科技大学的李承祖教授等学者认为，从物理观点看，信息归根结底是编码在物理态中的东西。而在物理上，量子态不同于经典态。量子信息是用量子态编码的信息，量子态具有经典物

---

①　C. M. Caves, and C. A. Fuchs, （1996）. Quantum information: how much information in a state vector? preprint quant-ph/9601025.

②　R. Jozsa, Quantum information and its properties, Lo H-K, S. Popescu and T. Spiller （Eds.）*Indroduction to Quantum Computation and Information*, Singapore: World Scientific, 1998, pp. 49 – 75.

③　Michael A. Nielsen and Isaac L. Chuang:《量子计算与量子信息》（一），赵千里译，清华大学出版社 2004 年版，第 47 页。

理态没有的特殊性质。① 信息源于物理态在时空中的变化。量子信息和经典信息的根本区别就在于经典信息是以经典物理态编码为基础；而量子信息则是以量子态编码信息为基础，量子信息的存储、传输和处理都必须遵从量子力学规律。

中国科学院院士、中国科学技术大学著名量子信息专家郭光灿教授等认为，经典信息以比特作为信息单元，从物理角度讲，比特是一个两态系统。用量子态来表示信息是量子信息的出发点，有关信息的所有问题都必须采用量子力学理论来处理。信息一旦量子化，量子力学的特性便成为量子信息的物理基础。② 显然，这种定义是一种操作性的定义。

复旦大学倪光炯教授认为，信息并非原来就"客观"存在，它是主体（通过仪器）对客体进行操作（变革）时共同制造出来的。③ 而量子信息所处理的对象是量子态，它用波函数来描述，后者是对量子态做"虚拟测量"时获得的"几率幅"。抽象的量子态不包含任何信息。信息只是在测量时才被主体与客体共同制造出来，而作为相应的"虚拟测量"几率幅的波函数则给出了统计性的预言。实际上，我们不难发现，倪光炯的所谓信息是指经典信息。

第二类量子信息观点认为，量子信息不存在。申农信息概念足以描述量子信息理论。杜威尔（A. Duwell）认为，焦沙绝没有明确和完整地表达申农信息，也没有给出用于比较两种概念的量子信息，也没有提供有用的量子信息。杜威尔的论点是：首先，申农信息不依赖于经典物理学；其次，申农信息的转换不需要信息的局域传递者；再次，一个物理系统的申农信息的内容仅仅定

① 李承祖、黄明球、陈平形、梁林梅：《量子通信和量子计算》，国防科技大学出版社 2000 年版，第 108 页。

② 李传锋、郭光灿：《量子信息研究进展》，《物理学进展》2000 年第 4 期，第 408 页。

③ 倪光炯：《信息在测量之前就已经存在了吗?》，《光子学报》2001 年第 1 期，第 108—112 页。

量在通信系统的环境（*context*）中。[①]

　　由于量子信息理论尚诞生不久，我们不能期望对量子信息下一个共同接受的定义。从量子信息的发展历史来看，量子信息论的奠基者们的本意是用量子力学来辅助完成一些经典信息过程，然而随着研究的深入，后来者们逐步把量子力学与经典信息论真正地结合起来。在此过程中，许多重大问题（如消相干等）得到解决，各种新的奇异现象被发现，这使得研究者们越来越坚定地相信量子信息论已成为一门独立的学科。量子信息除了推广了经典信息中的信源与信道等概念外，还引入了其特有的量子相干与量子纠缠。量子纠缠是量子信息的关键。我们认为，量子信息与经典信息有着本质的区别。

四　量子信息与经典信息的关系

　　信息作为一个科学概念，最早出现在通信领域，随后广泛深入到各学科之中。于是不同学科的学者从不同的视角给出了不同的信息的定义。半个多世纪以来，人们还没有给出一个为大家所共同接受的信息定义。这关键在于不同的学者从不同的学科领域、不同的知识背景来界定信息时，存在着较大的区别。当然，以上这些是经典信息的涵义。在探讨量子信息的涵义之前，我们先就经典信息与量子信息进行比较。量子信息与经典信息既有联系又有区别。

　　量子信息与经典信息之间的联系主要表现在：

　　（1）量子信息与经典信息都需要有物质作为载体才能进行传递。就如经典物理学与量子力学的联系一样，经典信息可以归结

---

　　① A. Duwell, Quantum information does not exist. *Studies in History and Philosophy of Modern Physics*, 2003, 34: pp. 479–499.

为量子信息的特殊情形，实数可以归结为复数的特殊情形。

（2）量子信息与经典信息都是描述信息的不同层面，是相互联系的。量子信息与经典信息是相互补充的，相互统一的。量子信息的传递和接收都不能离开经典信息，量子信息必须要有经典信息作为辅助手段。尽管量子信息通过量子纠缠表现出量子信息具有"超光速"、非定域的特点，但是，量子信息的传递和提取则不可能超过光速，因为量子信息必须有经典通信信道做为补充，而经典信息的传递速度不可能超过光速。可见，量子信息与经典信息统一在信息的传递过程中。

（3）从信息的最基本的载体来看，两者都需要一个两态的物理系统来作为载体。经典信息由两态的经典物理系统表达，而量子信息则由两态的量子系统来实现。

（4）从信息的传送通道来看，经典信息与量子信息都必须有经典信道才能完成经典或量子信息的传递。

尽管量子信息与经典信息是相互联系的，但它们之间有着本质的区别。具体表现在以下几个方面：

（1）两者依据的物理学基础不一样。经典信息处理依据经典物理学，而量子信息处理依据量子力学。经典信息属于经典物理学范围，而量子信息属于量子力学的微观范围。

（2）经典信息不具有相干性和纠缠性，而量子信息具有相干性和纠缠性。量子相干性在各种量子信息过程中都起着至关重要的作用，但是，因为环境的影响，量子相干性将不可避免地随时间指数衰减，这就是量子退相干效应。而经典信息则没有。量子相干性是量子信息区别于经典信息的关键所在。消相干效应表明，量子信息受环境的影响很大。量子纠缠效应使量子信息的传递具有非定域性。可见，量子信息的处理与传递必须在量子相干长度之内。

郭光灿教授用了一幅漫画来形象地说明了经典信息和量子信息的差异。他说，在一个雪地上，穿过一根树桩时，代表经典信息的滑雪者只能绕过，而代表量子信息的滑雪者则像魔术师一样直接穿过了。

（3）经典信息可以完全克隆，而量子信息不可克隆（no-cloning）。当然，量子不可克隆原理并没有限制不严格地复制量子态。

（4）经典信息可以完全删除，而量子信息不可以完全删除。已有学者证明，任何未知的量子态的完全删除是不可能的[①]。显然，这是量子信息不同于经典信息的重要特征。这或许意味着，经典信息的客观性程度没有量子信息的客观性程度高。这一性质表明了量子信息不同于物质与经典信息的重要特征：物质不能被创生和消灭，经典信息可以被创造和消灭，而量子信息可以被创造但不能被完全消灭。

（5）从编码在经典物理状态中获得信息，可以不扰动经典物理状态；而从编码在非正交量子态中获得信息，必然要扰动这些量子态。因为如果不扰动量子态，测量者就无法区分测量仪器的末态与被测量子态的演化末态。

（6）量子信息具有隐藏性，而经典信息可以完全读出来。在纠缠态中，通过贝尔基测量我们可以形成四维空间中的一组正交归一化的贝尔基，利用泡利算子可以构造出位相算子 $|\varphi^{\pm}>$ 与宇称算子 $|\psi^{\pm}>$。贝尔基是具有最大纠缠的量子态，当我们将 2 比特的信息编码在基 $\{|\varphi^{\pm}>, |\psi^{\pm}>\}$ 中，如果分别测量编码在每个量子比特中的信息，我们是无法译解出来的。可见，编码在纠缠量子态中的信息是不能局域地测量出来的。而经典信息可以局域地译解出来。

（7）经典信息不能够稠密编码，而量子信息可以稠密编码。量子位可以用来储存和传送经典信息。比如，传送一个经典比特

---

① Pati A. K. etal. Impossibility of Deleting an Unknown Quantum State，*Nature*，2000，404：p. 164.

串（10110），Alice 可以发送 5 个量子比特给 Bob，这 5 个量子比特依次制备在 |1>，|0>，|1>，|1>，|0>态。当 Bob 接收到这些量子比特时，使用基底 {|1>，|0>} 就可以得到比特串（10110），从而取出 Alice 编码在比特串中的信息。显然，这种通信方式与经典通信没有什么本质区别。但是，使用量子纠缠现象可以实现只传送一个量子比特，而经典信息传送 2 个比特。

（8）经典信息在四维时空中进行，速度不快于光速；而量子信息则在内部空间中进行，量子信息的变换可大大快于经典信息。所谓内部空间就是指微观粒子所具有的内禀变量或内部变量（如自旋）所形成的空间。内部空间与普通的三维空间是没有关系的，或者脱离了普通的三维空间。比如，量子信息已成功在自旋空间传递，量子信息的处理速度远高于经典信息。

五　量子信息的本质

按照现代大爆炸宇宙学，宇宙的演化是从量子宇宙演化为经典宇宙，于是，在没有人类存在以前，就有与人无关的本体论量子信息与本体论经典信息，而当宇宙演化出经典宇宙并演化出人类时，本体论信息成为人类的认识对象时，才有了认识论量子信息与认识论经典信息。为此，我们把量子信息分为本体论量子信息与认识论量子信息。

所谓本体论量子信息，是指在量子相干长度之内所展示的事物运动的量子状态与关联方式。

所谓认识论量子信息，是指主体感受和所表述的在量子相干长度之内的事物运动的量子状态与关联方式。

我们知道，事物的性质和展现的方式是由它的本质决定的，因此，事物的性质与展现方式也必然反映了事物的本质。我们在定义中加入"量子相干长度之内"限定语，这在于 20 世纪 80 年代以来的有关研究表明，只有在量子相干长度之内的微观客体才能用波函数或几率幅来描述，而限制量子相干长度的主要因素是环境与量子系统之间产生的消相干作用。定义的"关联方式"在于包括相干性与量子纠缠等性质，量子信息的本质是通过量子态、量子相干和量子纠缠等量子性质展现出来的。

我们能不能把量子信息看作是微观物质的普遍属性？

电子、质子等微观粒子的性质都可以用几率幅（波函数）得到很好的描述。尽管波函数描述的是位形空间（configuration space），比如，两粒子体系的波函数 ψ（x_1，y_1，z_1，x_2，y_2，z_2）描述的是六维位形空间中的波动而不是现实的三维空间的波动，但是，我们认为，几率幅（波函数）仍然提示了微观粒子的客观实在，反映了微观物质的存在方式。因为在位形空间中粒子体系的波函数通过测量与现实的三维空间相联系，位形空间仍然具有实在意义。这就如在量子宇宙学中，虚时间并不比实时间实在。

因此，我们认为，量子信息可以看作是微观物质的属性。处于量子相干长度之内的微观物质都可以成为量子信源，产生量子信息。量子信息的产生要以微观物质的运动作为前提。任何微观物质的量子运动都会有量子信息产生。量子信息只能由微观物质的运动才能产生，且微观事物处于量子相干长度之外。一般性的知识不能产生量子信息。经典信息也不能产生量子信息。人的意识也不能产生量子信息。量子信息只能存在于量子系统之中，而不能存在于一般性的日常社会生活之中。人类社会的生活自身不能产生量子信息，因为人是宏观的，宏观的人不能产生量子关联。这是因为量子信息产生的物理基础是处于量子相干长度之内的微观物质或微观事物。

我们以黄豆为例，考察其信息特点。比如，每一个选举人用一粒黄豆给几位候选人"投票"，谁的黄豆数量最多，谁就当选。这时，黄豆本身表示一种信息，反映了选举人的意愿。但在通常的情况下，黄豆是一种豆科植物的果实，具有物质性。可见，信息是物质自身的某种显现或某一方面、侧面或层次性质的显现。在黑洞的无毛定理中，"三根毛"就是黑洞本身的某种显现或某个方面或侧面的显现。尽管信息不是物质，但是，本体论信息显示着物质的存在方式和状态，信息与物质是统一的。正如夏立容所说："信息是以物质为载体并与物质一起规定着客观事物的功能及特性。因此，可以说本体信息与物质同在。"① 我们的自然界既是一个物质世界，又是一个信息世界，即世界是物质与信息的统一。

总之，量子信息不是量子实在，而是作为量子实在的状态、关联、变化、差异的表现。量子信息也就是微观事物的量子状态与关联方式的自身显现。从哲学上讲，量子信息将信息从经典领域拓展到量子领域，丰富了信息的涵义，赋予了量子信息以独立存在的哲学意义。

量子实在与量子信息之间的关系，我们将在第六章中做进一步研究。

---

① 夏立容：《信息与相互作用的关系》，《自然辩证法研究》1995年第1期，第37页。

第 三 章

若隐若现的量子实在

问什么是实在的（real），大致可以说，那就是问：什么是真实的，什么是坚实的，以及什么不是假的，那实在的东西有没有一个实体存在？这实体是不可进入的吗？不可变的吗？本章旨在阐明微观实在有什么特点。量子信息基于波函数，而波函数是量子实在的典型形式，量子所控制的对象也是波函数等，那么，波函数的实在性如何？它与经典物质的实在性一样吗？

一 "20问"游戏与延迟选择实验

如图3—1所示，表示延迟选择实验，它是由著名物理学家惠勒（J. A. Wheeler）提出来的。设光源 S 发出光子射向半反镜 F_1，这时光子被分为 2a 与 2b 两束，几乎各占 50%，在这反射与透射两条光路上分别放置反射镜 A 和 B，使两条光路能在 C 处相交。两个光子计数器置于 R_1、R_2 处。另见图3—2与图3—3。

（1）当 C 处不放置其他装置（如半反镜，图中虚线所示），探测器 R_1、R_2 就能断定光子是从路径 B 来或是从 A 来；

（2）当 C 处放置半反镜（并调整好）时，探测器 R_1、R_2 的相对计数率将确定光路的相位差，是两光束相干的证明，它证明：一个光子**同时**在走两条路径 **B** 和 **A**。

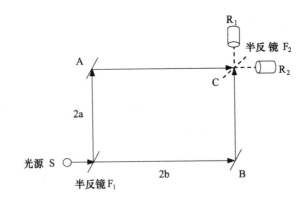

图3—1　延迟选择实验装置示意

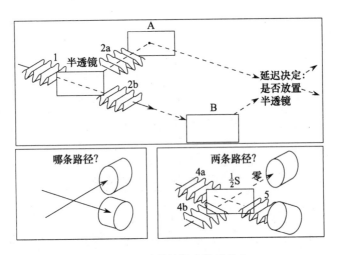

图3—2　延迟选择实验示意1

　　而这样一个实验可以在宇宙中进行，其意义大不一样，见图3—4。例如，两个类星体0957＋561 A和B，二者分开的视角为6弧秒。这两个天体实际上是一个类星体的两个像，只要类星体和地球之间有一个星系就可以实现，由星系的引力透镜效应造成这两个像。

　　在C处是否放置探测器 R_1、R_2，是由人决定的。

　　我们可以在光子进入装置A、B而未到达C之前某一时刻作出选择，在C处是否放入半反镜，从而产生"延迟选择"效应，这种延迟选择效应在宇观尺度上可达数亿光年。可见，光表现为粒子性或波动性取决于半反镜的移进移出。

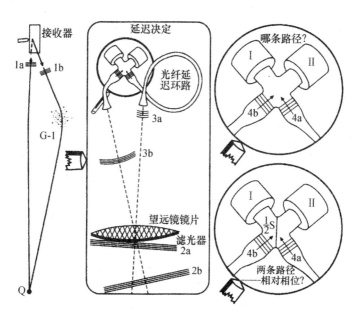

图3—3　延迟选择实验示意2

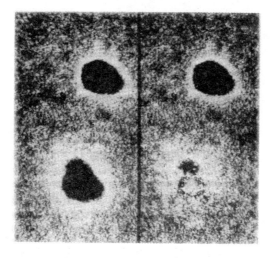

图3—4　宇宙尺度的延迟选择实验

惠勒讲述了一个玩"20 问"游戏的故事。在一次聚餐时，著名物理学家惠勒曾经和朋友们一起玩"20 问"这种常玩的游戏。该游戏的基本规则如下：游戏一方选定一样事物写下来，而另一方在不知道他写了什么的情况下，可以提出 20 个以内的问题，但提问者能得到的答案只有是或不是，最终根据这些是或不是猜出这个词。轮到惠勒猜的时候，他被赶到屋外。诺德海姆（Lothar Nordheim）的另外 15 个客人就可以进行商量。惠勒被关在外面有很长时间，当惠勒进入屋内时，他发现每个人的脸上都挂着笑，这些人一起商定了一个相当难的事物作为谜底。尽管如此，惠勒还是提问，与答者玩一问一答的游戏。

——"是动物吗?"

"不是。"

——"是矿物吗?"

"不是。"

——"是绿色的吗?"

"不是。"

——"是白色的吗?"

"不是。"

令惠勒感到奇怪的是，问题越问到后来，15 个人给出答案的速度越慢，有时候还需要讨论良久。他只剩下最后一次机会了，这时，惠勒胸有成竹的问："是云吗?"其余人集体答道"是"，随即爆出一阵哄堂大笑。他们告诉惠勒，屋子里根本就没有一个能与这个词相对应的物。他们商定无论从他口中说出任何词，只要和先前得到的答案不矛盾，就认为他答对了，否则，如果惠勒反问他们，他们就输了。

惠勒认真分析了"云"这个答案的产生过程，他认为，正是设谜者和猜谜者共同建立起来的。

惠勒将产生"云"这一个答案的过程与量子世界的"实在"相类比，实验者将要选择什么样的实验，向大自然提什么问题，会对微观粒子的行为产生某些实质性的影响。他说，我们曾经相信，这个世界是独立于任何观察行为而存在"在那儿"的。惠勒说："在游戏中，没有哪个词是一个词，直到那个词被所选择的问题和给出的答案推入现实。在量子物理的现实世界中，没有哪一个基本现象可成为现象，直到它是一个被记录的现象。"① 对于延迟选择效应，惠勒认为，"基本的量子现象只有当它被观测时才是一个现象"②。

是否有人参与量子过程呢？

在惠勒看来，量子力学表明，不存在纯粹的实在的观察者、观测设备或记录设备参与了对实在的界定，我们能观察到什么，取决于我们用什么方式去观察。从这一意义上，宇宙并没有不受人的影响的存在"在那里"。如图3—5所示，在经典世界中，观察者与被观察对象之间隔着厚厚的玻璃，原则上，观察者可以获得对象的全部信息。而在量子世界中，观察者与被观察对象之间厚厚的玻璃已被打碎，观察者成为一个"参与者"，不存在一个独立于观察者之外的客体，也不存在一个独立于实在的单纯的观察者。惠勒说："测量行为还对电子的未来产生不可避免的影响。不管愿意不愿意，观察者都会发现，自己是一个参与者。在某种奇特的意义上，这是一个参与的宇宙。"③

惠勒提出了一个自激回路来象征"参与的宇宙"。如图3—5、图3—6所示。"我们所知道的宇宙——其实是，我们可以知道的宇宙，一是建立在少数几根观察的铁柱上，柱间敷衍着由理论铸造的纸型。那些铁柱不仅告诉我们现在是什么，而且告诉我们过去是什么。我想用一个大的 U（代表宇宙）来表示这个想法。U的右上端代表大爆炸，一切的开始，沿着右边的细腿下来，沿着左边 U 的粗腿向上，象征着宇宙演化的轨迹，从小到大——有足

---

① ［美］J. 惠勒：《宇宙逍遥》，北京理工大学出版社 2006 年版，第 321 页。

② 《物理学与质朴性》，安徽科技出版社 1982 年版，第 4 页。

③ ［美］J. 惠勒：《宇宙逍遥》，北京理工大学出版社 2006 年版，第 320 页。

够的时间产生生命和意识。在 U 的左上，最后，坐着一个观察者
的眼睛。通过回望，通过观察宇宙最早日子里所发生的事情，赋
予那些日子以现实性。"①

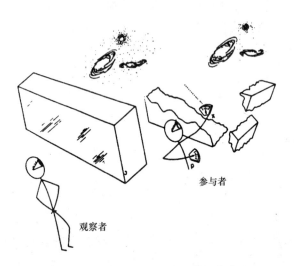

图3—5 观察者、被观察对象与玻璃屏

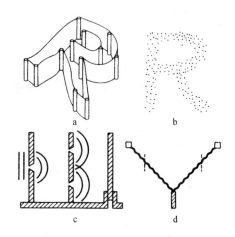

图3—6 由几个柱子构成的实在，其间由理论连接

---

① John A. Wheeler and Kenneth Ford, Geons, *Black Holes and Quantum Foam*, 1998，p. 338.

　　惠勒用几个柱子与理论来构建实在，可称之为柱子实在观，具有积极意义。它意味着，人们对宇宙的认识，那几个柱子是可以通过实验来验证的，而柱子之间不可能处处有实验的支持。事实上，量子力学告诉我们，宇宙的最小的基质具有量子性，而不是连续的。即构成宇宙的柱子只能是分离的，而不是连续的。而分离的柱子就只能由理论来连接。或者说，人的认识所创造的理论与实验共同构建了宇宙的实在图景。如果说经典实在依赖于人选择的测量仪器，即测量仪器参与了经典实在的构建，我们认为，这是正确的。正如人利用仪器创造了技术人工物，这也是一种新型的实在，而不是自然界自然而然地演化出来的。

　　在延迟选择实验中，"观察"是什么呢？

　　惠勒说："什么是'观察'？要回答这个问题还为时过早。那么，为什么是这个词？现在的关键是找一个词，它还没有定义，并将永远没有定义，直到有一天，人们可以比现在（除了前述明显的例子）更清楚地看到，**所有的参与者，过去的、现在的、将来的，他们的观察怎样联合起来定义我们所说的'实在'。**"[①] 他还认为："现

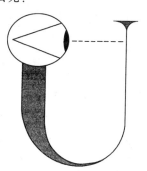

图3—7　宇宙自激图——
参与的宇宙

在的观察参与了过去的实在的定义：观察直接地卷入到创世（creation）之中。"[②]（见图3—7）

　　惠勒的"参与的宇宙"在于说明，宇宙的过去是如何由参与者的现在来决定的，这就像延迟实验中光是粒子还是波是由人选择的实验装置来决定的。

---

① ［美］J. 惠勒：《宇宙逍遥》，北京理工大学出版社 2006 年版，第 53—54 页。
② 同上书，第 54 页。

如果人参与宇宙，是以什么方式来参与呢？是否人用眼睛看，或人的意识的干预？对此，惠勒给予了明确说明："首先要注意，意识和量子过程并不是一回事。我们在这里处理的是一些具有明确涵义的事件，即用不可逆的作用和不可改变的观察所记录到的事件。"[1]

这种看法的一个根本问题在于用日常的思维去思考量子世界。曾有一幅漫画来说明光子的怪异行为。一个滑雪者经过一棵相当高的树，他滑过的轨迹在经过树时一分为二，他的左脚从树的左边经过，右脚从树的右边经过。这在日常行为中是不可能完成的。但是，在光的双缝实验中，一个光子可以同时穿过两条路线，并发生光的干涉现象。

事实上，观察并不是参与者现在的实验或观察的物理行为影响过去的量子行为，而是量子系统自身的演化与经典物理装置相互作用的结果。

从光子具有开放性，我们即不难理解延迟选择实验。光子的性质由内在性质（由波函数描述）与外在性质（A、B 及 C 装置）决定。光子的内在性质是不可直接观察的，是潜在的，具有开放性，由波函数完全描述，这是一个可逆的世界；而外在环境 A、B 及 C 提供了光子内在性质显现的物理环境，探测器 R_1、R_2 将可逆的潜在光子性质不可逆地转化为经典宏观现象。至于 C 处是否有半反镜，目的则是造成测量光子某一部分属性的一个经典环境。实际上，光子本身的性质既不是粒子性，也不是波动性，它仅仅是由几率幅或波函数描述的量子实在。当光与一个粒子性装置相互作用时，光将显示粒子性；当光与一个波动性装置相互作用时，光将显示波动性。

因此，现在 C 处半反镜的移进或移出，并没有决定过去光子的行为，因为光子过去的行为已经完成，光子的过去既不是粒子

---

[1] 《物理学与质朴性》，安徽科技出版社 1982 年版，第 170 页。

也不是波，而是一种量子式的存在，或量子实在。而当探测器 R_1、R_2 测量光子之后，光子的行为就转化为经典行为，不论光子是粒子或波，它们都是经典意义上的物理实在了。

对于延迟选择实验，惠勒曾用一条"巨大的烟龙"来进行比喻，龙口在咬探测器时是清楚的，龙尾在发射的位置上也是清楚的，龙在上述二者之间就像烟雾一样是不清楚的，即其余部分则是"烟雾"。惠勒说，量子现象是这个奇异世界上最奇异的事。

可见，当光子处于量子状态，如果光子还没有与经典测量仪器相互作用并转化为经典的存在形式，那么，光子显现的宏观性质不是已经完成，而是与外界环境有关。

如果用探测器测量后的光子的行为去推测光子过去的行为，显然逻辑上是有问题的。因为不能将测量结果外推到测量之前。由于发生了测量结果，用经典概念来描述测量之前的量子系统发生的经典过程，这本身就是矛盾的。这在于量子系统只能发生在量子过程，它并不能同时发生经典过程。反之，如果将测量结果用于测量之前，就会产生过去的经典世界或微观世界是由现在构造的结论。实际上，量子系统的过去只能用几率幅描述，而不能用经典物理描述，包括经典物理语言，这时的量子系统的演化是可逆过程，演化过程中各个时间点上的量子系统在经典物理（测量意义上）看来，都是等价的。

惠勒曾认为，半反镜的移进移出，"将不可避免地影响我们具有怎样的权力去说光子已经过去的历史，因而，在某种意义上，正常的时间次序竟被奇怪地颠倒了"[①]。在我们看来，光子在未被测量之前，按量子力学规律演化，有明确的时间次序，时间是可逆的，而测量仪器的加入，使光子转化为一个宏观现象，且过程不可逆，时间也不可逆。可见，测量仪器的加入，时间从可逆转化为不可逆，时间性质发生了变化，但没有改变时间的

①《物理学与质朴性》，安徽科技出版社 1982 年版，第 5 页。

次序。

还需要说明的是，实际上，光场本质上是量子场，[①] 它的非经典效应，如光子反聚束、亚泊松分布和压缩态，是经典理论所无法解释的，不能从波或粒子的观点给予诠释。至于光场的非经典效应，也支持了光具有开放性。非经典光的产生需要相应的宏观外界环境。例如，具有最大反聚束效应的光场是粒子数态。要产生光的反聚束效应，就应当先提供处于粒子数态的光，让光子一个一个地通过测量仪器。

二 实在及其标准

20 世纪 70 年代以来，西方兴起研究实在论的浪潮。科学实在论是当代实在论发展的主要形式之一。科学实在论是基于近代科学成就而建立起来的一种关于世界"实在性"的理论，它认为事物的存在独立于人的心灵与认识，坚信科学是评判一切真假是非的标准。坚持经验是人的认识的基础，且"实在世界"必须是科学理论揭示的"理论世界"或"理论实体"。概括而言，科学实在论具有以下基本特点：

（1）科学理论所描述的实体是独立于我们的思想或理论的信仰而客观地存在着的；

（2）被解释的科学理论是可验证的；

（3）一个理论的成功预言，则表明核心术语具有实在性；

（4）成熟科学的历史进步，表明科学理论都成功地、更精确地接近真理；

（5）科学的目的在于探索一种确定的和真正的对物理世界的说明。

---

① 郭光灿：《量子光学》，高等教育出版社 1990 年版，绪论。

　　科学实在论争论的焦点在于理论术语或不可观察的物理是否真实存在？科学实在论的论据至少有三点：

　　（1）"观察—理论"二分。理论术语与观察术语相对应，理论术语与"不可观察对象"基本上可以通用，比如，原子、电子等都是理论术语。但麦克斯韦（G. Maxwell）认为：观察术语与理论术语二者之间并没有截然的区分，理论术语和观察术语的区分是连续的，它们的区别依赖于科学技术的发展水平。在他看来，有许多种"观看"：透过窗格子看，透过玻璃看，透过双筒望远镜看，透过低倍显微镜看，透过高倍显微镜看，等等，一时无法观察到的实体，借助于新的技术产品，就可以成为可观察的了。例如原来微观粒子不可观察，但是，通过电子显微镜则可以观察。原则上，没有不可观察的物体，理论术语也能描述实在，可观察物与不可观察物之间的区分不具有本体论意义。尽管原来不可直接观察的物理对象，后来变得可以被观察，但观察到的物理对象只能是物理对象自身的一种显现，可见，理论术语与观察术语仍然有所区别。比如，电子在一定情况下显现为粒子性，另一种情况下显现为波动性，因为人们的感官只能接受粒子性与波动性两种情形，但电子本身既不是粒子，也不是波，因此，显现出来的电子不是原初的电子。

　　（2）"微观结构说明"。塞拉斯（W. Sellars）认为，现代科学的经验描述是不完备的，需要用微观结构来说明观察现象，需要引入观察现象背后的不可观察的实在，而且科学家相信确实存在不可观察的微观结构。比如，为说明超导的零电阻现象，引入"库柏电子对"概念。同样，我们也应当相信质子、中子、夸克等的实在性。科学理论中通过引入微观结构，能够说明和预见更多的物理现象。

　　（3）"无奇迹论证"（no miracle argument）或"终极论证"（ultimate argument）。普特南认为，"实在论的正面论据是，它是能使科学不成为奇迹的惟一哲学"①。假如我们不相信科学理论为真，则只能承认现代科学的成功是一个奇迹。如果科学是奇迹，由于近代以来的科学都不断取得了很大的成功，那么科学就有太多的奇迹，显现科学这一奇迹就不成为奇迹了。在量子力学中，许多奇怪的量子现象都通过量子力学得到解释，并且由量子力学预见许多新奇的物理现象，由此，我们只能说，量子力学是关于微观实在的科学理论，它不是奇迹，而是正确描述微观世界的实在情形。

与科学实在论相对应，有反实在论（anti-realism）。反实在论中影响最大的有库恩、劳丹、费伊阿本德等人。在科学哲学中，反实在论主要是宣称像电子、DNA那样的不可观察的实体的非实在性，因为它们不能用人的器官直接检验。反实在论有以下几个特点：第一，纯粹主观感觉意义上的、贝克莱式的反实在论者是极少数的。第二，当代绝大多数反实在论者是"有限的"或"弱的"反实在论者，他们认为"自我"和"实在"之间存在着一座经验的"桥梁"。第三，反实在论者与实在论者的区别在于，不是从本体论的意义上去认识实在，而是从方法论的意义上去认识实在的特征。

"反科学实在论"反的不是世界是否真实存在的问题，而是科学所揭示的世界是否真实存在的问题。如有的反实在论认为，科学揭示的只是一种"理论实体"。科学的"实在性"不在于真实性、客观性，而在于有用性和工具性。黑格尔主义的反实在论主张，实体是对于我们的具体的实体，离开了主体的实体是没有意义的（实体即主体）。

受到反科学实在论的挑战，科学实在论展开相应的反击。范·弗拉森的建构经验论和普特南的内在实在论，标志着实在论

① H. Putuam. *Mathematics*, *Matter and Method*. Cambridge：Cambridge University Press，1975，Vol. 1，p. 69.

与反实在论论战进入到新阶段。

普特南的内在实在论是在论战中科学实在论发展的最新成果。普特南的内在实在论的大意是：我们只能在"内在"于某一个具体理论框架的前提下才能够合法地辨认什么是"真的"，什么东西是"实在的"。科学理论的真理性并不能通过与客观实在的对应来验证，真理存在于理论的内部，它是理想化的、逻辑地被证实了的可能性，根本就不涉及外在的经验证实。他曾举例说蚂蚁在沙丘上爬行过后偶然留下一个酷似丘吉尔头像的印迹。他认为，即使蚂蚁有思想意识，但蚂蚁从未见过丘吉尔，所以印迹与丘吉尔头像无任何联系。"那条线'本身'并不表征某个确定的东西。""任何物理对象本身无法指称此物而不指称彼物；然而，心中的思想显然确实能够指称此物而不指称彼物。"①

哈金（I. Hacking）提出实验实在论，并分为理论实在论与实体实在论。理论实在论是指，科学理论是关于世界的真实描述。实体实在论认为，自然科学中的某些观念（如场、波等）真实存在。哈金以"实验论证"来为实在论辩护。某个理论概念是否真实存在，在于我们能否运用它来研究其他理论概念或复杂现象。比如，历史上，"电子"概念的涵义在不断变化，但是，电子仍然说明最初的电学现象，因此，电子的指称仍然具有不变性。电子概念的实在性，不在于能够从实验中推出"电子"，也不在于我们相信只有电子才能准确预测某些实验效应，而在于我们运用电子来干涉自然界更不确定的部分，也就是说，我们可以利用电子做出原来不可能完成的事情，可以利用电子去研究其他微观粒子，因此，有理由相信电子的实在性。正如哈金所说："电子和类似概念的直接证明，是在我们能够利用它们的已被理解的低层次因果性质……只有当我们很好地理解了它导致的性质，我们才称某物是'真实的'……因此，工程而非理论，证明了实体科学

---

① 普特南：《理性、真理与历史》，上海译文出版社 2005 年版，第 1—2 页。

实在论。"①

范·弗拉森坚持建构经验论（constructive empiricism），他是反实在论在新阶段的典型代表。范·弗拉森反对科学实在论的符合论。他认为科学理论不是客观实在的摹本，仅仅是一种与可观察客观世界大致相适应的模型，目的是为了达到经验适当性。他说："我使用'建构的'这个形容词来表明我的观点，即科学活动是建构而非发现，是适合于现象的模型建构，而非发现关于不可观察物的真理。"②

范·弗拉森坚持可观察与不可观察之间的区分。他拒绝麦克斯韦关于可观察与不可观察之间存在连续的想法，认为可观察的范围不能无限制地向不可观察延伸。他称自己的观点为建构经验论，科学的目标在于给我们以"经验适当"的理论，接受一个理论只包括相信它是经验适当的。一个理论具有经验适当性（empirically adequate），亦即如果一个理论在经验上是适当的，当且仅当该理论关于可观察实体所说的所有事物都是真的。于是，当一个理论是经验适当的，则该理论能推导出与可观察现象完全相符的结论，它关于可观察物所说的一切都是真的；该理论关于观察物所预言的一切都是真的。

科学实在论的创始人是美国科学哲学家塞拉斯，主要代表人物有普特南、夏皮尔和邦格等人。总的来说，科学实在论关于"实在"有以下几个不同的标准③：

（1）可观察性标准，即一个理论实体存在的标准在于它所表征的客观对象的直接可观察性。换句话说，通过可观察实体的素朴的"直接可观察性特征"而使得相应理论实体的存在解释成为

---

① I. Hacking, Experimentation and Scientific Realism. In M. Curd, J. A. Cover ed. *Philosophy of Science*: *The General Issues*. New York: W. W. Norton & Company, 1998, p. 1167.

② Van Frassen: *The Scientific Image*, Oxford, 1980, p. 5.

③ 郭贵春：《当代科学实在论》，科学出版社 1991 年版，第 11—12 页。

合理的。

（2）语义学标准。这种标准不是从确定科学认识的对象，而是从阐述科学理论的意义的角度做出的。持这种标准的实在论者认为：理论是由涉及"实在的"或"存在的"实体之真或假的陈述所构成的。

（3）因果效应标准。这种标准是为了解决以上两种标准所存在的困难而提出的，即只要能够确定不可观察实体的某些可观察的效应或特征，我们就可以逻辑地断言相应的理论实体是存在的。

下面我们从另外一个角度来考察这三个标准。

首先，我们从词源的角度考察"实在"的涵义。

"实在"（Reality，Realität）最质朴的涵义就是实实在在，是真实的，不是假的，与人的主观意识无关的。或者说，"实在"就是它本来的那个样子，人的意识不能想怎样就把它怎样，但是意识可以反映它。

"实在"可以作为名词也可以作为形容词，其意义是不一样的。作为名词的"实在"，是指真实的、不虚假的、非想象的、实际存在的、实际上的那样一种状态或性质。

当用中文的"实在"与"存在（是）"来表达相当的涵义是，中文的涵义必然对"实在"与"存在"构成新的意义的拓展。

我们这里仅从中文的构词（词源学）角度来考察"实在"的涵义。

"实（實）"，从宀，从贯。宀，房屋。贯，货物，以货物充于屋下。本义：财物粮食充足，富有。《说文》说：實，富也。"实"表示，房屋中装满了东西，或进一步引申为、丰富、充满（孟子云：充实之谓美）。

贯（貫），会意字。从毌，从贝（表示与钱财有关）。"毌"是贯穿之贯，像穿物之形，本义表示穿钱的绳子。《说文》说：

贯，钱贝之贯也。可见，"贯"的构件的意思是：将钱贝穿起来，这里既有钱贝，又有贯穿之物。

"在"，形声字。小篆字形，从土，才声。表示草木初生在土上。本义：存活着，生存，存在。《说文》说：在，存也。

"才"，象形字。甲骨文字形，上面一横表示土地，下面像草木的茎（嫩芽）刚刚出土，其枝叶尚未出土的样子。本义：草木初生。《说文》说：才，草木之初也。如图3—8所示。

可见，"在"表示从土中生长出初生草木的整个事件。"在"既包括生长出草木的"土"，还包括生长出来"初生的草木"。这里的"土"是"本"，"初生的草木"是从这个"本"生成的，草木的根还在"土"中，这也是草木能够生长的基础。这"初生的草木"不同于成长壮大（成熟）的草木。这"初生的草木"，可以引申为事物的原初，它表达了事物最初的式样。换言之，"在"既包括了产生原初事物的根基，还包括了原初的事物。

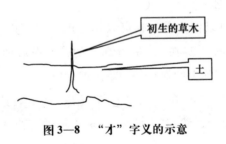

图3—8　"才"字义的示意

"实在"由此表示，原初事物及其根基是"充满"了的。换言之，原初事物充满了产生它的基础，原初事物刚刚初生出来。正如"小荷才露尖尖角"。

由此，"实在"就意味着充实、充满，还有初步的生长。中文"实在"的涵义给我们的启示是：

（1）"实在"具有可观察性，因为"初生的草木"是可以观察的，但它的根基并不能直接被观察到。"初生的草木"的"根"并不能直接看到，这意味着需要借助其他工具或仪器才能间接观察到。

（2）"实在"具有因果关系。从"土"中长出"初生的草木"具有因果关系，因为"土"是原因、前提，"初生的草木"是结果。

可见，"实在"是可以观察的，或者是可以借助工具或仪器而间接观察的；它还是可以因果推理的，这两个陈述可分别概括为观察性标准与因果性标准。科学上的常见的实在性事物都满足这两个标准。

除此之外，还应当有一个语义标准。任何一个所谓"实在"的东西，总需要用理论或概念去把握。一个理论或概念总是处于一定理论系统中。理论是由陈述构成的，陈述反映了实在或真的实体或存在的状态。概念也必须处于一定的理论系统之中，概念的实在性直接或间接反映了实体或存在的状态，概念与实体或存在的状态并不一定具有惟一对应性。比如，广义相对论整体理论体系描述了时空的实在性。在牛顿经典力学中，质量概念描述物质具有实在性，质量概念又与力、速度、加速度、惯性等概念、能量转换与守恒定律等一起构成力学系统，支持质量概念的实在性。

所谓语义学标准，它是指描述实在的理论或概念对应于具有"实在的"或"存在的"的客体性事物，这种客体性事物具有自身的不变性，在质上具有同一性，它不为人的主观意识所干扰。这里的客体性事物可以是实体、波、场或具有客体性的结构等。

基于此，我们基本赞同**"实在"的三个判据**：可观察性标准、因果性标准和语义标准。这三个标准都必须满足，才能说某事物是实在的。但是，要对这三个标准进行一定的修正：

（1）可观察性标准。这里的可观察，是指原则上的可观察性。一个理论实体存在的标准在于它所表征的客观对象的或直接或间接可观察性。间接可观察还可能是指整体的可观察性。理论实体就是指理论所指的实体，这里的实体可以是经典实体、波、场等客体性事物，它并不一定要求理论实体具有直接可观察性。比如，电子就不能直接观察，但是它能够被间接观察。

（2）因果效应标准。如果不可直接观察实体的理论的断言或因果性断言，或以该实体形成的新理论的断言，能够被直接观察到，我们就可以断言相应的理论实体是存在的。比如，有关电子对撞机的理论、正电子理论等都是建立在电子性质的基础之上的。

（3）语义学标准。科学理论与科学概念之间没有逻辑矛盾，科学理论或科学概念都有直接或间接的观测意义，理论或概念必然逻辑地包含了"实在的"或"存在的"实体。构成理论的陈述的真或假是由外在世界的事物决定的，而不是由理论自身的逻辑自洽性决定的。

存在一个客观外在的世界，科学的目的就是去探究独立于我们而存在的客观实在的性质与运动规律。尽管实在有数学实在、理论实在等，但从根本上，实在不是一个理论的问题，也不是理论陈述的真假问题，而是客体世界本来具有的存在性质。不论是数学实在，还是理论实在等，它都应当有相当的实在的实体或某种物质的存在形式相对应，其存在方式、结构和本性都不依赖我们的意识。正如普林斯顿大学的范·弗拉森所说："朴素地讲，科学实在论是这样一种观念，即科学为我们所揭示的世界图景是真实的，而且所假定的实体是真实地存在着的。"[1]

如果我们没有观察到理论所预言的现象，不能说明这现象不存在，而可能是观察仪器有问题。有人直截了当地对观察仪器的可靠性持怀疑态度，认为通过显微镜所观察到的其实并不是真实的物质实体，而只不过是一片彩图，宛如墙上的影子。

---

[1] 郭贵春：《科学实在论教程》，高等教育出版社 2001 年版，第 4 页。

三 量子实在面面观

1. 算符的表示与涵义

量子力学描述微观世界，不同于描述宏观世界的经典力学。经典力学中有关物理量都是我们所熟悉的。比如，力表示物体之间的相互作用，它就是日常生活中的推力、拉力等的深化和拓展。质量表示物质的量。动量就是质量乘以速度。普通物理学通常的力学量有力、动量、角动量、能量等。

但是，在微观世界中，描述量子系统的力学量要用算符，它的正确性得到了量子力学实验的不断检验。在量子力学，我们只能用算符来描述微观粒子（体系）的力学量，每一种力学量在量子力学中都有自己的表达方式。

简言之，算符就是一个运算符号，它能够作用在量子系统的状态，即波函数上。从数学来看，算符就是指作用在一个函数上得到另一函数的运算符号。例如，若算符 $\hat{F}$（为方便，直接将算符 $\hat{F}$ 表示为 F）把函数 u 变为 v，即表示为：

$$Fu = v$$

比如，$\dfrac{du}{dx} = v$，其中 $\dfrac{d}{dx}$ 就是一个微分算符，其作用是对函数 u 进行微分运算。$xu = v$，其中算符是 x，它的作用是与 u 相乘。

量子力学中采用的算符是线性算符。线性算符的一个重要特征是满足线性迭加性质，或者说整体等于部分之和，这是因为量子力学中描述粒子状态的波函数满足线性迭加原理（或态迭加原理），实际上薛定谔方程就是一个线性方程。

算符就是力学量的数学表示，坐标、动量、能量等都要用算符来表示。算符 U 作用在波函数 $|\psi>$ 上相当于经典力学中力 F

作用在质点 m 上。在量子力学给定的表象（相当于坐标系）中，算符有确定的形式。在矩阵表达形式中，力学量算符表现为一个矩阵。算符与力学量的比较见图3—9。

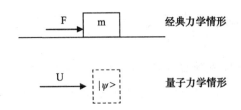

图3—9 在经典力学中，力F使物体m的状态发生改变
在量子力学中，算符U使波函数 | ψ > 发生改变

例如，在坐标表象中，坐标算符就是其自身 r，其中 $r = xi + yj + zk$，为书写方便，我们省去了表示算符的符号，也省去表示矢量的符号。动量算符为 $-i\hbar \nabla$，能量算符为 $i\hbar \frac{\partial}{\partial t}$，其中 $\hbar$ 为普朗克常数，中 ∇ 为劈形算符，$\nabla = i \frac{\partial}{\partial x} + j \frac{\partial}{\partial y} + k \frac{\partial}{\partial z}$，这里 ∂ 为偏导数符号。

动量算符的三个分量为：

$$p_x = -i\hbar \frac{\partial}{\partial x}, \ p_x = -i\hbar \frac{\partial}{\partial y}, \ p_x = -i\hbar \frac{\partial}{\partial z}$$

在坐标表象中，微观粒子的状态由波函数 $\psi (r, t)$ 描述。量子力学的表象就是指微观粒子体系的状态（波函数）和力学量的具体表示形式。用几何的语言讲，选取一个特定的表象，相当于在抽象的希尔伯特空间中选取一个特定坐标系。量子力学的空间是无限维的空间。

量子体系是微观物理体系。例如，分子、原子、原子核、基本粒子等。由于量子体系的特殊性，尽管它仍处于时空之中，然而量子体系性质的描述需要采用抽象的希尔伯特空间，具有无穷维。日常生活的空间是三维空间（欧几里得空间）和一维时间。

日常生活的空间是外部空间，而量子力学所描述的空间是内部空间。在经典力学中，每个粒子被看作质点，仍处于时空之中，反映时空特征。

上面我们看到，这些算符不一定是实数，而现实世界总是实数，比如，我们通常说，力的大小为 1 千克，速度为 3.4 千米/秒等。

那么，算符的值又如何体现呢？它必须与描述量子系统状态的波函数相联系。

如果算符 F 作用于波函数 $\varphi_n(x)$，结果等于 $\varphi_n(x)$ 乘上一个常数 λ，即：

$$F\varphi_n(x) = \lambda_n \varphi_n(x)$$

这就是算符 F 的本征值方程，其中 λ_n 为算符 F 的本征值，$\varphi_n(x)$ 为属于本征值 λ_n 的本征波函数。本征值方程表明，当算符处于由它的单一本征函数 [如 $\varphi_n(x)$] 构成的量子状态时，算符有确定的值（如 λ_n），且为实数。

当算符处于由它的多个本征函数迭加构成的量子态时，算符并不具有确定的值，而有一系列的可能值，这些可能值都是算符的本征值，且以确定的几率出现。例如，算符 F 的本征函数 $\varphi_n(x)$ 组成完全无限维坐标系，对于微观体系的任一状态 $\psi(x)$，则可以展开为：

$$\psi(x) = \sum_n C_n \varphi_n(x)$$

其中 C_n 与 x 无关。这与态迭加原理是一致的。

我们作一个比喻。

算符就像一个工具，比如一张渔网，大海就是波函数，当一张渔网作用于大海就是打鱼，打鱼的结果都是：网中之鱼与大海，写成一个方程就是：

$$\boxed{\text{鱼网} \cdot \text{大海} = \text{网中之鱼} \cdot \text{大海}}$$

用网在大海中打鱼，目的是打鱼，不同网孔的大小决定了能捞出来的最小的鱼。这里网上打上来的鱼就是算符（渔网）的本征值。求本征值就等于确定网对于大海的基本打鱼能力。如果在一片很少有鱼的海域，网孔太大，就很可能打不到鱼。可见，算符的本征值就是该算符在经典世界中的可能取值。

在经典世界中，2 与 3 的乘法是可以交换的，即：$2 \times 3 = 3 \times 2$，它们都等于 6。但是，在量子力学中，一般而言，两个算符之间是不能交换的。比如，坐标与动量的关系就是如此。

坐标算符为 x，而动量算符为 $p_x = -i\hbar \frac{\partial}{\partial x}$，我们计算一下：

$$xp_x - p_x x = ?$$

算符只有作用于波函数才有意义，单独的算符就是一个运算符号。设两者处于量子系统的波函数为 $\varphi(x)$，要将波函数纳入上式，才能进行计算：

$$xp_x\varphi(x) - p_x x\varphi(x) = -xi\hbar \frac{\partial}{\partial x}\varphi(x) + i\hbar \frac{\partial}{\partial x}(x\varphi(x))$$

其中经数学上偏微分运算后，$\frac{\partial}{\partial x}(x\varphi(x)) = x\frac{\partial}{\partial x}\varphi(x) + \varphi(x)$，代入上式可得：

$$xp_x\varphi(x) - p_x x\varphi(x) = i\hbar \varphi(x)$$

这就是说，$xp_x \neq p_x x$，算符不满足交换律。

更一般地，对 A、B 两个算符的不可对易性可表示为：

$$\boxed{AB \neq BA}$$

$AB \neq BA$ 意味着什么呢？

AB 与 BA 是什么意思呢？

AB 表示先乘坐 A 号线，然后乘坐 B 号线；反过来，BA 表示先乘坐 B 号线，然后乘坐 A 号线，这两种情况是否一致呢？一个最简单的情况就是，乘坐车的方向刚好相反，这就是两个不同的物理过程。

如果用 AB 表示游泳 3000 米，然后才是在田径场上跑 3000 米；那么，BA 就表示先在田径场上跑 3000 米，然后是游泳 3000 米，显然这两个情况的比赛结果应当不一样。

AB 表示张三拥抱他的女朋友，而 BA 表示张三的女朋友拥抱张三，显然，这两种情况是不一样的。

诸如此类。

$AB \neq BA$ 表示算符的不可交换性，它是微观世界最重要的性质之一，不同于经典世界，它意味着著名物理学家海森堡的不确定性原理（uncertainty principle）。从坐标与动量的关系来说，不能同时确定坐标与动量的准确值。不确定性原理与仪器的测量没有任何关系，是微观粒子的本性导致的。比如，坐标与动量的不确定关系是：

$$\Delta x \cdot \Delta p_x \geq \frac{\hbar}{2}$$

先测量坐标（位置），其次测量动量，与先测量动量然后测量坐标，这两个做法的效果是不一样的。不确定关系还意味着：

当 $\Delta x \to 0$，必有 $\Delta P_x \to \infty$，即微观粒子的位置有准确位置时，动量就不确定，即不知道动量到底有多大；

当 $\Delta P_x \to 0$，必有 $\Delta x \to \infty$，这表示，当微观粒子的动量有准确值时，它的位置就不确定，即不知道微观粒子在什么地方。

而在经典力学中，坐标与动量都可以同时有准确地确定。不确定性原理表明微观粒子本身具有不确定性，而不是由于测量引起的。同样，微观粒子的时间与能量之间也有不确定关系，$\Delta E \cdot \Delta t \geq \frac{\hbar}{2}$，这一关系非常重要，对于我们宇宙的创生具有重要意义，有了不确定关系，宇宙的创生就是宇宙自身演化之事，而不需要由上帝来创造宇宙。

从经典力学到量子力学，一个重要的方面是在物理学上引入算符表示法，这实质上是一场物理思想及其哲学思想的重大革命。

经典力学的力学量 F 一般可以由坐标 r 及动量 P 确定，记为 $F = F$ (r, p)。利用具体表象中坐标、动量的算符表示，代入经典力学的表达式，就可以得到量子力学中的算符表示 $\hat{F} = \hat{F}$ (r, p)。如果只有量子力学、量子场论中才有，而在经典力学中没有对应的力学量（如自旋、同位旋等），它们的算符表示一般从对称性（守恒律）及实验角度来引入。从经典力学的力学量 $F = F$ (r, p) 到量子力学的算符表示 $\hat{F} = \hat{F}$ (r, p)，这可以看作是对应原理在算符组成中的体现，因而带有一般性。

所谓对应原理，是指在大量子数极限情况下，量子体系的行为将渐近地趋于与经典力学体系相同。或者说，量子力学的极限就是经典物理学。从量子力学的历史形成来看，如果没有经典与量子对应这一步骤，没有经典力学量与量子力学的算符相对应，那么量子力学的建立势必十分艰难。

算符的采用使经典物理中相互排斥的概念统一起来。例如，波动性和粒子性在经典物理中相互排斥，而在量子场论中波动性与粒子性通过场算符和谐地整合起来，它们只不过是量子场性质在不同条件下的显现。算符也使经典力学中互相独立的物理量相互联系。例如经典力学中坐标与动量是相互独立的变量，然而在量子力学中坐标与动量之间满足海森堡不确定原理，于是坐标算符与动量算符之间不满足交换律，体现出因果联系。[1]

由于能级量子化，对于一个氢原子来说，电子处于某一能级有一定的几率。在经典力学中，我们可以明确指出某一时刻月亮所处的位置。而对电子来说，我们不能确实指出在某一时刻它在某一能级，尽管电子存在于氢原子之中。因此，算符改变了经典物理中现实性与可能性之间的关系，改变了经典物理中实在的观点。

---

① 《中国大百科全书》（物理卷）Ⅱ，中国大百科全书出版社 1987 年版，第 1054 页。

一般来说，量子力学的算符都是幺正算符，几个幺正算符相乘仍然是幺正算符。算符的引入，使我们能够方便地描述量子系统的演化，即可以通过演化算符 U 来描述量子系统的演化，并对一个量子系统进行操作。

量子力学中有一个微观体系动力学演化公设，该公设说明了微观系统按什么规律进行演化，这就像经典力学中的牛顿第二定律 F＝ma 一样。见图 3—10。一个微观粒子体系的状态波函数满足薛定谔方程：

$$i\hbar \frac{\partial \psi (r, t)}{\partial t} = H\psi (r, t)$$

这里的 $\hat{H}$ 为体系的哈密顿算符，

$$\hat{H} = \hat{T} + \hat{V} (r) = \frac{\hat{p}^2}{2m} + V (r) = -\frac{\hbar^2}{2m}\Delta + V (r)$$

该公设完全规定了波函数随空间和时间的变化规则。该公设说明，描述量子系统的波函数的演化完全遵循薛定谔波动方程制约下的微观因果律和决定性。

$$\boxed{F=ma} \quad\longrightarrow\quad \boxed{i\hbar \frac{\partial \Psi}{\partial t} = H\Psi}$$

图 3—10　量子力学的基本方程与牛顿第二定律的类比

对于封闭的量子系统，该量子系统的演化算符 U 满足：

$$| \psi (t) > = U(t, t_0) | \psi (t_0) >$$

这里 U 称之为演化算符，也是幺正算符或幺正变换。通过幺正算符可以将量子系统的前后两个态联系起来，在形式和内容上都具有微观因果性。

幺正变换可以由矩阵表示，幺正变换矩阵 U 满足以下关系式：

$$U^+ = U^{-1} 或 U^+ U = 1$$

这就是说，幺正变换 U 与其共轭转置矩阵 U^+ 的乘积为单位矩阵 1。或者说，即任何幺正变换都有逆变换，而且逆变换也是系统的一个变换，这意味着系统有"正"变换，还有与之相反的"逆"变换，这说明，量子系统具有可逆性，这就是说，量子计算具有可逆性。

演化算符 U 的幺正性对量子信息处理的逻辑操作提出了一个限制条件，量子计算中的一切逻辑变换均必须是幺正演化；其次，幺正变换总有其逆变换存在，因此，量子信息处理中的逻辑变换是可逆的。

量子系统经幺正变换后，量子系统的物理性质是否发生变化呢？中国科技大学张永德教授认为，"量子体系在任一幺正变换下不改变它的全部物理内容。这个'全部物理内容'包括基本对易规则、运动方程、全部力学量测量值、全部概率幅。""两个量子体系，如能用某一个幺正变换联系起来，它们在物理上就是等价的。这里，'物理上等价'的含义是从实验观测的角度说的。"[①] 可见，经幺正变换联系起来的两个量子系统，它们的物理性质是不变的，这里的"不变"主要是经典物理（包括在经典测量意义上）的性质不变，事实上，在量子力学层次，这两个量子系统波函数与算符都将发生变化，且具有微观物理意义。

2. 波函数的实在性

下面我们将考察波函数是否实在的问题，因为在量子信息论中，波函数是一个最基本的被处理的对象。

关于量子力学中的波函数或几率幅，正统的观点是玻恩的几率波解释，这就是说，波函数表示粒子的各种物理量的几率分布，仅是一个数学描述而已。也有学者认为，量子力学的波函数仅代表了抽象的意义，仅是一种数学上的意义，并没有实际的物

---

① 张永德：《量子力学》，科学出版社 2002 年版，第 125—126 页。

理意义。

波最根本的特性是它的干涉性，即反映了波的相位。相位在量子理论中起着不可替代的作用。量子力学表明，自旋角动量为 $\hbar$ 的半奇数值的粒子有下述有趣的特征：当这样一个粒子被转过 2π 弧度后，它的波函数将改变符号。具有整数自旋粒子转过 2π 弧度其波函数是不改变符号的，而半奇整数值的粒子要转过 4π 弧度才能回到它自身。在玻恩统计性解释中，有物理意义的是波函数的模的平方，即波函数 ψ 和 $e^{i\theta}\psi$ 描写同一状态，波函数的符号是没有物理意义的，因为波函数的绝对值的平方描写粒子出现的几率是一样的。但是后来的量子力学的实验证明波函数符号的改变是可测的，即是说波函数的相位差是可观察的。1967 年，阿哈罗诺夫和苏什金（L. Susskind）经过研究发现情况并不是这样[①]，即波函数的符号是有意义的。他们认为，可以借助中子的转动来实现。在 20 世纪 70 年代，有几个实验组借助中子干涉仪观察到了 AS 效应，并在定量上相符合。

薛定谔用波动的思想来解释波函数 ψ 的意义。当他第一次引入波函数时，他确信波函数是用来描述真实电子的。他把波函数解释为描述物质波动性的一种振幅，用波群的运动来描述波动力学过程。在他看来，粒子是波集中在一起形成的波群，即波包。这就是说，波函数是实在的。

如果我们承认波函数具有实在性，那么上述转动现象就不奇怪了。半奇整数自旋的粒子与整体自旋的粒子经过 2π 弧度转动后，波函数不回到或回到自身这一情形，正反映了微观客体的不同的量子特性，微观客体不是经典粒子，也不是经典的波，微观客体可以用波函数进行描述。

对于全同粒子来说，具有对称波函数的微观客体之间的相互

① Y. Aharonov, L. Susskind, Observability of the Sign Change of Spinors under 2π Rotations. *Phys. Rev.* 1967, 158; p. 1237.

作用不同于具有反对称波函数的微观客体之间的相互作用。这种相互作用不同于各种已知的相互作用，它是量子本性的反映，这一本性深刻说明波函数具有实在性。研究表明，对于两个相同的自由粒子，均处于动量本征态，在空间波函数对称、无对称、反对称三种情况下，两个全同粒子的相对位置分布是很不相同的。[①]

目前，大多数的学者基本持玻恩关于波函数的观点，下面我们将从实在的三个标准角度来分析波函数的实在性。

（1）从可观察标准来看，波函数本身并不能被直接观察，但是，它能被间接控制，波函数所显现出来的量子信息可以被传递，这足以说明波函数具有可观察性。

具体说来，在第五章所讨论的量子隐形传态过程中，Alice 要将一个未知量子态 $|\phi>$，即 $|\phi> = a|0_1> + b|1_1>$ 传递给 Bob，经过有关的物理操作后，未知量子态 $|\phi>$ 的系数 a 与 b 就传递给非常远处的 Bob 处。如果波函数 $|\phi> = a|0_1> + b|1_1>$ 不具有实在性，那么传递给 Bob 的系数 a 与 b 就成为幽灵式的东西了。

在第七章所研究的量子控制情形中，波函数是可以被控制的。所谓波函数是可控的，是指在一个有限的时间内，能够将一个系统从一个波函数状态转变为另一个波函数状态。由此表明，虽然量子系统的内部满足海森堡不确定性原理，量子系统仍然是可以被控制的，这充分说明波函数具有实在性，不仅如此，算符等也具有实在性。

（2）从因果性标准来看，波函数满足因果性标准，因为波函数满足薛定谔方程。在量子控制论中，根据波函数演化的方程，我们构造演化算符 U，从而控制波函数的演化。具体过程见第十章，量子系统的物理控制的基本过程就是：通过对薛定谔方程求

① 曾谨言：《量子力学》卷1（第三版），科学出版社 2000 年版，第 284—286 页。

解，可以得到解的一般形式 $|\psi(t)> = U(t)|\psi(0)>$，当初始状态 $|\psi(0)>$ 和终态 $|\psi(t_f)>$ 已知时，就可以对所获得的演化矩阵 $U(t)$ 进行分解，使其成为一组可以物理操作的脉冲序列，于是，对波函数实行量子控制。

在量子力学的实验中，各种量子现象都能得到波函数的因果性预见。比如，在延迟选择实验（见图 3—1）中，半反镜 C 的移进或移出，在探测器产生什么样的经典现象，都可以通过波函数进行严格的计算，这是一个因果性解释。

（3）从语义学标准来看，波函数概念的正确性在于用于各种物理场合的正确预见，在经典物理看来是不可能的现象，但是，波函数都做出了解释。基于波函数的薛定谔方程，加上各种初始条件与边界条件，得到与经验相符合的陈述。比如，氢原子的能级等。

各种证据表明，将波函数作为一种实在是适当的，H. D. 泽认为：“如果一定要用操作不可及但是普适的概念来描述实在，那么波函数仍将是唯一的候选者。”“不管你怎么想：开始的时候是波函数。我们必须宣布薛定谔表象对海森堡表象的胜利。”[①]

如果将波函数作为一种实在，那么波函数所具有的种种性质，如量子迭加、量子干涉、量子非定域、量子纠缠等，这就意味着由波函数所表征的量子实在，的确具有不同于牛顿的原子等实体那样的实在性质。

波函数不仅具有实在性，还具有量子信息的特点，而且其算符也具有实在性。当然算符的实在性特点不同于波函数的实在性。参见第九章。

3. 经典实在、量子实在与环境

外在和独立于人的客观实在，可称为本体实在。绝大部分的

---

① H. D. 泽：《波函数：实体还是信息》，载 ［美］约翰·巴罗等编：《宇宙极问——量子、信息和宇宙》，朱芸慧等译，湖南科学技术出版社 2009 年版，第 86 页。

物理学家自觉或不自觉地承认自然界的客观性和实在性。承认一个客观的外部世界，是自然科学的前提。客观实在在一定环境（包括测量仪器等）下显现为特定的客观现象、客观过程等，它将体现出不同层次的实在。客观实在分为经典实在与量子实在。

经典实在是在经典世界中显现的客观实在，它是本体实在在经典世界的体现。经典理论所把握的实在就是经典实在，经典实在能够直接为人所理解，它具有明见性。量子实在是本体实在在量子世界的显现，它能为量子理论所把握，对于人来说并不具有直接的明见性，不能直接进行经验的理解。量子实在在一定的微观环境和宏观环境共同作用下，量子实在转化为经典实在，人们通过经典实在来认识量子实在。

量子实在不能简单地说是量子物理学所构建的实在，如果没有一个量子世界，无论如何也构建不出一个具有科学性的量子力学。就宛如不可以构建一个关于"鬼"的科学理论。

经典实在与量子实在都是物理理论对客观实在的把握，它是本体实在不同物理环境中的显现。从宇宙生成的角度来看，先有量子实在，然后才能有经典实在。从何者为更基本来看，当然是量子实在比经典实在更基本。但是，量子实在与经典实在又是相互联系的，量子实在与经典实在都只反映了实在的一个方面，而不是实在的全体。

经典实在独立于人的意识，经典实在都与一个确定的物理要素相对应。经典实在的每个要素都在经典物理理论中有它的对应。比如，力、动量、能量等实在性概念，都可以被实验所测量，又处于一定物理理论中。力是使物理运动状态改变的原因。关于能量，有能量守恒与转化定律。同时，对于经典实在来说，如果我们不对经典系统进行干扰，都能够测量到相应的量值。可见，经典实在满足爱因斯坦在 EPR 论文中所提出的科学理论的完备性判据和物理实在的判据。

量子实在也独立于人的意识，具有客观性，但是，量子实在的存在形式将受到环境或测量仪器构成的环境的影响。如果两个量子系统处于量子纠缠状态，那么其中任何一个量子系统都不具有确定的经典物理的量值，只有对其中一个量子系统测量之后，任何一个量子系统所显现出来的物理量值才能确定。如果我们不对两个相互纠缠量子的总系统进行测量，那么，我们就没有办法确定物理量的值。

4. 波函数的实在与经典实在的比较

近代科学革命以来，产生了科学的物质实体概念。在化学上波意耳提出了元素概念，物质是由微小的、不连续的粒子或称之为原子组成的，物质的物理性质和化学性质可以用组成的粒子的大小、形状和运动来解释。① 在波意耳哲学的基础上，牛顿从力学的角度确立了物质的原子理论。1799 年道尔顿提出了原子论，1811 年阿伏伽德罗提出分子概念，形成了科学的原子—分子学说。形成了近代较为完整的物质实体观：

物质是由具有广延性、质量、形状等不变属性，并且由具有不可入、不可再分性的原子构成的。物质实体观是经典实在的典型表现。即实在表现为物质实体，或者说，物质实体是不变的，比如质量、长度、形状等是不变的。构成物质的原子是不可分和不可入的。这就是说，不论你用多大的力，或者用其他什么手段，都无法将原子分开，原子是最为实在的。

到 20 世纪，形成了较为完整的"场"理论。场是物质存在的一种基本形式，其基本特征是场弥散于全空间，场的物理性质可以用一些定义在全空间的量来描述。比如，电场、磁场、引力场、强相互作用场等。著名物理学家麦克斯韦早在 19 世纪就将

---

① I. B. Cohen. *Isaac Newton's Papers and Letters on Natural Philosophy*. Cambridge, 1958, p. 244.

电场与磁场统一为电磁场，形成了统一的电磁学理论，才有今日之无线电、手机等现代科学技术的广泛应用。

在场论中，场与粒子是统一的，粒子是场的激发态，真空是场的基态。迄今为止，描述相互作用的场理论只有三种，即电磁场、引力场和非阿贝尔场。那么，场有什么共同的特点呢？场表现出与近代物质实体不一样的特点，但是，场满足规范不变性，或者说，满足变换不变性。其大意是，场在相互变化之中，有一个东西是不变的，这个不变的东西就是规范不变性。可见，近代的物质实体的不变代之以场的规范不变。

实验是检验物理理论是否正确的最终根据。物理学家一般认为，只有那些有可观察效应的物理量才是基本的，那些为了数学上的方便而引入的、又没有可观察效应的量并不是基本的物理量。

在经典电磁理论中的确用电场和磁场来描写电磁现象，比如，麦克斯韦方程组、洛伦兹力公式中都是以电场 E 和磁场 B 为基本变量的。自然界中有单独的电荷存在，却没有单独的磁荷存在，从数学语言来看，就是磁场 B 对空间任一闭合曲面的面积分为零。按照高斯定理，可以得到磁场 B 在空间任何一点的散度为零，即：$\nabla \cdot B = 0$。从数学的矢量分析可知，某一矢量的散度为零，则可以把该矢量写作另一个矢量的旋度，即可以把 B 写为：$B = \nabla \times A$，A 就是从数学角度引入的电磁矢势，用 A 来描述磁场 B 更加方便，或者说，A 是 B 的辅助量，B 才是基本量，从前面的引入来看，A 并不具有物理上的实在性。

当 B 确定时，A 并不是唯一确定的，因为按照矢量分析的规则，任一个标量函数梯度的散度总是为零，所以总可以在 A 上加上一个标量函数 α 的梯度 $\nabla\alpha$，即原来的矢势 A 与新的矢势 $A' = A + \nabla\alpha$ 描写同一磁场 B。由于标量函数 α 的选取是任意的，这意味着有许许多多的 A' 与 A 在物理上是等同的，即 A 不具有唯一性。A 的这种性质就称为规范不确定性或不具有变换不变性。因此，从物理学来看，不能把具有不确定性的量确定为基本量，这就是 B 不能作为基本量的原因。而电磁场是规范场，它们满足规范不变性。

在量子力学中，微观系统的物理状态是由哈密顿量 H 决定的。粗略地讲，哈密顿量相当于"能量"。当微观系统外有磁场时，进入哈密顿量的不是磁场 B 而是电磁矢势 A，这就出现了与经典力学不同的情况，人们必然发问：

是磁场 B 基本呢？还是矢势 A 基本呢？或者说，B 或 A 所体现的实在具有什么样的性质？

这只能依据理论和实验的严格证据。直到 1959 年，才由物理学家阿哈罗诺夫（Y. Aharonov）和玻姆（D. Bohm）深入研究了这一问题，提出了相应的理论与实验方案，称之为 AB 效应。

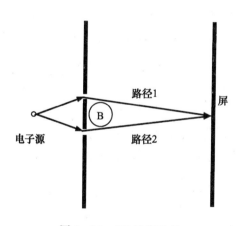

图 3—11　AB 效应示意

AB 效应如图 3—11 所示。从电子枪 S 出来的电子束流经双缝后被分成两部分，一部分沿路径 1 运动，另一部分沿路径 2 运动，然后它们又到屏幕处会合，发生干涉，干涉条纹的出现证明了电子的波动性。其中在双缝后有一个螺线管，通过改变电流可以改变管内的总的磁通量的大小，也可以改变磁感应强度 B。理论与实验表明，在螺线管外，在 B＝0 与 A≠0 情况下，屏幕上的干涉条纹会受到螺线管内的总磁通量 Φ 的调制，改变管内的电流便可以改变干涉图样。而总磁通量 Φ 与磁感应强度 B 的面积分成正比，也与电磁矢势 A 的回路的线积分成正比。

可见，理论研究与实验表明，AB 效应是一种量子效应，它表明：尽管矢势 A 不能被实验所直接观察，但是它的线积分（或其逻辑蕴涵效应）却是可以直接观察的，因此它赋予矢势 A 具有客观实在的意义，矢势 A 是一种物质的存在方式。或者说，势比场强（电场强度或磁场强度）更基本，势具有客观实在意义，尽管势不是变换不变的。[1] 正如，阿哈罗诺夫和玻姆指出："在量子力学中基本的物理实体是势，而场仅是由势通过微分运算而导出的。"[2]

更严格地讲，势与场强都只是描述场的一个方面，它们都有各自的不足，只有势与场强两者一起才能完整地描述场的性质。

可见，矢势 A 的实在是通过环路的线积分整体来显现的，即实在可以体现为整体的不变性。在 AB 效应中，描述实在的基本量仍然是电子的波函数，只不过波函数的相位受到了电子感受到的磁感应强度 B 的面积分或电磁矢势 A 的环路的线积分的调节，使得显现在屏幕上的干涉条纹发生了变化。

简言之，所谓实在，就是有某种不变的东西，可以是部分不变，也可以是整体不变。

四　万物来自于比特吗？

"It from bit" 是美国已故物理学家惠勒（John A. Wheeler，1912 – 2008）提出的一个著名的工作假设。牛津大学的 D. 多依

---

[1]　吴国林、孙显曜：《物理学哲学导论》，人民出版社 2007 年版，第 9 页。
[2]　Y. Aharonov, D. Bohm, *Phys. Rev.*, 1959, 115: p. 485.

奇认为，在惠勒提出的"真正的大问题"中，进展最大的当属："物质是由信息构成的吗（它来自比特吗）?"惠勒这里所说的"It"就是我们所说的存在或实在，或一切万物；"Bit"是指信息。于是，这个论断便可译为："万物源于比特。"正如惠勒所说："令所有物——所有粒子、所有力场甚至空间时间连续体本身——将其功能、意义乃至全部存在——尽管在某些语境中不是直接的——归因于通过仪器作出的对'是—否问题'（yes or no question）的问答，一个二值选择，比特（bits）。万物源于比特象征着这样一种观念，物理世界的所有单元（items）——在最根本、最基础的意义上——具有非物质的来源和解释。也就是说，我们所说的实在归根结底产生于'是—否'问题的提出及其所激起的仪器反应的记录。"①

惠勒的信息观可以归纳为两个相互联通的命题：一是关于存在的本质：万物皆信息（Everything is information）；二是关于存在的起源：万物源于比特（It from bit）。可见，他对信息的看法是从哲学本体论角度出发的。

1981 年，惠勒夫妇应邀访问了中国，他在观赏根据《封神演义》改编的舞剧《凤鸣岐山》时，看到智者姜子牙手中指挥一切的"無"字旗上的涵义是"Nothing"时，惠勒非常兴奋，这正是他所倡导的"质朴性原理"，即物理学几乎从一无所有到达了几乎所有一切。他说："我们只要借助于$\partial\partial=0$，似乎就可以说，我们已从一无所有中得到了应有尽有。"②"代数几何中这一几乎平庸的恒等式，即边界之边界为零，包容了今日的场物理学的整个广度和深度，这种情况促使我们更加认真地对待质朴性假说，因为几乎整个物理学大厦建筑在几乎一无所有之上。"③

---

① 约翰·惠勒：《宇宙逍遥》，田松、南宫梅芳译，北京理工大学出版社 2006 年版，第 331 页。
② 《惠勒演讲集：物理学和质朴性》，安徽科学技术出版社 1982 年版，第 49 页。
③ 同上书，第 57 页。

$\partial\partial$ =0 相当于变化的变化就是不变。

惠勒赞同弗勒斯达尔的观点："意义就是进行交流的人们可以获得的所有证据的合成"，他认为弗勒斯达尔的命题是"It from bit 这一概念的基本部分"[1]。在惠勒看来，万物的功能、意义乃至全部存在都归因于通过仪器作出的二值选择，即比特。可见，惠勒的"万物源于比特"是一种存在观。即是说，信息是世界的本原，信息是世界的原初存在形式。而物质不是世界的本质，物质是信息的派生物。世界是先有信息，然后才有物质。

纵观惠勒的物理学哲学思想，可以划分为三个时期：第一个时期相信万物皆粒子，第二个时期相信万物皆为场，第三个时期相信万物源于信息。晚年的惠勒对万物源于信息这一哲学问题日趋浓厚，且相信逻辑和信息是物理学理论的基石。无疑，惠勒的"万物源于比特"的思想与他原来所倡导的"质朴性原理"是有内在联系的。

在回答是否真有可能"万物源于比特"这一命题时，我们先看一下当代另一位著名的量子信息论专家塞林格关于实体与信息之间关系的有关分析。

我们知道，系统的大小与它所蕴涵的信息应当有某一关系。一般来说，系统越大，描述它的信息就会越多。对于系统与信息的关系，塞林格认为，"比较合理的想法是，如果我们把系统一分为二，则每一半都需要原来一半的信息来描述。那么如果我们继续把系统细分，每部分信息含量就会越来越小，最后必将到达一个极限：每个小系统只带了 1 比特的信息，再往下分就不可能了。这提示我们，可以这样来定义最基本的体系：最基本的元体系（the most elementary system）只带 1 比特

---

① 约翰·惠勒：《宇宙逍遥》，田松、南宫梅芳译，北京理工大学出版社 2006 年版，第 345 页。

的信息"①。

物理学中的基本粒子都不是元体系。比如，一个光子有自旋、位置等性质。按塞林格的说法："一个元体系，是在特定实验观测条件下才有的概念。"②

从元体系这一概念出发，不难做出下述推理。由于元体系只携带 1 比特的信息，那么，它只能回答一个问题，即只能给出一个命题的真假判断。塞林格强调，元体系带有 1 比特的信息，"是理解量子互补原理、量子事件的随机性，以及量子纠缠等基本概念的关键"③。

在图 3—1 所示的延迟选择实验中，路径信息（反映粒子信息）与干涉信息（反映波动信息）之间是基本的互补关系。实验中有两条路径 2a 与 2b，在终点 C 处放置一个半反射分光器，然后还有两个探测器 R_1 和 R_2。

如果有一个元体系通过这一装置，那这 1 比特信息如何使用呢？主要有两种方式，一种是用 1 比特定义粒子通过的是路径 2a 还是粒子 2b，另一种是用 1 比特去定义是探测器 R_1 接收到粒子（发出响声）还是探测器 R_2 接收到粒子（发出响声）。显然，没有多余的比特去定义另一个信息量，即是说，1 比特的元体系只能用于描述 1 比特的粒子信息，而没有多余的比特去定义另一个信息量——1 比特的波动信息，如果 1 比特的元体系只能用于描述 1 比特的波动信息，而没有多余的比特去定义另一个信息量——1 比特的粒子信息。为此，塞林格说："没有多余比特去定义另一个信息量，确定了路径就不能确定探测器，确定了探测器就不能确定路径。没有分到信息的量必定没有确定意义的

———————————

① 塞林格：《量子化的成因？实体来自信息？观察者和世界互动？》，载［美］约翰·巴罗等编：《宇宙极问——量子、信息和宇宙》，朱芸慧等译，湖南科学技术出版社 2009 年版，第 96—97 页。

② 同上书，第 97 页。

③ 同上。

定义。"[1]

利用 1 比特的元体系，容易解释量子事件的随机性。在图 3—12 所示的实验中，当我们用 1 比特的信息去定义路径信息，则我们仅能知道粒子走哪一条路，于是，就没有剩下多余的信息。由于没有多余的信息去指引粒子在遇到控制器时如何办，因此，究竟哪一个探测器接收到粒子就是一个完全的随机事件了。这里的随机性是客观的随机性，而不是主观的随机性。正如，塞林格指出："量子的随机性是一种客观的随机性，是元体系的信息量的**客观不足**造成的、真正的随机性。"[2]

图 3—12 延迟选择实验示意
量子测量的互补性与信息

利用元体系的信息概念也能说明量子纠缠。一个典型的量子纠缠态是贝尔态：

$$| \psi^+ > = \frac{1}{\sqrt{2}} (| 0_1 > \otimes | 1_2 > + | 1_1 > \otimes | 0_2 >)$$

在这一个纠缠中，包含了 2 个量子比特的信息，或者说，需要有两个比特的量子物理系统才能构成。如一个原子的二能级系统、光子的极化、电子的自旋等都构成一个 1 量子比特系统，每一个系统都可以取值 0 或 1（不过这里的 0 或 1 应理解为两个不同的量子态）。在这一纠缠态中，当第一个比特（下标为 1）取 0，那么，第二个比特（下标为 2）必然取 1；反之，当第一个比特取 1，那么，第二个比特必然取 0。

---

① 塞林格：《量子化的成因？实体来自信息？观察者和世界互动？》，载［美］约翰·巴罗等编：《宇宙极问——量子、信息和宇宙》，朱芸慧等译，湖南科学技术出版社 2009 年版，第 97 页。

② 同上书，第 100 页。

由两个元体系构成的量子纠缠系统的信息量，可以合理地假定它们的信息量是 2 比特（即 2 量子比特），塞林格称之为本地编码（或本地信息）。每一元系统包含有 1 比特信息，正好反映了自己的某一测量性质，信息量可以简单相加。

假设信息量守恒，那么根据这一前提就可以做下面的有意义的推断。

（1）我们可以用这 2 比特的信息，分别定义两个系统各自沿 z 方向的自旋，当我们知道了它们各自沿 z 方向的自旋之后，就可以推断出它们之间沿 z 方向的相对自旋。虽然这个新信息也占有 1 比特，但是它可以直接来自于原来的本地信息，实际上，并没有增加新的独立的信息。

（2）我们也可以不分别定义每个元系统的信息，而是利用这 2 比特来定义两个系统测量结果的关系信息。例如，将贝尔态 $|\psi^+>$ 可以用两个陈述来确定："两个量子比特在给定的基矢下正交"和"两个量子比特在共轭的基矢下正交。"

如果我们将光子的水平偏振态作为 $|0>$ 态，垂直偏振态作为 $|1>$ 态，则将此平面内将参考方向旋转 45° 后，在另一个坐标系（共轭基）中，$|0>$ 和 $|1>$ 基矢分别变为另外两个共轭的基矢 $|0'>$ 和 $|1'>$：

$$|0'> = \frac{1}{\sqrt{2}} (|0> + |1>)$$

$$|1'> = \frac{1}{\sqrt{2}} (|0> - |1>)$$

上述的两个陈述互不相关，即用掉了全部的 2 个量子比特的信息，因此，没有多余的信息去定义单个体系的测量性质。于是，"对单个体系的测量结果，就会如量子力学预言的一样完全随机"[1]。

----

[1] 塞林格：《量子化的成因？实体来自信息？观察者和世界互动？》，载［美］约翰·巴罗等编：《宇宙极问——量子、信息和宇宙》，朱芸慧等译，湖南科学技术出版社 2009 年版，第 102 页。

从方法论来看，通过信息的有限性和关联信息的分配方法，就能得到一个很直观的理解。由此，塞林格认为，"一般所说的体系，**是指一个含有所有与观测无关的内在性质的客观存在**，但是对于元体系来说，它的内涵不可能超出实验具体环境中那 1 比特信息的内容"①。

一些人会假设有一个独立于观测的世界，无论我们问什么，它总是独立地客观地存在着。但是，这里有一个问题：外在世界的任何性质都必须建立在我们接收到的信息的基础上，如果缺乏相应的信息，我们也就不可能获得外部世界的任何性质。为此，塞林格认为："一个独立于观测的客观事实，在原则上不会给我们任何信息，它的存在也就没有任何证据。这说明了信息（也就是知识）和实在的区别是没有任何实际意义的。""实际上没有任何手段能区分信息和实在。既然区分它们不能带来更多的理解，那么按奥卡姆剃刀原则，我们就不应该区分它们。""**信息和实在根本上是没有区别的**，那么就能推导出：物理实在也必须量子化。也就是说，**物理实在的量子化和信息的量子化是一回事**。"②

对于"万物源于比特"这一问题，D. 多依奇作了他自己的分析。

在经典物理条件下，基本的经典可观测量总是连续的，一个实变量对应无限个的独立离散变量——在二进制展开下就是一组无限的 0、1 序列，从这一意义来看，任何经典物理原则上都带有无限多的可观测信息。一个合理的观念是，复杂的过程可以被分解为一系列简单过程之和，这一观念也正表达了信息处理的关键之点——"事物来自比特"。但是，这两个概念存在着矛盾，

① 塞林格：《量子化的成因？实体来自信息？观察者和世界互动？》，载［美］约翰·巴罗等编：《宇宙极问——量子、信息和宇宙》，朱芸慧等译，湖南科学技术出版社 2009 年版，第 102 页。

② A. Zeilinger：《量子化的成因？实体来自信息？观察者和世界互动？——惠勒的三个深刻问题力相关实验》，载［美］约翰·巴罗等编：《宇宙极问——量子、信息和宇宙》，朱芸慧等译，湖南科学技术出版社 2009 年版，第 106 页。

这正是芝诺的"飞矢不动"佯谬所揭示的问题。

"飞矢不动"论证的理由是：任何东西在占据一个与自身相等的处所的时候是静止的。飞箭在任何一个瞬间总是占据与自身相等的空间，所以都是静止。箭的飞行不过是无数静止状态的总和，因此，飞矢实际上是不动的。

为了理解飞行是如何进行的，D. 多依奇认为，可以将**箭的坐标**看作一份一份的信息，并将箭的**飞行看作处理这些信息**的计算。如果认为飞行是由无限小的步骤组成的，那么，每一个无限小的作用是什么？在多依奇看来，"由于不存在一个实数比另一实数大无限小这种事情，所以不存在一个无限小的操作，将事物的状态从一个实数变化到另一个实数，因此我们不能把这种操作当作这种位置信息的基本计算"[①]。

按照 D. 多依奇的这一信息思路，我们可以从另一角度来分析芝诺的四个论辩。

芝诺的四个论辩是：

（1）二分法的论证。物体在到达终点之前必须先到达全程的一半，这一要求可以无限的类推下去，所以，在有限的时间内，这个物体永远到不了终点。

（2）阿基里斯追乌龟的论证。阿基里斯是快跑者，阿基里斯永远赶不上慢跑者，因为追赶者必须首先跑到被追者的出发点，而当它到达被追者的出发点，乌龟又跑完了新的一段路，于是，又有新的出发点在等着阿基里斯。如此类推，阿基里斯永远追不上乌龟。

（3）飞矢不动的论证。任何东西占据一个与自身相等的处所（空间）时是静止的，飞矢在任何一个瞬间总是占据与自身相等的处所，所以它是静止的。需要说明的是，中国古代的诡辩名家

---

① D. 多依奇：《它来自量子比特》，载［美］约翰·巴罗等编：《宇宙极问——量子、信息和宇宙》，朱芸慧等译，湖南科学技术出版社 2009 年版，第 52 页。

惠施（公元前 370 年～公元前 310 年）也有"飞鸟之景，未尝动也"类似说法，但逻辑论证不足。

（4）运动场的论证。两列物体 B、C 相对于一列静止物体 A 相向运动，B 越过 A 的数目是 B 越过 C 的一半，所以一半时间可以等于一倍时间。

假设在一个操场上，相对于静止的队列 A，队列 B、C 将分别各向右和左移动一个距离单位。

□□□□　　队列 A

■■■■　　队列 B，向右移动（→）

▲▲▲▲　　队列 C，向左移动（←）

B、C 两个队列开始移动，如下图所示相对于队列 A，B 和 C 两个队列分别向右和左各移动了一个距离单位。

□□□□　　队列 A

■■■■　　队列 B

▲▲▲▲　　队列 C

显而易见，对队列 C 而言，队列 B 移动了两个距离单位；而队列 B 相对于队列 A 来说，仅移动了一个距离单位。若设一个距离单位对应于半个时间，那么两个距离单位对应于一个时间。于是有，"一半的时间可以等于一倍的时间"，因此队列就移动不了。

下面从元信息角度来分析。任何运动都需要有信息处理，而信息都有最小的单位。能够相比较的事物，是同一层次的事物，它们都拥有最小信息元，称之为元信息，就是 1 比特，因此，运动的可分性或时间的可分性都应当是量子的，比这个量子更小就没有意义了。

在"二分法"中，物体在到达目的地之前必须先到达全程的一半，这里的"全程的一半"，不论如何进行，最小的半程所需要的处理信息只能是 1 比特信息单元。因此，不可能无限进行"全程的一半"，因此，运动是可能的。

在"阿基里斯追乌龟"中，处理阿基里斯跑过所需要信息的最小信息为 1 比特，而不可能跑过仅需要小于 1 比特信息的路程，因此，阿基里斯可以快过 1 比特信息单元，即可以追上乌龟。

在"飞矢不动"中，任何东西在飞行时占据一个与自身相等的处所，一个完整的飞行是由许多个小的飞行构成的，那么这个"小的飞行"是否能无限地小呢？由于每一个飞行对应一定的信息，因此最小的飞行所对应的信息是元信息，即 1 比特，比这一最小的飞行更短的飞行是没有意义的，所以，飞矢在任何一个瞬间总是占据与自身相等的处所就不可能。

在"运动场"中，队列 B 与队列 C 相对于静止物队列 A 的运动，从信息的处理来看，最小的信息单位是 1 比特，那么，如果队列 B 相对于队列 C 所需要处理的信息是 1 比特，按照"运动场"的论证，应当有 0.5 比特即半比特的信息来处理队列 B 与队列 C 相对于静止物队列 A 的运动。这样总的需要的信息量就相同，为 1 比特。但是，这与最小的信息单元是 1 比特是相矛盾的，因而上述的论证是不可能的。

与"飞矢不动"有一个相关的量子芝诺效应。

所谓量子芝诺效应，就是指如果一个不稳定的量子系统被连续不断地观测，那么量子系统将不会衰减。这也是我们日常所见的水壶效应："一个被盯着看的水壶水总也不开。"量子芝诺效应又称之为量子水壶效应。量子芝诺效应也可以从量子力学的薛定谔方程进行严格的论证。该效应表明，当我们对一个量子态进行频繁的测量，该量子态就会保持不变，即便是原来衰变的物质也会停止在时间上的演化。

量子芝诺效应的重要意义还在于，在量子测量过程中，时间实际上是停止的，或者说，量子测量导致时间的坍塌。而在第二章的量子隐形传态等实验中，量子测量导致了空间的均匀的广延性的消失。

由此可见，事物的运动不是与信息没有关系，信息与事物的运动是统一的。并没有虚无的信息存在，信息是事物或存在的某种显现。D. 多依奇认为，"信息不能从虚无中创造世界；也不是说物理世界的定律都是虚构小说，而物理只是相对于某种文艺批评；而是说明了，一个我们称之为信息，过程称之为计算的世界确定有一个特殊地位。这个世界包含——或至少可以包括——通用计算机，但是这句话反过来说，一个通用计算机包含整个世界，则是永远不可能的"①。

对于"万物源于比特"这一问题，D. 多依奇认为，这一信息决定论观点是不对的。他说，我们通常看见的整个物理实在，实际上只是一个巨大计算机上运行的一个复杂程序。表面上看，这种解释物理和计算之间联系的方法似乎很乐观：物理定律能用计算机程序来表达，也许是因为它们本身就是计算机程序；而计算机的存在，本质上也许就是计算机模拟其他计算机能力的一个特殊体现。但是，这一套猜想都是妄想。② 他说："物理本身，优先于任何计算的概念。从这一思维出发，'它'是不可能来自于'比特'或'量子比特'的。""世界是由信息构成这一点，到底给我们留下了些什么呢？不是'无中生有（something for nothing）'：信息不能从虚无中创造世界。"③

---

① D. 多依奇：《它来自量子比特》，载［美］约翰·巴罗等编：《宇宙极问——量子、信息和宇宙》，朱芸慧等译，湖南科学技术出版社 2009 年版，第 63—64 页。

② 同上书，第 62 页。

③ 同上书，第 63 页。

第 四 章

再论量子纠缠及其同一性

在第一章我们已就量子纠缠进行初步的分析，在本章我们将研究如何利用量子纠缠所提供的"量子桥梁"，来完成原来不能实现的任务，传递未知的量子信息。比如，量子隐形传态就是将未知量子信息超空间地从一个地方传到另一地方，就像"土行孙的遁地术"一样。量子纠缠是微观多体系统的一个基本性质。在量子隐形传态过程中，究竟传递的是什么东西？它有没有实在性？在量子力学中有一个非常重要的全同性原理，本章还要研究微观事物在其变化过程中，如何体现同一性。

一 量子幽灵成像

实验是我们认识世界的基础之一。要认识量子纠缠，需要对量子纠缠的实验制备有所认识，了解它们是如何产生的。根据纠缠态载体的不同，制备纠缠态的方案也不相同。原则上，任何两粒子系统都可以表现出量子纠缠性质，如原子系统、离子系统、光量子系统等。在 20 世纪 80 年代之前，大多数的量子纠缠态是利用原子级联衰变而产生的。自 20 世纪 80 年代以来，实验物理学家开始采用一种新的"自发参数下转换"（spontaneous parametric down-conversion，简称 SPDC）方法来制备光量子的纠缠态。

我们先看一下实验，将一块透明的特殊性质的晶体（如碘酸锂和硼酸钡等）摆在桌面上，用光照射这块晶体。开始时，你仅仅看见光穿过晶体，从一侧射入另一侧透出。随着光的强度增加，你会发现另一种物理现象：晶体的周围出现了一圈淡淡的光晕，且在那一圈淡淡的光晕中闪烁出彩虹的所有颜色。

经物理学家研究发现，照在晶体上的光虽然大部分都穿过晶体从另一侧出去了，但是另有一小部分的光进入晶体后没能直接出来，而且这一小部分光子发生了奇异的变化：每一个滞留在晶体内的光子会跟晶格发生某种相互作用，从而一个光子变为两个光子，也就是说，每一个没能直接穿透晶体的光子都"分裂"为两个光子。这属于非线性光学的研究内容。生成的两个新光子的频率之和等于其母光子的频率，而且生成的光子对将发生纠缠。能够生成纠缠光子对的这种类晶体称为非线性晶体。

马里兰大学（the University of Maryland）的史砚华（Yanhua Shih），曾广泛利用自发参数下转换法（SPDC）技术来生成纠缠光子，并实现了一个非常有趣的"幽灵成像实验"（ghost image experiment）。[①] 该实验利用纠缠光子对中的一个光子来令其孪生光子在遥远的地方呈现出一个幽灵般的影像。其实验设置如图4—1所示。

一束激光注入一块非线性晶体（硼酸钡 BBO）后，生成自发下参量转换成 SPDC 纠缠光子。纠缠光子对穿过棱镜，遇到光束分裂器（偏振分束器），光子按其偏振方向被分成两路。

纠缠光子对中有一个光子 A 被光束分裂器反射走向上的路线，成为信号光（即非常光或 e 光），然后通过一面透镜，到达滤光器。滤光器上开有隙缝，隙缝的形状呈现 UMBC 字母形状（这是史砚华的母校的编写字母，即马里兰大学巴尔的摩分校 U-

---

① Y. H. Shih, Quantum entanglement and quantum teleportation. *Annals of Physics*, 2001, (10) 1 - 2, pp. 45 - 61.

niversity of Maryland，Baltimore County 的首字母）。信号光中有一部分光子会被滤去，而通过字母隙缝的光子则被一面聚光透镜收集起来，传到探测器 D_1。

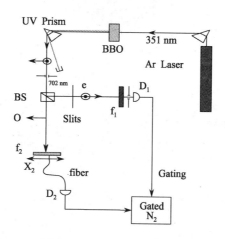

图4—1　幽灵图像实验设置

纠缠光子对中的另一个光子 B 透过光束分裂器走水平路线，成为闲频信号光（即寻常光或 o 光），然后经过滤光器，达到并射到扫描光纤构成的屏幕上（扫描光纤被布置为一个屏幕），然后经探测器 D_2 到达符合计数器（门控）。

当纠缠光子对中的光子 B 射到滤光器和布有扫描光纤的屏幕上，扫描光纤就会记录光子在屏幕上的位置。由于探测器 D_1 和 D_2 被连接到一个符合计数器上，因此，只有那些与通过 UMBC 隙缝的光子相匹配的光子才会被记录下来，它们才会在屏幕上呈现出 UMBC 的影像。即是说，通过符合计数来检验 A 光子与 B 光子的纠缠性，只有当 A 光子与 B 光子相互纠缠时，B 光子才会在屏幕上呈现出 UMBC 的影像。幽灵成像的图如4—2所示。

利用纠缠光子，穿过字母隙缝 UMBC 的光子可以通过它们的孪生光子（另一个纠缠光子）把影像传输到遥远的地方。该实验呈现了量子纠缠的另一种特性。

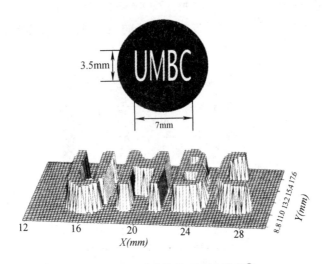

图 4—2 幽灵成像的 UMBC 示意①

之所以能产生幽灵图像，有两个关键因素：其一，有光子之间的量子纠缠存在。有一批 B 光子抵达由扫描光纤组成的屏幕，到达屏幕的这些光子中仅有一部分是有用的。符合计数器的作用在于确认 A 与 B 两个光子是配对或纠缠的。其二，只有屏幕上那些跟通过字母隙缝的 A 光子相纠缠的光子，才是有效的。这就是说，处于纠缠对中的两个光子具有对称性，其中一个光子受到的限制（这里为 UMBC），也将反映在另一个与之纠缠的光子那里。

可见，幽灵成像本质上是量子纠缠的产物，同时表明了经典物理环境将对量子纠缠对将产生限制作用，或者说经典信息通道对量子纠缠将产生作用，更进一步讲，是量子信息与经典信息共同作用的结果。

---

① ［美］A. 艾克塞尔：《纠缠态》，上海科学技术文献出版社 2008 年版，第 112 页。

二　量子隐形传态的过程与分析

物理学家们对隐形传态的思考，源于 20 世纪 80 年代伍特斯（W. Wootters）和朱瑞克（W. Zurek）所论证的量子不可克隆定理。这意味着，不可能发明一种量子态的复制机，将一个粒子的所有信息都复制到另一个粒子上去，同时保持第一个粒子的状态不被改变。为此，若要将一个粒子的全部信息复制到另一个粒子上，唯一可能的想法是，让第一个粒子上所有被复制的信息消失。这个猜想就是后来被称作的隐形传态。这有点像《封神演义》中的土行孙有高强的遁地术本领，每到紧急时刻，他总能出人意料地遁地而行，即他能从一地方消失，然后从另一个地方复出。

量子信息之所以具有重大的应用价值，一个重要因素就是量子隐形传态（quantum teleportation）的理论与实验获得了成功。1993 年，本内特与波拉萨德等六名科学家合作，发现了量子隐形传态[①]（见图 4—3）

量子隐形传态是指将一个微观粒子的状态转移到另一个粒子上，而第二个粒子可能在遥远之处，实际上就是将第一个粒子隐形传输到另一个位置。量子隐形传态与"借尸还魂"有异曲同工之妙。

民间广为流传道教有八位神仙，其中之一为铁拐李。传说铁拐李本来生得魁梧英俊，能够"出元神"。他在砀山洞中居住时，准备拜老子和宛丘仙人为师，前去修行学道。他临行前对弟子吩咐道，我要去游华山，如果我的神魂七日不返，你就把我的躯壳

---

① C. H. Bennet, et al. Teleporting an Unknown Quantum State via Dual Classical and Einstein-Podolsky-Rosen Channels. *Phys. Rev. Lett.*, 1993, Vol. 70, p. 1895.

烧掉，但如果不满七日，绝不可动我的躯壳。于是，铁拐李把他
的魂藏于肝，魄藏于肺，把魄留下看守着躯壳，元神与魂一起出
游。这就是元神与躯壳的分离，即所谓的"出元神"。

(top,left) Richard Jozsa,William K.Woolters,Charles H.
Bennett.(bottom,left) Gilles Brassard,Claude Crépeau,
Asher Peres.Photo:André Berthiaume.

图4—3　本内特与波拉萨德等六名科学家

（http：//www. research. ibm. com/quantuminfo/teleportation/）

　　当铁拐李准备就绪，元神前往华山随老子修行去了，而他的
徒弟日夜看守着师父的躯壳。但是，第六天，徒弟的家里来人送
信：老娘病危望速归。徒弟坐立不安，又守持到第二天中午，仍
不见师父的元神归来。为了见娘最后一面，徒弟焚毁了铁拐李的
躯壳，回家见娘最后一面去了。

　　徒弟刚下山，铁拐李的元神就赶回洞府，但是，躯壳已经被
烧，从此铁拐李的神魄失去了物质性的有形的归宿。一次，铁拐
李发现树林里有一具饿殍，十分高兴，马上从饿殍的脑门进入。
随后，他到水边照了照，却映出一个形象极其丑陋的人形。

　　铁拐李看见自己变成这副怪模样，极为不高兴，准备将元神
从躯壳里跑出来。此时，身后有人拍手说，道行不在于外貌，只
要你用心修炼，就可成为异相真仙。他回头一看，此人正是他的
师父老子。随后，老子给了他一个金箍束乱发，又拿了一根铁拐
杖让他拄着走路。

于是，就有了一个又黑又丑、又瘸又拐的神仙——铁拐李。

简言之，量子隐形传态所传的是量子态的"魂"，留下"躯干"，并将此"魂"投宿在另一个量子态的"躯干"上。

要认识量子隐形传态，我们必须借助数学工具来展现其神奇的魔力。我们用尽可能简单的语言来阐明。

量子隐形传态充分表达了量子客体是如何通过量子纠缠传递量子信息的过程。下面我们简要描述一下量子隐形传态的量子过程。如图4—4所示。

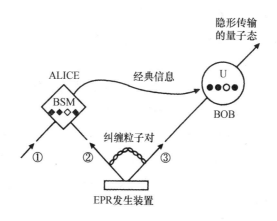

图 4—4　量子隐形传态的原理示意

Alice 拥有粒子 2，Bob 拥有粒子 3。粒子 2 与粒子 3 之间构成量子纠缠。

假设 Alice 将要给 Bob 传输一个未知的量子态 $|\phi>$，

$$|\varphi> = a|0_1> + b|1_1>$$

且 $|a|^2 + |b|^2 = 1$，其中 a 与 b 为未知系数。在实验中将要传递的就是 a 与 b 未知系数。

为了传送未知量子态 $|\varphi>$，还需要有另外两个粒子，我们称之为粒子 2 与粒子 3，且粒子 2 和粒子 3 必须是纠缠的。我们将处于纠缠关联的粒子 2 和粒子 3 的状态写为 $|\psi>_{23}$，这里用脚标表示粒子（下同）。并设粒子 2 与粒子 3 之间处于贝尔纠缠

态，即：

$$|\psi>_{23} = \frac{1}{\sqrt{2}}(|0_2>\otimes|1_3> - |1_2>\otimes|0_3>)$$

由于未知粒子 1 与处于纠缠对的粒子 2 和粒子 3 并没有发生纠缠，因此，按照量子力学，3 个粒子构成的复合系统的量子态就是粒子 1 与纠缠对粒子 2 和粒子 3 构成的复合系统的直积，即：

$$|\psi> = |\varphi>\otimes|\psi>_{23} = |\varphi>\otimes\frac{1}{\sqrt{2}}(|0_2>\otimes|1_3> - |1_2>\otimes|0_3>)$$

为了完成隐形传送任务，即将粒子 1 传送给 Bob，Alice 与 Bob 必须分别持有粒子 2 与粒子 3。Alice 还必须用仪器联合测量粒子 1 与粒子 2，以获得经典信息，通过经典信道将测得的经典信息传递给 Bob。

按量子力学的投影测量理论，所谓量子测量就是将量子态 $|\psi>$ 向测量基 $|\psi>_1$ 投影。如图 4—5 所示。一个矢量 F 在直角坐标系中的分解，就相当于该矢量向两个坐标轴投影，向 x 轴投影的分量为 F_x，向 y 轴投影的分量为 F_y。即有 $F = F_x i + F_y j$，其中 i，j 分别为 x，y 两个坐标轴的单位矢量，$F = \sqrt{F_x^2 + F_y^2}$。见图 4—6。

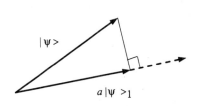

图 4—5　对波函数进行测量就像矢量一样进行投影，投影之后在另一测量基的方向上

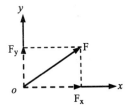

图 4—6　矢量在正交坐标系中的分解

这 4 个贝尔基就相当于四维坐标系的单位矢量，并构成了四

维正交坐标系。贝尔基具有最大的纠缠态，并且两两正交，成为四维空间中的一组正交归一化基。当用贝尔基对复合系统的量子态 $|\psi>$ 进行测量时，也就是将量子态 $|\psi>$ 投影到贝尔基上。

粒子 1 与粒子 2 构成的 4 个贝尔基为：

$$|\psi^+> = \frac{1}{\sqrt{2}}(|0_1>|1_2> + |1_1>|0_2>)$$

$$|\psi^-> = \frac{1}{\sqrt{2}}(|0_1>|1_2> - |1_1>|0_2>)$$

$$|\phi^+> = \frac{1}{\sqrt{2}}(|0_1>|0_2> + |1_1>|1_2>)$$

$$|\phi^-> = \frac{1}{\sqrt{2}}(|0_1>|0_2> - |1_1>|1_2>)$$

对粒子 1 与粒子 2 进行贝尔基测量（BSM：Bell-State Measurement），就是将 3 个粒子复合系统的量子态 $|\psi>$ 对 4 个贝尔基进行投影。在具体实验中，使用可以识别的贝尔基的装置来进行测量。从数学计算来看，就是将 $|\psi>$ 的表达式按 4 个贝尔基来展开，通过数学计算得到：

$$|\varphi> = a|0_1> + b|1_1> = \binom{a}{b}_1$$

$$|\psi> = \frac{1}{2}\binom{|\psi^->(-a|0_3> - b|1_3>) + |\psi^+>(-a|0_3> + b|1_3>)_3}{+ |\phi^->(b|0_3> + a|1_3>) + |\phi^+>(-b|0_3> + a|1>_3)}$$

或写为：

$$|\psi> = \frac{1}{2}\left(|\psi^-> \binom{-a}{-b}_3 + |\psi^+> \binom{-a}{b}_3 + |\phi^-> \binom{b}{a}_3 + |\phi^+> \binom{-b}{a}_3\right)$$

这就是说，复合系统的量子态 $|\psi>$ 可以分解为 4 个量子态的迭加，每一个部分都是粒子 1 与粒子 2 构成的纠缠态和粒子 3 状态的直积。比如，在第一项 $|\psi^-> \binom{-a}{-b}_3$，它就是两项的直积，即 $|\psi^->_{12} \otimes \binom{-a}{-b}_3$，左边一项 $|\psi^->_{12}$ 表示粒子 1 与粒子

2 构成具有最大纠缠的贝尔基，右边一项 $\begin{pmatrix} -a \\ -b \end{pmatrix}_3$ 表示粒子 3 的状态，即：

$$\begin{pmatrix} -a \\ -b \end{pmatrix}_3 = -a \begin{pmatrix} 1 \\ 0 \end{pmatrix}_3 - b \begin{pmatrix} 0 \\ 1 \end{pmatrix}_3 = -a \mid 0_3 > -b \mid 1_3 >$$

另外的三项也可作同样分析。可见，经过 Alice 对粒子 1 与粒子 2 进行测量后，不论粒子 3 处于这四种状态 $\begin{pmatrix} -a \\ -b \end{pmatrix}_3$、$\begin{pmatrix} -a \\ b \end{pmatrix}_3$、$\begin{pmatrix} b \\ a \end{pmatrix}_3$ 或 $\begin{pmatrix} -b \\ a \end{pmatrix}_3$ 中哪一种状态，粒子 1 的系数 a 和 b 都一定**瞬间**传递到粒子 3 那里去了。

　　现在的问题是，$\mid \psi >$ 右边的四个迭加态是具有数学意义，还是具有物理实在意义？也就是说，$\mid \psi >$ 右边的四个迭加态是不是物理真实的？

　　按照量子力学的态迭加原理，这四个迭加态就是真实存在的。近几十年来，已有许多量子力学的实验证明了越来越多的迭加态的存在。正如泽（H. Dieter Zeh）所说："在迭加原理的要求下，比如说，自旋向上和自旋向下的迭加态不仅仅导致了某些操作统计上的干涉条纹，而且定义了一个新的**独立的**物理状态。"[①]

　　当 Alice 进行每一次测量，其结果是粒子 1 与粒子 2 联合状态处于 4 个 Bell 基 $\mid \psi^- >$、$\mid \psi^+ >$、$\mid \phi^- >$ 或 $\mid \phi^+ >$ 中的一个，概率相同〔都为 $(1/2)^2 = 1/4$〕，而 Bob 测得的粒子 3 则将是相关联的量子态，即分别是 $\begin{pmatrix} -a \\ -b \end{pmatrix}_3$、$\begin{pmatrix} -a \\ b \end{pmatrix}_3$、$\begin{pmatrix} b \\ a \end{pmatrix}_3$ 或 $\begin{pmatrix} -b \\ a \end{pmatrix}_3$ 描述的 4 个状态之一。

　　可见，只要 Alice 通过经典的通信的手段告诉 Bob 她在测量中

　　① H. D. 泽：《波函数：实体还是信息》，载〔美〕约翰·巴罗等编：《宇宙极问——量子、信息和宇宙》，朱芸慧等译，湖南科学技术出版社 2009 年版，第 71 页。

得到的结果，Bob 就可以通过适当的操作恢复出未知粒子 $|\phi\rangle$ 的状态，因为粒子 3 所处的 4 个状态都反映了未知状态（波函数）的几率幅 a 和 b。比如，当 Alice 测量得到的结果是 $|\psi\rangle^-$，即粒子 1 与粒子 2 处于纠缠态 $|\psi\rangle^-$，则，粒子 3 必然处于 $-a$ $|0_3\rangle - b|1_3\rangle = \begin{pmatrix} -a \\ -b \end{pmatrix}_3$，这时 Alice 告诉 Bob 自己测量得到的结果是 $|\psi\rangle^-$，那么，Bob 就可以获得的状态 $\begin{pmatrix} -a \\ -b \end{pmatrix}_3$ 进行一个幺正变换 $\begin{pmatrix} 1 & 0 \\ 0 & 1 \end{pmatrix}$，就可以转变为量子态 $a|0_3\rangle + b|1_3\rangle = \begin{pmatrix} a \\ b \end{pmatrix}_3$，这就是说，原来的未知粒子 1 已经在粒子 3 处得到恢复了。更一般的情况下，Bob 应当做什么操作，才能使粒子 3 与粒子 1 相同，请见表 4—1。

表 4—1　　　　　　　　　　测量结果与恢复操作

Alice 测量的结果	Bob 恢复时的幺正操作
$\|\psi^-\rangle$	$\begin{pmatrix} 1 & 0 \\ 0 & 1 \end{pmatrix}$
$\|\psi^+\rangle$	$\begin{pmatrix} -1 & 0 \\ 0 & 1 \end{pmatrix}$
$\|\phi^-\rangle$	$\begin{pmatrix} 0 & 1 \\ 1 & 0 \end{pmatrix}$
$\|\phi^+\rangle$	$\begin{pmatrix} 0 & -1 \\ 1 & 0 \end{pmatrix}$

这样，粒子 1 的 $|\varphi\rangle$ 就已传送给远处的 Bob，即 $|\varphi\rangle_3$，只不过现在由粒子 3 扮演粒子 1 的角色。至于这里的粒子 3 是否与粒子 1 是相同的的问题，我们将在本章的后面同一性问题部分展开讨论。

这里要指出的是，在量子态的传送过程中，原来的粒子 1 的状态已被破坏（粒子 1 与粒子 2 发生了纠缠），粒子 3 不是粒子 1 的复制，这正是量子不可克隆定理的一种表现。[①]

在量子隐形传态过程中，我们不难发现，发送的是仅仅是粒子 1 的几率幅 $|\varphi> = a|0_1> + b|1_1>$ 的系数 a 和 b，而不是粒子 1 的全部状态 $|\phi> = a|0_1> + b|1_1>$。

在 $|\varphi> = a|0_1> + b|1_1>$ 中，如果 $|\varphi>$ 表示量子物质态，那么，其中的 a、b、$|0_1>$、$|1_1>$ 就整体表达了量子物质态的性质，至于系数 a 与 b 的绝对值的平方仅表达相应的量子态出现的几率的大小。a、b 表示 $|\varphi>$ 投影在测量仪器的基矢 $|0_1>$、$|1_1>$ 上的分量。这就像力矢量投影在正交坐标上有力的分量一样。基矢 $|0_1>$、$|1_1>$ 是由所用测量仪器的性质决定的。如果测量仪器相同，那么，其基矢就相同。$|\phi>$ 可以投影到任意的正交基矢上。不同的正交基就相当于不同类的仪器。尽管量子测量使用了经典仪器，但测量在本质上也是量子的。测量时仪器与客体的量子关联（有时也被称为纠缠）必然会破坏原来存在于客体的量子关联态（或量子相干性）。[②]

宏观物体投影在欧几里得坐标系中，它有长宽高等性质，这是宏观物质所具有的经典信息。微观客体投影在测量仪器（即希尔伯特空间）中，a、b 就是量子信息。

未知态 $|\varphi>$ 从 Alice 那里消失，并经过一个延迟时间（经典通信时间与 Bob 操作所需要的时间）出现在 Bob 那里。这正如李承祖教授等学者所说的：“这有点像‘借尸还魂’，原来的 Alice 拥有的那个未知态 $|\varphi>$ 的‘魂’，在 Bob 的那个量子位上‘复

---

① 李承祖等：《量子通信和量子计算》，国防科技大学出版社 2000 年版，第 109—110 页。

② 倪光炯：《高等量子力学》（第二版），复旦大学出版社 2004 年版，第 453 页。

活'了。"① 这里所谓的"魂"实际是指未知态的系数 a 与 b。

如果用一个直观的不太准确的比喻，量子隐形传态的过程如下：

乙与丙之间的距离非常远（一个在天边，一个在眼前），但它们之间建立了一个特殊的联系，现在甲拥有一个未知信息，当甲与乙相互作用之后，甲的未知信息立即就传递到丙那里。

显然，这一过程在经典物理学看来，上述过程是不可能实现的，但在微观上是可以实现的。

在量子隐形传态的实验验证方面，奥地利因斯布鲁克大学（Universität Innsbruck）的塞林格研究小组在 1997 年 12 月的《自然》杂志首次报道成功实现了量子隐形传态实验。② 论文的题目是《量子隐形传态实验》（Experimental Quantum Teleportation），作者包括布迈斯特（D. Boumeester）、潘建伟、马特尔（K. Mattle）、艾伯（M. Eibl）、韦恩弗特（H. Weinfurter）和塞林格（A. Zeilinger）六位学者。

他们的论文一开始就写道：

> 隐形传态的梦想，就是指能够在某个遥远的地点以简单重现的方式实现位移。被隐形传输的物体是完全可以通过其特性来界定的，在经典物理学中物体的特性可以通过测量来确定。要复制出远距离之外的那个物体，人们并不需要取得原物体的所有部件（parts and pieces）——所需要的是传送扫描到的信息，以至于能用这些信息来重新构建出原物体即可。但如何才能精确地成为原物体的真正的复制品？假如这

---

① 李承祖等：《量子通信和量子计算》，国防科技大学出版社 2000 年版，第 118 页。

② Dik Bouwmeester, Jian-Wei Pan, Klaus Mattle, Manfred Eibl, Harald Weinfurter & Anton Zeilinger, Experimental quantum teleportation. *Nature*, 1997, Vol. 390, pp. 575 – 579.

些原物体的部件是电子、原子、分子，结果又当如何？对个体的量子性质，将会发生什么？因为根据海森堡的不确定性原理，量子性质不可能被测量到任意的精度。

本内特等人在发表于 1993 年《物理评论快报》上的一篇论文里提出了隐形传态的想法，认为将一个粒子的量子态转移到另一个粒子上——即量子隐形传态——是有可能的，只要实施隐形传态的人在整个过程中不获取有关量子态的任何信息。通过利用量子力学的基本特性——纠缠，这种要求就能够实现。量子纠缠描述的量子系统之间的关联比经典关联要强得多。

在实验中，他们利用极化光子 EPR 对实现了量子隐形传态。实验装置（如图 4—7 所示）的大意如下：

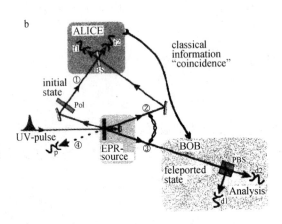

图 4—7　量子隐形传态的实验装置示意

一个紫外脉冲经过非线性晶体产生了两个纠缠光子对（EPR 对），一个粒子 2 与粒子 3 的纠缠光子对和粒子 1 与粒子 4 的纠缠光子对，其中粒子 1 作为被传送的未知量子态。粒子 1 与粒子 2 分别经过反射后传送到两个探测器 f_1 与 f_2 处，并对 f_1 与 f_2 进行符合计数。粒子 3 经过光束分裂器（PBS）传递到探测器 d_1 与 d_2 处，即 Bob 处。当 Alice 对粒子 1 与粒子 2 进行贝尔基测量（图中的 BS）后，粒子 1 的系数就立即被隐形传态到粒子 3 处。[①]

总之，要实现完备的（complete）量子态的隐形传态，必须包含两种渠道：一是量子通道，一是经典通道。具体的步骤如下：

（1）制备 EPR 纠缠源。量子通道由一对纠缠粒子组成，一个粒子在 Alice 处，另一个粒子在 Bob 处。两个粒子间的纠缠态便是 Alice 和 Bob 之间的看不见的联系。

（2）对需要传递的粒子与 EPR 纠缠源中的发送者拥有的粒子实现联合贝尔基测量（BSM）。Alice 测量到要发送的未知粒子和她手里的粒子的联合特性。由于纠缠的关系，一旦 Alice 进行贝尔基测量，Bob 的粒子立即做出反应，传达出 Alice 处的量子信息

（3）将量子态的测量结果与未知量子态通过经典信道与量子信道传送。Alice 联合测量未知粒子与自己手中的粒子之后，将测量结果通过经典通道告诉 Bob。

（4）接收方将收到的经典信息与量子通道的信息结合，对 EPR 纠缠源中接收者拥有的粒子实行相应的幺正变换，恢复原来的量子状态。根据 Alice 通过经典通道告诉的测量结果，Bob 对自己手中的粒子做相应的幺正变换，由此，未知粒子就从 Alice 传送到 Bob 处。

三　量子纠缠的性质

根据上述研究，我们不难得到量子纠缠的一些性质：

---

① Dik Bouwmeester, Jian-Wei Pan, Klaus Mattle, Manfred Eibl, Harald Weinfurter & Anton Zeilinger, Experimental quantum teleportation. *Nature*, 1997, Vol. 390, p. 576.

（1）量子纠缠是微观物质的根本性质，它以非定域方式存在。

量子纠缠是量子多体系统所特有的现象。多体之间存在的量子纠缠超越了时空限制，以非定域方式存在。比如，在贝尔基 $|\psi^+> = \frac{1}{\sqrt{2}}(|0_1>|1_2> + |1_1>|0_2>)$ 中，粒子1与粒子2之间处于纠缠状态，与外部时空没有任何关联，是纯量子态之间的关联，并没有将粒子1或粒子2定域在某一时空之中，而是以类空形式存在。简单来说，所谓类空，是指两个事物之间信息的传递是超过光速的。

（2）量子纠缠具有实在性、独立性与转移性，它可以创生，也可以消灭。

20世纪80年代末和90年代以来有关量子力学与量子信息理论的一系列实验（如量子隐形传态等）表明，量子纠缠是客观的、真实的。量子纠缠是一种重要的资源，它不受距离影响或是不衰减的；纠缠的程度是有差距的。量子纠缠交换（quantum swapping）揭示粒子之间的量子纠缠发生了转移。

量子纠缠的实在性也表现在量子算法与量子计算之中[①]。从第八章的量子算法与量子计算来看，波函数描述了微观物质（量子系统）的状态和运动（演化）性质，微观客体的运动具有可逆性。量子计算充分利用了微观物质的量子纠缠。微观物质量子纠缠表明，微观客体既在这里，又在那里，这是量子并行计算的根本基础，它不同于经典计算机的并行计算。这充分体现了亦此亦彼的辩证逻辑。

（3）量子纠缠之中的量子态有差别。

尽管两个纠缠的粒子之间有在先的量子关联，问题是：这两个粒子是不是相同的，或是不是重叠的？或有没有差别？一些学

---

① 吴国林、黄灵玉：《计算复杂性、量子计算及其哲学意义》，《自然辩证法研究》2007年第1期，第22—26页。

者认为，量子纠缠是预先就存在的一种关联，或具有非分离性，因此，不存在信息的传递问题。比如，著名学者阿斯派克特（A. Aspect）认为，一对纠缠光子必定被认为是单个的全域性客体（single global object），我们不能认为它是由分离性的个体性客体组成，且这些个体性客体的性质在时空中得到了很好的定义。①即不可能指定每一个光子的定域性质。他认为，非分离性是量子隐形传态的根源，非分离性并不意味着实践上快于光速通信的可能。②

在量子信息论中，已引入了态距离来判断两个量子态之间的距离。态距离表明了两个量子态之间的相似程度。若两个态之间的距离 D 的值为零，则两个态之间相似或相重叠；若两个态之间的距离 D 的值为1，则两个态之间完全不同，是完全可以分辨的。对于正交的归一化态矢，它们相互垂直，是完全不同的态，距离为1，是完全可以分辨的态。在Ⅱ类自发参量下转换中，形成的光子的偏振方向是相互垂直的，可见，偏振纠缠双光子对是相互正交的，它们就是完全可以分辨的。可见，处于纠缠中的两个粒子（或多个粒子）是不相同的，尽管它们是纠缠在一起的，然而不能认为这两个粒子就是一个东西、就是处于希尔伯特空间中的同一位置。

（4）量子纠缠是分离性与非分离性的统一，它意味着微观事物之间存在着某种新的微观关联方式，这种联系不同于经典联系。

1989 年，研究爱因斯坦的权威霍华德（D. Howard）教授认为，定域作用预先假定了"可分离性"。霍华德提出的"可分离

①　A. Aspect. Bell's Thorem: The Native View of an Experimentalist. in: R. A. Bertlmann and A. Zeilinger（eds.）: *Quantum [Un] speakable*. Brelin: Springer-Verlag，2002，p. 149.

②　A. Aspect. Bell's inequality test: more ideal than ever. *Nature*，1999，398: pp. 189 – 190.

性原理"认为：（1）空间分离的系统具有它们自己的、独特的物理状态；（2）两个或多个空间分离的联合态由它们的分离态整体决定。[①] 当两个子系统处于量子纠缠状态，与每一个子系统相联系的描述没有指定该系统的定域变量，或者说，只能把各子系统看作是非分离态，而不是分离态，因为每一个态并没有独立的实在状态，受与其相纠缠的态的变化的影响。

我们认为，可分离性原理在于强调事物具有个体性，事物具有自身的质的规定性。尽管各子系统纠缠在一起形成了联合态，而不能单独存在，这些子系统也应当看作是处于联合态中的子系统，有自己的质的存在性，即子系统具有相对的分离性，因为，联合态在一定的条件下是可以转化的，通过转化显现出子系统的分离性。不可分离性仅反映了量子纠缠某一部分性质。因此，量子纠缠是分离性与非分离性的统一。

总之，微观粒子之间的量子纠缠，是一种物理关联，是一种新的微观关联方式，是传递量子信息的通道。在我们看来，量子纠缠的实质是多子系统的量子系统中的一种非定域关联，量子纠缠是部分与整体的统一。

四 真假悟空

为认识量子力学中的两个粒子的全同的概念，我们先看一下《西游记》中的真假孙悟空故事，看如何才能区别真孙悟空与假孙悟空。由明代小说家吴承恩编撰的《西游记》中，有两回讲的是真假悟空的故事。其主要的故事情节如下：

---

① Howard, Don: "Holism, Separability, and the Metaphysical Implications of the Bell Experiments". In: J. T. Cushing and E. McMullin (eds.): *Philosophical Consequences of Quantum Theory. Reflections on Bell's Theorem.* Notre Dame: University of Notre Dame Press, 1989, pp. 225 – 227.

（1）唐僧念紧箍咒驱走真悟空，假悟空乘机害唐僧偷包袱

话说唐僧师徒过了西凉女国，路遇强人，悟空打死数人，唐僧嫌悟空杀戮过多，念起紧箍咒，要赶悟空回花果山。悟空苦苦哀求，但唐僧就是不听，痛得悟空死去活来，悟空只好答应离开。悟空决定去南海找观音菩萨讲情。悟空来到洛伽山，拜见了观音菩萨，把师父赶他走的事说了一遍。观音让他暂时留下，说唐僧会主动来找他的。

唐僧赶走孙悟空后，就让八戒在前面带路，往西走了近五十里路，感到又渴又饿，要八戒弄些斋饭来吃。八戒跳到空中四下张望，没看见一户人家。唐僧没有办法，让八戒拿钵盂打些水来解渴。

过了很久不见八戒回来，唐僧让沙僧去催。沙僧走后，唐僧听见有响声，回头一看，原来是悟空捧着一个瓷钵跪在路边，请师父喝水。唐僧的气还没有消，说："我不吃你的水！立地渴死。我当认命！不要你了！你去罢！"行者道："无我你去不得西天。"三藏道："去得去不得，不干你事！泼猢狲！只管来缠我做什么！"

那行者变了脸，发怒生嗔，喝骂长老道："你这个狠心的泼秃，十分贱我！"抡起铁棒，扔掉瓷钵，对着唐僧背后就是一下。唐僧立刻昏倒在地上，不能言语。悟空把两个包袱提在手中，驾起筋斗云，立刻消失得无影无踪。

却说八戒到南山坡下取水，忽见山谷里有一间茅屋，就变成了一个脸色憔悴的和尚，上前敲门化斋。那家老婆婆见他一副病态，就把剩饭给他装了一钵。

八戒变回原来的模样顺原路返回，途中碰到沙僧，两人就将饭倒在布片上兜着，用钵盂舀了一钵清水。二人欢欢喜喜，回至路上，只见师父倒在尘埃上。白马撒缰，在路旁长嘶跑跳，行李担不见踪影。

两人大哭一场，八戒提议把马卖掉安葬师父，然后散伙。沙

僧不舍得离去，抱起唐僧，又哭了一阵，哭一声："苦命的师父！"忽然觉得师父鼻子里又有了热气，胸前温暖，连叫："八戒，你来！师父未伤命哩！"唐僧苏醒，骂道："好泼猢狲，打杀我也！"他一边喝水，一边把刚才的事说了一遍。

八戒当时就要去花果山要回包袱，沙僧劝他先把师父安排下来。他们又来到刚才八戒化斋的那户人家。那老婆婆烧了一壶热茶给他们下饭。恐八戒与悟空不和，唐僧命沙僧去花果山找悟空要回包袱。

沙僧驾着云整整走了三天三夜来到了花果山水帘洞。他见悟空坐在高台上，正在反复读念那份通关文牒，就忍不住高声问悟空为什么要这样做。悟空听见声音抬起头，却说不认识他，命令小猴抓住沙僧，将他拉到跟前问："你是谁？"沙僧只好行礼，恳求悟空回去，一起到西天取经；如果确实不愿意回去，就请把包袱还给他。

行者听后，呵呵冷笑道："我打唐僧，抢行李，不因我不上西方，也不因我爱居此地。我今熟读了牒文，我自己上西方拜佛求经，送上东土，我独成功，教那南赡部洲人立我为祖，万代传名也。"沙僧笑道："师兄言之欠当，自来没个孙行者取经之说。兄若不得唐僧去，那个佛祖肯传经与你！却不是空劳一场神思也？"

悟空当时就变出了唐僧师徒，牵出一匹白马，请出一个唐三藏，跟着一个八戒，挑着行李；一个沙僧，拿着锡杖。

（2）沙僧状告悟空到观音，两悟空争斗不分输赢

沙僧怎能眼看着别人冒名顶替师父！举起降魔杖朝假沙僧打去，假沙僧躲闪不及，倒地而死，原来是个猴精变的。悟空十分生气，带领小猴们把沙僧团团围住。沙僧冲出重围，驾云而逃，向观音菩萨告状去了。

沙僧驾云走了一整夜，来到南海洛伽山普陀崖前拜了观音，

抬头正要说明来意，忽见悟空站在观音身边，他大喝一声，举着降魔杖朝悟空脸上拍去。悟空侧身躲过。观音要沙僧住手，让他把事情的详细经过说一遍。

观音听完，告诉沙僧："悟净，不要赖人，悟空到此今已四日，我更不曾放他回去，他那里有另请唐僧、自去取经之意？"沙僧道："现如今水帘洞有一个孙行者，怎敢欺诳？"菩萨道："既如此，你休发急，教悟空与你同去花果山看看。到那里自见分晓。"师兄弟拜别了菩萨，一同驾云而去。

来到花果山水帘洞，悟空一看，果然发现另一个孙行者高坐石台之上，与群猴饮酒作乐，模样与大圣无异：黄发金箍，金睛火眼；身穿锦布直裰，腰系虎皮裙；手中拿一条儿金箍铁棒，足下踏一双儿麂皮靴；毛脸雷公嘴，朔腮别土星，查耳额颅阔，獠牙向外生。

这让悟空大怒，撇了沙和尚，掣铁棒上前骂道："你是何等妖邪，敢变我的相貌，敢占我的儿孙，擅居吾仙洞，擅作这威福！"那悟空见了，也不回答，拿出一根铁棒，跟悟空打了起来，真假难分呀！

两条棒，二猴精，这场相敌实非轻。真猴实受沙门教，假怪虚称佛子情。盖为神通多变化，无真无假两相平。一个是混元一气齐天圣，一个是久炼千灵缩地精。这个是如意金箍棒，那个是随心铁杆兵。隔架遮拦无胜败，撑持抵敌没输赢。

悟空道："沙僧，你既助不得力，且回复师父，说我等这般这般，等老孙与此妖打上南海洛伽山菩萨前辨个真假。"道罢，那行者也如此说。沙僧见两者相貌、声音，无一毫差别，只得依言，回去告诉师父。

（3）南海洛伽山请观音，紧箍咒无助辨真假

两个悟空边打边走，来到南海，请观音分辨真假。观音和神仙们看了很久也分辨不出来。菩萨唤木叉与善财上前，观音悄悄

吩咐："你一个看住一个，等我暗念《紧箍儿咒》，看那个疼的便是真，不疼的便是假。"菩萨暗念真言，两个一齐喊疼，都抱着头，地下打滚，求观音菩萨不要念了。观音菩萨不念，他们两个又揪在一起打了起来。菩萨说："当年你大闹天宫，神将都认得你，你就到天上去分辨吧！"两个悟空一齐叩头谢恩。

（4）斗到天宫见玉帝，照妖镜真假难分

两个悟空打斗来到天上，神仙们看了很久，也不能分辨，于是去见玉帝。玉帝传令让托塔李天王把照妖镜拿来，用照妖镜来分辨谁真谁假，教他俩灭真存。李天王即取镜照住，请玉帝同众神观看。镜中乃是两个孙悟空的影子，金箍衣服，毫发不差。玉帝亦辨不出，只好把他们赶出殿外。

（5）唐僧再念紧箍咒，疼痛无法辨真假

这时沙僧早已返回，向唐僧详细说了发生的事件，唐僧这才明白，是自己错怪了悟空。两个孙悟空已经打着来到他们的面前。沙僧出了个主意，自己和八戒各拉一个悟空到唐僧面前，要师父念紧箍咒，哪个人头痛哪个就是真的。唐僧答应。唐僧念起紧箍咒时，二人一齐叫苦说："我们打了这么长时间，你还要念咒整我们，不要念了，不要念了！"那唐长老遂住口不念，却也不认得真假，两个悟空依然又打了起来。这大圣道："等我与他打到阎王前折辨去也！"那行者也如此说，二人抓抓揪揪，去到森罗殿。

（6）冥府查看生死簿，谛听受命听真假

到了森罗殿，两个悟空把事情的经过说了一遍，请十殿阎王分辨真假。阴君闻言，即唤管簿判官一一从头查勘，更无假行者之名。再看毛虫文簿，那猴子一百三十条已是孙大圣幼年得道之时，大闹阴司，消死名一笔勾之，自后来凡是猴属，尽无名号。

查勘毕，当殿回报。阴君对行者道："大圣，幽冥处既无名号可查，你还需到阳间去折辨。"

地藏王菩萨，命谛听来听真假。原来那谛听是地藏菩萨经案下伏的一个兽名，可以知道世间发生的一切事情。

谛听奉地藏王的命令，趴在地上听了一会儿，对地藏王菩萨说："怪名虽有，但不可当面说破，又不能助力擒他。"地藏道："当面说出怎么？"谛听道："当面说出，恐妖精恶发，骚扰宝殿，致令阴府不安。"又问："何为不能助力擒拿？"谛听道："妖精神通，与孙大圣无二。幽冥之神，能有多少法力，故此不能擒拿。"地藏道："似这般怎生祛除？"谛听说："佛法无边。"地藏早已省悟，即对行者道："你两个形容如一，神通无二，若要辨明，须到雷音寺释迦如来那里，方得明白。"

于是两个悟空离开了阴间，腾云驾雾，边走边打，去到西天雷音寺。

（7）如来说六耳猕猴来历，钵盂显现假悟空本相

两个悟空打至雷音胜境，慌得那八大金刚、众金刚抵挡不住，直嚷至台下，跪于佛祖之前。两个悟空又把经过说了一遍，众神仙们都不能分辨，只有如来佛祖知道，正想讲明。观音来了，恳求如来分辨真假。

如来笑道："汝等法力广大，只能普阅周天之事，不能遍识周天之物，亦不能广会周天之种类也。"菩萨请示周天种类，如来道："周天之内有五仙，乃天地神人鬼；有五虫，乃蠃鳞毛羽昆。又有四猴混世，不入十类之种。"菩萨道："敢问是那四猴？"如来道："第一是灵明石猴，通变化，识天时，知地利，移星换斗。第二是赤尻马猴，晓阴阳，会人事，善出入，避死延生。第三是通臂猿猴，拿日月，缩千山，辨休咎，乾坤摩弄。第四是六耳猕猴，善聆音，能察理，知前后，万物皆明。此四猴者，不入十类之种，不达两间之名。如来佛祖观假悟空，乃六耳猕猴也。

六耳猕猴与真悟空同象同音。那猕猴闻得如来说出他的本相。胆战心惊，转身想跑。

神仙们见他要逃，一齐围上来。那六耳猕猴料着难脱，急忙摇身一变，变作只蜜蜂儿，往上就飞。如来将金钵盂撇起去，正盖着那蜂儿，落下来。大众不知，以为走了，如来笑道："大众休言，妖精未走，见在我这钵盂之下。"大众上前，把钵盂揭起，果然见了本相，是一只六耳猕猴。孙大圣忍不住，抢起铁棒，劈头一下打死，至此绝此一种。如来觉得可惜，连声说："善哉！善哉！"接着，又让观音陪悟空去见唐僧，要唐僧收留悟空。观音带着悟空驾云离开了雷音寺，不多时，到了中途草舍人家。唐僧刚刚拜谢了观音，八戒也从花果山取包袱回来，告诉大家他已经把假唐僧和假八戒打死了。

通过真假悟空的辨别过程，有以下几点启示：

（1）由于外观相同，不能从外观来直观地区别两个事物。

（2）相同的力与相同的发力手段，不能从力的大力与手段来区分两个不同的事物。

（3）当外观与力的大小相同，当两个事物具有同样的感知能力，"紧箍咒"也无法区分两个不同的事物。

（4）照妖镜只能区分出是否是妖，但不能区分两个非妖的事物。假悟空是六耳猕猴，属于四猴混世，不入十类之种。

（5）唐僧再念紧箍咒，仍然无法辨别真假悟空。

（6）冥府地藏王的谛听通过"听"能区别真假悟空，但是谛听认为幽冥之神的法力不足以擒拿假悟空，恐妖精骚扰宝殿，致令阴府不安。

（7）如来具有广博的知识，既能普阅周天之事，又能遍识周天之物，还能广会周天之种类。他细说六耳猕猴的来历，他扔钵盂盖住假悟空，钵盂展示后，六耳猕猴显现出本相。

可见，为了区分真假悟空，外观、力量大小、内在的感知能力都没能作出区分。尽管谛听能做出区分，但控制力不强，也没有让假悟空显现出来。只有如来以自己的知识和力量，借助器具——钵盂，将六耳猕猴显现出本相。

这里给我们一个重要的启示，要做出事物的区别，必须具备理论知识，又要具有使用技术控制现实的能力，缺少一个都不行。

五　哲学上的同一性

1. 古典同一性

自从巴门尼德以来，同一性问题就是一个基本的哲学问题。他将此表述为："思想和存在是同一的。"

在近代哲学中，思维与存在的对立一开始就显现出来了。康德从原则上否认思维与存在的同一性。他一方面肯定在我们之外存在着刺激我们感官的客体——"自在之物"，是超验的、彼岸的东西；另一方面，他又断言客观存在的事物——"自在之物"是不可认识的，认识所能达到的只是"自在之物"刺激我们感官而产生的感觉表象，即所谓"现象"。可见，康德本质上是否认思维与存在的同一性的。

谢林认为要使"自我"和"非我"同一，就必须有一个凌驾于二者之上，既非主体又非客体的东西，他称之为"绝对"。"绝对"是产生一切有限事物（物质和精神）的本原，并且是思维与存在、主体与客体必然同一的根据。"绝对"是思维与存在的"无差别的同一"。谢林就这样试图在客观唯心主义的基础上来构建思维与存在的同一性。

黑格尔驳斥了康德的不可知论，但不同意谢林所谓的"无差别的同一"。他把辩证法用于思维与存在同一论，论证了"绝对"是对立的统一，是矛盾发展的过程。黑格尔认为，康德哲学里的知识只是对于"现象"的知识，而关于"物自体"的知识是不可知的，这就割裂了主体与客体、思维与存在的同一。对于谢林的"无差别同一"，黑格尔则认为谢林忽略了思维的主体的能动性，没有了解到思维与存在的同一是一个矛盾发展的过程，而不是一次就可达到的无差别的同一。于是，在"绝对理念"的基础上，黑格尔肯定地回答了思维与存在的同一性问题，"绝对理念"是作为宇宙万物的"本原"，"绝对理念"则是万物的内在根据和核心。

黑格尔关于"思维与存在同一"的学说，主要包括以下三方面的内容：（1）存在即思维，没有思维以外的客观存在。（2）思维是存在的本质、灵魂；存在是思维的外化、躯壳，二者可以相互转化，并把实践引入到认识论中来论证思维与存在的同一性。理念要使客观世界同自己相符合、相一致，需要一个中介，那就是"实践"。（3）思维与存在的同一，不是一次就可以达到的同一，而是一个矛盾发展的辩证的过程。

2. 现代同一性

现代同一性问题的论述者很多，有海德格尔、尼采、维特根斯坦、胡塞尔、德里达、福柯等，但我认为现代同一性问题肇始于弗雷格，因为弗雷格在建构像"数"这样的观念对象的时候，碰到观念的同一性建构的问题，这个问题由胡塞尔的意识的统一性来加以解决。因此这里试图以"数"这种观念对象为例，发掘出一条现代"同一性"的学理上的线索，即从弗雷格同一性问题到胡塞尔的统一性问题。

一般文献都提到弗雷格对胡塞尔早期《算术哲学》中心理主义的批判，但胡塞尔在《算术哲学》中对弗雷格的批判却很少引起人的注意。

在一些数学哲学家看来，两个东西，如果在任意的判断句

中，一个都可以被另一个替代，则它们是相等的。数学家弗雷格
采用莱布尼兹的同一律作为他构造数的概念的基础，莱布尼兹给
出的定义是，能够用一个事物替代另一个事物而不改变值，这样
的事物就是相同的。

胡塞尔不赞同弗雷格对莱布尼兹同一律的运用，他认为定义
了"恒等式（identity）"（同一），但没有定义"等式（equali-
ty）"，只要存在一点儿差别，就存在一些在其中被考虑的东西不
能被替换的判断。

而弗雷格始终坚持，在逻辑中"恒等式"和"等式"之间没
有区别，他说："相等……我在'同一'的意义上运用这个词，
并且把'a = b'理解为'a 和 b 相同'或'a 与 b 叠合'的意
义。"① 弗雷格确信逻辑和语言及语法的关系太紧密了，于是他不
断改写普通语言的陈述来揭示它们真正逻辑形式。他运用两个陈
述来说明他关于相等的观点：

（1）这些线段在长度上相等（The segments are equal in
length）

（2）这些平面在颜色上相等（The surfaces are equal in color）

这两个陈述都是从一个特殊观点（长度和颜色）来考察"相
等"的，因此，弗雷格把它们改写为：

（3）这些线段的长度是相等的（The length of the segments is
equal）

（4）这些平面的颜色是相等的（The color of the surfaces is e-
qual）

他认为这些新的陈述表达一种**完全的重合**，由此"对象"
（现在是长度和颜色，代替了线段和平面）从所有观点来看都是
相等的，因此实际上是同一的。

推而广之，我们可以说：如果两个以某一种方式被给予的对

_____

① 《弗雷格哲学论著选辑》，王路译，商务印书馆 2001 年版，第 90 页，注①。

象是相等的，那么它们实际上在所有方式上都是相等的，显然这是不能成立的。

在胡塞尔看来，恒等式和等式只要还存在一点差别，我们就还存在一些不能作替换的判断，弗雷格试图改写陈述以便清除掉相等（存在一种特殊的方式在其中 x 和 y 是相等的）和相同（x 和 y 在所有方式上都相等）之间的差别。

这里就有一个根本的问题：既然不存在无性质的对象（甚至不存在任何单一性质的对象），一个相同或相等的陈述就不能是关于对象的陈述。

使胡塞尔反感的是弗雷格是对概念的外延加以定义，而不是定义概念的内涵。

胡塞尔所暗示的问题近年来已成为弗雷格难题："$a = b$"如何可能在"认识的价值方面"——即在认识的信息内容方面——不同于"$a = a$"？[①] 这个问题成为弗雷格逻辑的一部分。一般而言，一个等式可以依据如下条件被说成或真或假：（1）依据它的符号；（2）依据那些符号指称的对象（外延）；（3）依据于那些对象可能具有的性质（内涵）；（4）以上三个条件的组合。因此，对于等式的真值条件随着人们是否诉之于符号、对象或性质的变化而变化。

弗雷格认为分析陈述既能显示真又提供信息，这点不同于康德。他试图通过显示 $a = b$ 和 $a \neq b$ 来做到这一点，这样他把等式分成意义和指称。

如果两个符号"a"和"b"指称同一个东西，则"$a = b$"是真的；

如果 a 和 b 在意义上不同，则"$a = b$"提供了新的信息。

换句话说，如果我们谈论"a"和"b"的外延，那么"$a = b$"是真的当且仅当"a"和"b"具有相同的外延时。如果我们

---

① 《弗雷格哲学论著选辑》，王路译，商务印书馆 2001 年版，第 90 页。

只能谈论"a"和"b"的内涵，并且它们在意义上存在的差别，那么"a＝b"就是错误的。如果既在外延上，又在内涵上 a＝b，那么就是同语反复，如果仅在符号层面上来看 a＝b 则是荒谬的，因为符号"a"不可能以任何方式相同于符号"b"。

胡塞尔指出①，两个性质同一（恒等），如 $F \equiv G$，那么任何一个 x，如果它具有性质 F，则它具有性质 G；反过来，如果它具有性质 G，则它具有性质 F。即记为：$F \equiv G \supset (x)Fx \equiv Gx$，也就是恒等的性质产生恒等的判断。

例如，如果"单身汉 ≡ 没有结婚的男人"，那么任何一个男人是单身汉当且仅当他是一个没有结婚的男人时。但是反过来并不成立，即恒等的判断并不产生恒等的性质。因为结过婚又离婚的男人，也是当下没有结婚的男人。即是说，对于任何 x，x 具有性质 F 当且仅当 x 具有性质 G，并不能必然推出 $F \equiv G$。比如，x 是有颜色的（Fx）当且仅当 x 是有广延的（Gx），但这并不必然推出"有颜色的 ≡ 有广延的"。再如，"有心脏的动物"与"有肾脏的动物"在外延上相等，即对于任何一个动物，这个动物是有心脏的当且仅当这个动物是有肾脏的，但你不能由此得出"有心脏的"和"有肾脏的"在内涵上恒等。

胡塞尔最后的问题就是：是什么给予我们用一个内容替换另一个内容的权利？他的回答是内容的相等或同一（如 $x = y \supset Fx = Fy$），性质的一致并不能保证它们的同一。

在《逻辑研究》中，胡塞尔在传统意义上坚持种类之物的严格同一性。他说："每一个同一性都与一个种类有关，被比较之物隶属于这个种类，这个种类对于这两个事物来说都不是一个相同之物，并且也不可能只是相同之物，因为否则就无法避免最背

---

① Claire Ortiz Hill, *Word and Object in Husserl. Frege and Russell*, Ohio university Press, pp. 51－55.

谬的无穷回归。"① 胡塞尔反对将同一性定义为相同性的临界状态，他说："同一性是绝对无法定义的，但相同性却并非如此，相同性是隶属于同一个种类的诸对象的关系。"②

在《算术哲学》中，胡塞尔已经认识到"多"的统一是一个问题。在"多"被思考为"多"和"多"被思考为"一"之间存在着一种根本的差别，即使是一个最为任意的集合，如"一个感觉、一个天使、月亮、中国"在某种意义上也是一个统一的整体。这个集合的表象是一个统一体，在其中单个对象的表象是作为部分的表象被包含的。对于一个任意的集合，除了被聚集的诸项之外，还存在某种东西以某种方式在"那儿"。在胡塞尔看来，人们非常容易忽视它，除了单个内容之外，确实还有某种超出内容的东西在那儿。这种东西可以被注意到，并且它必然在所有我们说一个集合或一个多的情况下在场：即从那些单个成分到一个整体的联结。这里要注意的是聚集的整体的联结不同于非集合的整体的联结，在非集合的整体中那个联结（如一匹马的诸部分的联结）是作为同一个表象的内容的一个要素一起给予的，在这样的整体中，统一是在表象内容中直觉地可察的统一，也就是说，作为被给予的部分，它们联结成一个整体是同时被给予的。但是"聚集的联结"不是以这种同样的方式被给予的，数的统一不是一种感觉的统一，一个这样的感觉群可以被说成是具有一个感觉的统一，但是对于我们现在通过展显和比较之后确定的"多"的统一特征而言，它不是这种类型，一个数或一个聚集的统一是伴随发生的统一，而不是一个奠基的统一，它是假定了"多"的统一，而不是一个"多"首次从中产生的统一。那么一个数或一个"多"的这种随后的统一如何解释呢？

在《算术哲学》中，胡塞尔认为一个"多"或数的统一是那

---

① 胡塞尔：《逻辑研究》第二卷，第一部分，倪梁康译，上海译文出版社1998年版，第118页。

② 同上书，第118页。

些清点行为的统一，是另外一种综合的行为把那些对各项加以清点的意向行为统一起来。胡塞尔的这一解释的缺点为许多学者（特别是弗雷格）指出过，问题不在于胡塞尔把"多"和数还原到如此这般的精神实体，成为一种心理的东西。这里的问题是胡塞尔把数解释成一种奇怪的混合体，解释为部分包含那些"多"的诸项，并且部分地包含那些心理行为的整体。

在《逻辑研究》中，胡塞尔不再认为"多"的统一等同于聚集活动的统一，他开始看到"聚集的联结"本身是某种客观的东西，它的客观方式不同于感觉对象的客观方式，但它也不能与聚集活动本身的统一相混淆。

可见，胡塞尔关于数的统一最终只能在对象客体（数）上才能得到真正的统一，而不能由高阶的心理活动加以统一，高阶心理活动的统一只是数这样的表象，多束放射的意向活动（对各项清点的活动）在其意向对象（"数客体"）那儿得到统一，由此形成一种内在的超越。另外，数客体是在繁多的意向活动之变中不变的东西，或者说，通过自由变更，数客体具有不变性，因此，其同一性是自明的，正是这种同一性构成了"多"或数的统一的基础。

由此看来，胡塞尔简化了弗雷格同一性的逻辑构造问题，这种简化是在向认识论转化中实现的。由此现代"同一性"问题又由一个纯粹的客观的逻辑领域进入一个主体意识领域，甚至回转到"思维与存在同一"这一古老问题上。

概括而言，同一性问题是哲学上的一个重要问题。如果我们仅从事物之间的同一性来看，哲学上同一性问题的探讨给我们以下启示：

（1）同一不等于就是无差别的同一；

（2）同一不是一次就可达到的，而是一个矛盾的发展过程；

（3）两个事物之间的同一，可能需要一个中介——实践，即实践在同一问题中具有自身的重要地位；

(4) 事物之间的同一性, 应当从内涵与外延两个角度来认识;

(5) 即使没有绝对的完全的同一性, 但至少有家族相似的同一性。

六 物理学中的同一性问题

在经典力学中, 两个经典粒子相同, 就是指它们有相同的质量、动量、角动量等。由于两个粒子的空间坐标不可能相同, 经典粒子不可能完全相同。在量子力学中, 由于微观粒子的全同性原理, 当两个微观粒子的内禀属性相同, 这两个粒子就是相同的或者说在物理学意义上是全同的或同一的。以量子纠缠为核心的量子隐形传态等过程的出现, 又对微观粒子的同一性提出了新的意涵。比如, 一个东西 A 的重要部分从一个地方转移到另一个地方成为 B, 经过同性质的变换之后, B 成为 A_1 又具有 A "相同"的经典物理性质, 那么 A_1 与 A 是否是同一的?

在牛顿力学中, 所谓两个经典粒子的相同, 就是指它们有相同的质量、动量、角动量等。由于牛顿力学中的粒子具有不可入性, 要求两个相同的粒子具有相同的空间坐标是不可能的。由于两个粒子的空间坐标不可能相同, 时间坐标可以相当, 因此, 牛顿力学的粒子不可能完全相同。当两个经典粒子的质量、动量、角动量等相同, 它们就是在物理上相同的。考虑到电磁因素, 物理上的相同性可以增加电荷这一指标。质量、动量、角动量、电荷等都是经典粒子的内禀属性, 是决定一个粒子是不是该粒子的根本因素, 而其时空坐标 (或时空性质) 可以发生变化。

一般认为, 当两个粒子的内禀属性相同, 这两个粒子就是相同的或者说在物理学意义上是全同 (identity) 的, 或称之为全同粒子 (Identical particles), 或称之为不可分辩的粒子 (indistinguishable particles）。粒子的内禀属性是不依赖于运动状态的变化的。在狭义相对论情形下，时间与空间统一在一起，粒子处于高速运动状态，显示粒子的内禀属性的基本物理量有静质量、电荷数等。

量子力学中，把内禀属性（静质量、电荷、自旋、磁矩、寿命等）相同的粒子称为全同粒子。只要微观粒子的内禀属性相同，尽管它们可能位于不同的态，或者说具有不同的时空属性与动力学属性（如位置、动量等），物理学家还是认为它们是全同的。

比如，在量子力学中，自旋是微观粒子所具有内在性质。电子、质子、中子、光子、原子等都有自旋。有时会将自旋与经典力学中的自转相类比，如地球的自转，尽管不准确，还是可以这样类比，类比思维与形象思维是重要的创造性思维。实际上，自旋不同于自转。自转是经典物体绕着自身的轴的转动，而自旋纯粹是一个量子力学的概念，是微观粒子所固有的，没有任何经典类比。自旋取分离的值，说明微观世界是不连续的。电子在任意的空间方向上，只能取两个值，$+1/2$，$-1/2$。比如，在上下方向上，电子向上方向的自旋为 $+1/2$，沿向下方向的自旋是 $-1/2$。质子、中子的自旋也为 $1/2$。引入电子自旋这一内禀自由度后，不仅原子的磁性性质，而且原子光谱本身的一些精细结构，以及在外场下的多重分裂现象，都得到了很好的解释。电子的自旋角动量，它源于电子内部自身的性质，是一种非定域的性质，不能用经典物理进行解释。

对于全同粒子有一个全同性原理：即由于全同粒子的不可区分性，使得全同粒子所组成的体系中，两全同粒子相互交换不引起物理状态的改变。或者说，全同粒子具有交换对称性：任何可观测量，特别是哈米顿（Hamilton）量，对于任何两个粒子交换是不变的。

在量子力学中，仅有费米子和玻色子这两类基本粒子。全同粒子波函数的交换对称性与粒子的自旋有确定的联系。凡自旋为 $\hbar$ 整数倍（s = 1，2，…）的粒子，波函数是交换对称的，例如光子等，它们遵守玻色统计，称为玻色子。凡自旋为 $\hbar$ 半奇数倍（s = 1/2，3/2，…）的粒子，波函数是交换反对称的，例如电子、质子、中子等，它们遵守费米统计，称为费米子。对于全同粒子有一个泡利（Pauli）不相容原理：不容许有两个全同的费米子处于同一个单粒子态。

对于费米子或玻色子，在全同粒子系统中任意交换两个粒子，其可观察效应均不变。这就是说，量子力学中的全同粒子是指某类基本粒子之间的全同性，是从可观察性质的相同性来说的。

虽然全同粒子在量子力学中所描述的一切性质中都相同，但是它们之间可以记数。当然这种记数是整体上记数的，是可列举的，而不是可数的记数。就以两个电子组成的全同粒子系统来说，在测量中，我们能够说一个电子在第一个位置，另一个电子在第二个位置，而不能说究竟是哪一个电子在哪一个位置，比如，我们不能说电子 1 在第一个位置或第二个位置。整体上讲，我们知道，该全同粒子的系统是由两个电子组成的，可以测量该全同粒子系统的总电荷、静质量等，其中有一个电子在第一个或第二个位置，但不知道是哪一个处在第一位置或第二位置，即电子是不可以记数的，或者说，全同粒子没有序数性，但有基数性。

全同粒子的量子关联显示了微观世界是一个不可分割的整体。但是，并不能说全同粒子表明了全同粒子是完全相同的，而是揭示了全同粒子的相对可分性，或者说，是在整体意义上的可分离性。因为对于两个全同粒子来说，整体讲是两个全同粒子，而不是三个或一个，这就是一个粒子个数在整体上的区分性。整体意义上的可分离性，是指相关联的整体仍是由两个粒子所组成的，但不能从部分指明哪一个粒子究竟是哪一个。正如 H. 外尔所说的：对于两个全同粒子来说，在量子情况下，你不可以说哪一个是哪一个，即不能指明粒子究竟是哪一个。[①] 可见，全同粒子的可分离性不同于经典意义上的可分离性，但在整体上可分离性还是有意义的。

部分（或个体）意义上的可分离性，是指该系统中的每一个粒子都是可分辨的，能够指明哪一个粒子是哪一个。因此，我们认为，量子力学中的全同粒子是具有整体上的可分离性，而不是部分（或个体）意义上的可分离性。

这实际上反映了全同粒子组成的系统中，整体与部分的关系。在量子力学中，部分具有整体的性质，但是，又具有一个部分性。

我们知道，在系统论中，整体与部分有两种基本关系，一是整体不等于部分之和；另一种是整体等于部分之和。显然，全同粒子组成的系统，显示出整体与部分之间的复杂关系，一方面，就总电荷和静质量来说，整体等于部分之和，这一性质区分出电子全同粒子不同于质子全同粒子；另一方面，整体不等于部分之和，或者说，整体与部分之间发生强关联，对其中一部分的测量将影响到另一部分的状态。

考察同一性问题，必然涉及莱布尼兹的不可分辨的同一性原理 PII（Principle of the Identity of Indiscernibles）。莱布尼兹在其哲学中有一个重要的充足理由原理（Principle of Sufficient Reason），该原理可以简单表达为：事物以这种方式存在而不是另一种方式，必定有充足的理由。[②] 虽然库萨的尼古拉（Nicholas of Cusa）在莱布尼兹之前提出了不可分辨的同一性原理 PII，但是，莱布

---

① Weyl, H., 1931, *The Theory of Groups and Quantum Mechanics*, London: Methuen and Co.; English trans. 2nd ed.

② Leibniz, Gottfried Wilhelm. *G. W. Leibniz's Monadology: an edition for students*, Nicholas Rescher (Trans.). Pittsburgh: U. of Pittsburgh Press, 1991, p. 1720.

尼兹发现了 PII 是次于他自己的充足理由原理。[1] 他认为："没有两个个体是无法分辨的。""设置两件无法分辨的事物，就是在两个名称下设置同一件事物。"[2]

一般来说，不可分辨的同一性原理 PII 有三种不同强度的形式：弱形式的 PII（1），具有所有的共同性质和关系的两个个体是不可能的；较强形式的 PII（2），在 PII（1）情况下，排除其时空性质；最强形式的 PII（3），没有两个个体能够具有相同的个体的性质。[3] PII（2）与 PII（3）明显违反了经典物理；PII（1）是不违反经典物理的，比如在统计物理学中，时空轨道是不能相交的。

范·弗拉森提出了量子力学的模态解释，[4] 从这一前提出发，他认为 PII（2）可以保留。他区分了"值态"（Value State，观察量有其值且是其所是，它强调系统的可观测量是否存在值和值是多少）与"动力学态"（Dynamic State，它是由系统如何演化所指定，比如按薛定谔方程演化）。动力学态是决定论的，由薛定谔方程所决定；而值态不可预测，仅在动力学态所需规定的极限内。也有学者把动力学态称为理论态（Theoretical State），把值态称为事件态（State of Affairs）。Dieks 将它们分别称作数学态（Mathematical State）和物理态（Physical State），等等。本文将采用范·弗拉森的说法，按薛定谔方程演化的态称之为动力学态，而将系统的某一观察量具体处于某一个值的系统的态，称之为值态，此时的可观测量已获得经典数值。20 世纪 90 年代后期，

[1] Leibniz, Gottfried Wilhelm. *G. W. Leibniz's Monadology: an edition for students*, Nicholas Rescher (Trans.). Pittsburgh: U. of Pittsburgh Press, 1991, p. 1720.

[2] 《莱布尼茨与克拉克论战书信集》，陈修斋译，商务印书馆 1996 年版，第 29、30 页。

[3] Steven French, Identity and Individuality in Quantum Theory. http://plato.stanford.edu/entries/qt-idind/.

[4] van Fraassen, B., *Quantum Mechanics: An Empiricist View*, Oxford: Oxford University Press. 1991.

范·弗拉森模态解释理论的核心思想已得到一大批物理学家和物理学哲学家的支持，发展成为较为稳定的研究模式，模态解释已成为量子力学解释的一个有竞争力的研究方向。

在模态解释中，必须要区分微观系统的态的性质。在量子力学的体系中严格区分了在测量中表达不同性质的量子态。

（1）微观系统 X 在时刻 t 处于态 S，称系统 X 有态 S：X $\rightarrow S_t$；

（2）微观系统 X 的某一可观测量 B 在时刻 t 有值 b：X$\rightarrow B_t =$ b。

第一种情况描述的是系统 X 在时刻 t 的存在状态，它是客观存在的，它将按照薛定愕方程决定性地演化；第二种情况描述的是系统 X 的某一可观测量在时刻 t 所具有的值，它表明系统的可观测量是否存在值和值是多少。

动力学态表明了微观系统的存在性，是存在者的存在；而事件态表明了微观系统的某一个可观察量在某一时刻处于某一个值上，是存在者，是存在意义下的存在者。存在者应当显现自己之所是，即自己的独特的值，具有某一数值。

事件态（值态）分为可能事件态和实际事件态。量子力学的态是由一组本征态迭加而成的，每一种本征态的出现都是"可能的"，而每一个本征态都对应于一个确定的值，称之为可能事件态；而测量的结果只能是该组本征态中任何一个本征态所对应的本征值，每一个本征态的出现有一定的几率，但每一次的出现又是决定性的，具有唯一性，称之为实际事件态，这种实际事件态具有经典可测量性。经过量子力学的测量，微观系统的态由多元的可能事件态突变为唯一的实际事件态。模态逻辑在明确区分两种态的基础上，合理地引进了模态逻辑方法，较好地解决了态之间的转化难题。

在模态逻辑中，狭义的模态（modal）是指事物或认识的必然性和可能性这类性质。广义的模态是指，除了必然和可能，模态还指知道、相信、应该、允许、过去、将来等性质或状态。在模态逻辑表达中，一般用◇表示可能，用□表示必然。

按模态逻辑，我们看如下的例子：

P1：量子态可能处于 $|\psi_1>$；

P2：量子态必然处于 $|\psi_1>$；

P3：量子态处于 $|\psi_1>$。

P1 是可能命题，P2 是必然命题，两者都是模态命题；P3 是实然命题。它们有一个简单的模态关系：P1 = ◇P3，P2 = □P3。

按照模态逻辑命题的有关推导关系[①]，有如下的模态推理关系。其有效式有：□P→P，P→◇P，□P→◇P，¬◇p→¬p，¬p→¬□p，¬◇p→¬□p 等。其意思是：

□P→P 表示：凡是必然的都是现实的；

P→◇P 表示：凡是现实的都是可能的；

□P→◇P 表示：凡是必然的都是可能的；

¬◇p→¬p 表示：凡不具有可能性的都不具有现实性；

¬p→¬□p 表示：凡不具有现实性的都不具有必然性；

¬◇p→¬□p 表示：凡不具有可能性的都不具有现实性。

对于◇P→P，P→□P，并不是总是有效的，但在一定条件下是可以满足的。上述公式也可以找到满足一定关系条件的模型类，使得这些公式在该模型类的每一模型的每一可能世界中为真。[②]

于是得到有效式：P3→P1 和 P2→P1；

还有非有效但满足式 P1→P3。

测量是一种模态的演化，即 P1→P3 或◇P→P。即把测量看成一种模态逻辑的演化。从模态逻辑来看，动力学态的演化与测量无关，不论是否被测量，动力学态永远遵从薛定谔方程，且符

① 梁彪：《逻辑哲学初步》，广东人民出版社 2002 年版，第 60—63 页。

② 中国人民大学哲学院逻辑学教研室编：《逻辑学》，中国人民大学出版社 2009 年版，第 172 页。

合模态逻辑规则。而冯·诺依曼的解释则认为，动力学态的演化与测量有关，经过测量之后，微观系统将发生波包扁缩。

在冯·诺依曼的解释中，有波包扁缩，即是非决定性的非因果关系。而在模态解释中，不存在波包扁缩问题，其理由是：**波包扁缩就是从可能命题变为实然命题**，在模态逻辑来看，可能命题与实然命题**之间是一个模态关系**，或动力学态与值态之间是一个模态关系，或者说，从动力学态通过模态逻辑转变为值态，即 $\Diamond P \to P$，即是一个模态逻辑关系，只不过不是原来的逻辑，而是模态逻辑，或者说，动力学态与值态是概率因果的、非完全决定论的关系。

从"可能"到"实然"是可能满足，但不能说永远有效。在模态解释看来，两种态的关系是模态关系。即动力学态（理论态、数学态）与值态（事件态、物理态）是模态关系。

详细说来，（1）微观系统顺着时间演化，从可能命题到实然命题，这不是有效的，但是可以满足的，即 $\Diamond P \to P$。

（2）逆着时间演化，从实然命题到可能命题，这是有效的，即 $P \to \Diamond P$。这就是说，根据测量的实际结果，即值态的可测物理量的实际值，我们可以根据模态关系回溯到动力学态可能值。

可见，从顺时间与逆时间来看，微观系统的演化都可以在模态逻辑中得到说明，即它们的变化是符合模态逻辑的。在模态解释看来，原有的波包扁缩是不存在的，只不过是遵循模态逻辑的演化而已。

这里要强调的是，即使测量后，在模态解释看来，微观系统仍然按薛定谔方程决定论的演化，并没有波包扁缩发生。范·弗拉森坚持**微观系统始终按薛定谔方程决定性地演化**（无论是否作了测量，**微观系统的动力学态始终不变**），遵循冯·诺伊曼的主要数学处理方法。

显然，我们可以将动力学态与值态看做是微观系统的态在演化过程中的不同显现，动力学态与值态是微观系统是否与测量仪器进行相互作用所产生的不同的态，都是微观系统的态在不同语境下的显现。如果动力学态与值态有共同的统一的不变的东西，那么，这共同的不变的东西就是两种态的本质。由于值态是微观系统与测量仪器相互作用之后得到的，也就是，动力学态与测量仪器作用后得到的结果，显然，动力学态更为基本，值态可以根据模态关系回溯到动力学态。

当动力学态在不同时刻受到同一仪器的测量，得到的是时间序列上的值态，揭示的是**动力学态的本征值的结构**。从这两个方面来看，**动力学态比值态更基本、更原初，而且动力学态具有结构**。

量子测量是一种模态演化，它克服了冯·诺伊曼的解释规则和投影假设。在模态解释中有两种态的变化。动力学态（理论态）的演化与测量无关，永远遵循薛定谔方程作决定性演化，动力学态自身在整个测量进程中始终没有发生塌缩，且符合模态逻辑规则。模态解释中的动力学态的演化与冯·诺伊曼解释中的态的第一种演化完全相同，即按薛定谔方程决定性地演化。冯·诺伊曼解释中的态的第二种非决定性的非因果突变或波包扁缩，在模态解释中是不需要的。从测量结果的仪器指针所显示的确定值，可运用模态关系回溯到理论态的可能值。

在玻姆的隐变量理论看来，电子是由量子势所导引的真实粒子。作用在粒子上的不仅有经典势 V（x），还有附加的量子势 Q。粒子受到具有涨落性的量子势的作用，粒子运动不会遵循一条完全规则的轨道。由于玻姆量子力学支持微观粒子的个体性，有时空轨道，因此，玻姆隐变量理论中的微观粒子是可以区分的。

不可分辨性与个体性应当不一样。有的学者认为，一个物体的个体性已用存在的个体性或原初此性（haecceity 或 primitive *thisness*）来表达。[1]

哲学家把拥有一切相同特性的两个客体称为不可区分客体，称之为哲学全同性。在严格相同的性质上，没有两个个体是绝对不可分辨的或不可识别的。只有事物自身的同一，而且就是此时此地，即 a = a。如果 a = b 是完全相同的，这是不可能的，因为即使 a 与 b 的所有都相同，便毕竟这两个字母还不相同，符号与所指并不同一。

在量子力学中，微观粒子的交换不会看作新的排列，因为任何测量都不能在排列前与排列后的状态函数之间作出区别，这就是**不可分辨假设**，其实质上是经典**几率**上的不可分辨性。在量子力学情况下，不是粒子的个体性的缺乏，而是状态是可接近的或易受影响的。相对于经典状态的粒子个体性来说，量子力学有不同状态描述，这也是一种个体性。

虽然量子力学中的全同粒子不能由时空性质来加以区分，但是可以有区分的。比如，从其演化历史来区分或从整体上即自然物类来区分：这一类微观粒子不同于另一类微观粒子。比如，电子类不同于质子类。

事实上，尽管描述微观粒子的量子态或几率幅不同于经典粒子，但是，量子态还是可以分辨的，并且可以用态距离定量计算。这就是说，微观粒子的状态仍然具有个体性的某些特点。

七　量子纠缠中的同一性问题

在量子信息论中，已引入了态距离来判断两个量子态之间的距离。为了表示两个态之间的距离，定义距离函数 D（distance

---

[1] Adams, R., Primitive Thisness and Primitive Identity, *Journal of Philosophy*, 1979, 76: pp. 5 – 26.

function）[1]

$$D\left(\rho_1, \rho_2\right) = \frac{1}{\sqrt{2}}\sqrt{Tr\left(\rho_1 - \rho_2\right)^2}$$

其中 ρ_1、ρ_2 表示粒子 1 与粒子 2 的密度矩阵。Tr 表示求迹，就是矩阵的对角元之和。简单地讲，如果波函数为 $|\psi>$，那么，它对应的密度矩阵为 $\rho = |\psi><\psi|$。在量子力学与量子场论中，密度矩阵比波函数有更大的抽象性与有用性。

态距离表明了两个量子态之间相似程度。若两个态之间的距离 D 的值为零，则两个态之间相似或相重叠；若两个态之间的距离 D 的值为 1，则两个态之间完全不同，是完全可以分辨的。对于正交的归一化态矢，它们相互垂直，是完全不同的态，距离为 1，是完全可以分辨的态。比如，在 II 类自发参量下转换中，形成的光子的偏振方向是相互垂直的，可见，偏振纠缠双光子对是相互正交的，它们就是完全可以分辨的。在实验中，量子比特的物理载体是任何两态的量子系统。在现实物理中，$|0>$ 与 $|1>$ 就表示两个量子态。常见的有：光子的正交偏振态、电子或原子核的自旋、原子或量子点的能级、任何量子系统的空间模式等。显然，对于各种实验用的量子比特的正交态，它们的态距离为 1，是完全可以分辨的。

同样，处于纠缠中的两个粒子（或多个粒子）是不相同的，尽管它们是纠缠在一起的，然而不能认为这两个粒子就是一个东西、就是处于希尔伯特空间中的同一位置。

为此，我们定义：量子通道的量子长度就是态距离，当然这是内部长度，同样具有实在性。因此，当量子信息从一个量子态传递到另一个量子态，如果它们之间的态距离不为零，那么，量子信息的传递必须经过量子态距离才能从一个态传递到另一个态。两个纠缠的量子态之间总有态距离存在。

---

[1] Ludwig Knöll, Arkadiusz Orlowski, Distance Between Density Operators: Application to The Jaynes-Cummings Model [J]. *Phys. Rev. A*, 1995, 51: pp. 1622 – 1630.

我们将从量子隐形传态的过程，来具体分析微观粒子的同一性问题。维也纳大学实验物理学院的著名量子信息专家塞林格（A. Zeilinger）认为，量子隐形传态"这个问题引出了一个在哲学上具有更深奥意义的问题，即我们所谓同一性的问题"。且他认为，"同一性的意义不过如此：在所有特性上都相同"。[①]

在前述量子隐形传态实验中，获得未知光子 1 状态的光子 3 与原来的光子 1 是不是同一的（在其他实验中，可以是粒子的自旋等）？

光子 3 与光子 1 有相同的自旋，光子 3 与光子 1 就是全同粒子；它们又有相同的偏振，我们认为，光子 3 与光子 1 具有的内部状态完全相同。但是，二者的动力学特性或外部时空状态并不相同，因为从外部时空来看，光子 1 与光子 3 有不同的演化过程和路径。因此，只能说光子 3 获得了未知光子 1 的相同内部状态，但并不是未知光子 1 本身。

我们认为，所谓量子力学的全同粒子是对同一量子系统来说的，对于不同量子系统中同类粒子不具有全同性。日本学者广松涉认为："同类基本粒子之间是没有区别、不具有自我同一性的。"[②] 实际上，这说明了，同类基本粒子的全同性是由量子系统的**整体性**所给予的，是类别同一性，而不是粒子自身具有自我同一性。

量子力学的全同性，是内部空间中的全同性，而没有考虑动力学特性或外部空间对全同性的识别或分辨作用。微观客体的动力学属性是暂时的、派生的、依赖于态的。

一般来说，微观粒子是否同一，还可以考察其**演化历史**是否同一？是静态的同一还是动态的同一？是状态的同一，还是过程的同一？简言之，我们认为，同一性可以分为状态同一、过程同

---

① Anton Zeilinger：《量子移物》，《科学》（中译本）2000 年第 7 期。
② ［日］广松涉：《事的世界观的前哨》，南京大学出版社 2003 年版，第 187 页。

一；同一性可以分为内在同一与外在同一。

在量子隐形传态实验中，光子 3 与光子 1 具有不同的经典路径和过程，尽管其自旋与偏振相同，仍然不具有性质同一或哲学全同性。事实上，当光子 3 获得了光子 1 的量子信息，光子 1 就转换为与光子 2 相纠缠的光子 1'，这里的光子 1' 与光子 1 是不相同的。光子 3 与光子 1 仅是内在同一（状态同一，整体上的同一），而不具有外在同一。虽然我们从量子态来描述光子，即是从内部时空来描述的，但是，实验中的光子又在经典时空中运行和演化，光子 1 与光子 3 的演化过程不可能在经典时空中相同，因此光子不具有外在同一性或者是可分辨的。

光子本身是内在性质和外在性质的统一。从这一意义上，光子是内在同一的，而不具有外在同一性，或者说，光子是同一性与可分辨性的统一。推而广之，微观粒子是同一性与可分辨性的统一。

第 五 章

因果性有没有界限？

为什么因果关系如此重要？休谟认为："能够引导超出我们记忆和感官的直接印象以外的对象间的唯一联系或关系，就是因果关系；因为这是可以作为我们从一个对象推到另一个对象的正确推断的唯一关系。"[1] 这就是说，超过我们的感知能力，因果关系是我们认识世界、进行推理的重要方法，也是我们唯一可以信赖的方法。因果性表现为有原因才有结果，不可能结果在先。经典物理具有因果性。客观世界具有因果性是人们认识客观世界的重要前提之一，也是理性得以可能的前提之一。从狭义相对论来看，一般认为，信息传递的最大速度为光速，否则将违反因果性。但是，经典物理的因果性未必一定能推演到量子物理中，包括其有信息传递的速度不超过光速。本章除对一般性的因果性做出评价之外，还将具体探讨在量子隐形传态过程中的因果性问题，这将深化我们对因果性的认识。

一　近距作用与定域性

爱因斯坦的狭义相对论理论告诉我们，真空中光的传播速度

---

① 休谟：《人性论》，关文运译，商务印书馆 1980 年版，第 107 页。

是一切信息传播的极限速度，不管以任何参照系进行观察，光速的试验测定值都是一样的。光速这个速度值限定了可观察宇宙的范围。光速也成为限定因果性的重要因素。之所以要求物理相互作用的传递速度不超过光速，这也是近代物理学对相互作用认识的结果。

17世纪，牛顿发现了万有引力定律和三大力学定律，把天上和地上物体的运动联系起来了，最终建立了经典力学的理论体系。但是，牛顿力学的建立一开始就孕育着矛盾，其中之一就是万有引力定律面临着困难，即由于推迟效应，牛顿第三定律与万有引力定律发生了冲突。为解决这一问题，牛顿提出了一个假说：万有引力是一种瞬时的、超距作用力，力的传递不需要任何时间，无须以太作为力的传播媒质。由于电荷之间相互作用的库仑力与万有引力公式在形式上极其相似，因此，库仑力的解释也沿用了牛顿的超距作用力假设，电与磁、磁与磁的相互作用也作了同样的处理。

实验物理学家法拉第第一个抛弃了超距作用观点，他引入了"场"的概念，认为相互作用是通过"场"来传递的。著名物理学家麦克斯韦继承了法拉第的"场"的思想，提出一整套麦克斯韦方程组，建立了较完美的经典电磁理论，实现了物理学的第一次统一。麦克斯韦论证了光也是一种电磁波。

人们认识到机械波必须依靠力学媒质来传播，那么，光波也必须依靠光学媒质来传播。这种介质是什么？物理学家想到了古希腊哲学家的"以太"思想，认为必然存在一种看不见的传光介质即"以太"，凡是有电磁波的地方，一定有以太，所以它无所不在，电磁波（光）在以太中的传播速度大约为30万千米/秒，像一切机械波一样，这种速度值和光源的运动无关，只决定于以太的性质。认为宇宙中无论任何地方、在任何物体内都充满了以太，以太被视为描述万物运动的绝对参照系。

然而，1887年，著名的迈克尔逊—莫雷实验事实宣告了"以太"不存在，由此轰动了整个科学界。尽管后来有人又做了许多不同的实验和繁琐而勉强的解释，但都于事无补。

爱因斯坦狭义相对论的建立否定了作为绝对参照系的以太的存在，但是后来爱因斯坦在用场论观点研究引力现象时，却意识到空无一物的真空是有问题的，并指出真空是引力场的某种特殊状态。量子力学的创立者之一狄拉克认为真空是充满负能态的电子海洋，真空是能量最低态。

到目前为止，物理学已发现，粒子主要有两大类，即：物质粒子——构成物质的主要成分［夸克和轻子（如电子等）］；规范粒子——作用力的传递者。此外，还有希格斯（Higgs）粒子、磁单极子等。希格斯粒子是粒子质量产生的根源。各种相互作用力的传递就是通过规范粒子来实现的。

总之，近代物理学确立了：物质之间的相互作用都是近距作用（即不超过光速），而不是超距作用（即不需要时间）。在宏观物理学中，由于大部分相互作用是电磁相互作用，其力的传递者是光子，其传递速度就是光速，因而人们感觉到力的传递好像不需要时间。近距相互作用就是定域相互作用，即物理事件之间的相互作用是从自身周围逐渐向外扩展。

近距相互作用是量子场论的基本观点。一个相互作用物理过程，如果它的进行依赖于时空变数并且只和当时当地的时空变数（至多包含无限小邻域）有关，就称它为定域的物理过程。[①] 两个粒子 a 与 b 的相互作用，按照量子场论的观点，正比于它们（与粒子相联系）量子场 $A(x)$ 与 $B(x)$（或其导数）的乘积，这就是说，时空点 x 处的相互作用只依赖于 x 点的 $A(x)$ 与 $B(x)$（及 x 点的无限小邻域），而与 x' 点的 $A(x')$ 与 $B(x')$ 无关，这就是定域相互作用。

非定域性就是时空点 x 处的相互作用不仅仅依赖于 x 点的 A

①　张永德：《量子信息论》，华中师范大学出版社 2002 年版，第 9 页。

(x) 与 $B(x)$（及 x 点的无限小邻域），还与 x' 点的 $A(x')$ 与 B (x') 有关。或者时空点 x 处的相互作用仅与 x' 点的 $A(x')$ 与 B (x') 有关，而与 x 点的 $A(x)$ 与 $B(x)$ 无关，即满足非定域相互作用。

一般来说，定域性主要是对力而言的，非定域性也是对力而言的，但是，基本粒子理论告诉我们，量子场通过交换粒子（如电磁相互作用交换光子，弱作用交换 W^{+-}、Z^0粒子等）进行相互作用。不准确地讲，非定域相互作用就是相互作用的传递速度超过光速。或者按一般观点说，定域相互作用满足因果性要求，而非定域性与因果性相矛盾。

但是，因果关系并不简单，而是相当复杂的。在因果关系中，什么是原因，什么是结果，它们是指一个时刻，还是一个时段，原因与结果之间有没有能量或信息的传递等，都需要仔细地研究。

二　过程与事件：审视事物的新视角

在关于世界的基本要素问题上，以怀特海为代表的哲学家们认为，与实体相比较，事件才是基本的，实体可以还原为事件。把事件或过程，而不是实体看作是世界的基本要素，是西方哲学思维方式的一次根本转变。怀特海认为："必须从事件出发，把事件当成自然事物的终极单位。事件与一切存在都相关，尤其与其他事件相关。"[1] 他克服传统西方哲学的实体主义和主客二元对立的思想方式，把世界看做一个统一的机体和过程。在他看来，世界就是一个过程，事件世界中的一切都处于变化的过程之中，各种事件的综合统一构成有机体，机体的基本特征就是活动，活

---

[1]　怀德海：《科学与近代世界》，商务印书馆 1959 年版，第 100 页。

动表现为过程，因此整个世界就表现为活动的过程。简言之，世界就是过程，过程就是实在①。其实，恩格斯早就曾说过："世界不是一成不变的事物的集合体，而是过程的集合体。""一个运动是另一个运动的核心。"②

在物理学中以事件作为基本的本体论概念，最初也是源于柏格森和怀特海的相关论述。卡皮克（M. Capek）和斯塔普（H. P. Stapp）两人发展了由柏格森和怀特海提出的观点。

其中，卡皮克讨论了在物理学中③，粒子概念的应用遇到的困难和不足，并强调在批判粒子概念的同时还应对时间、空间、运动以及因果性等概念进行深入的考察和修正。他认为，"事件概念更适用于被作为基本本体，一个粒子则可以看作是一个事件串（a string of events）"。

斯塔普则主张，由怀特海所提出的（基于事件概念的）世界模型提供了一个可以应用到量子力学的哲学理论框架。怀特海的过程神学认为④，相对论与量子力学只看到实在世界的很小一部分。存在应当摆脱时空坐标。存在是绝对的，是本原的，而时空是派生的，存在在逻辑上先于时空。每个事件都在基本的生成过程中有绝对的先后次序，类空事件也是如此。事件发生的次序并不需要任何特定的时间次序重合。在类空事件中，测量 A 的行为在本体上先于 B 事件出现，即是说，A 与 B 之间的超光速联系使 B 依赖于先前事件 A 的发生。

---

① 杨富斌：《怀特海的过程哲学与中国哲学：从过程的视角看》2005 年第 4 期，第 68—72 页。

② 《马克思恩格斯选集》第 4 卷，第 240 页。

③ M. Capek：The Philosophical Impact of Contemporary Physics（D. Van Nostrand, Princeton, N. J., 1961）. and M. Capek：Particles or events? in *Physical Sciences and History of Physics*, edited by R. S. Cohex and M. W. Wartofsky（Reidel, Boston, Mass., 1984）：1.

④ H. P. Stapp, Theory of Reality, *Found. Phys.* 1977,（7）：313 – 323. Stapp, H. P.（1979）："Whiteheadian Approach to Quantum Theory and Generalized Bell's Theorem". *Found. Phys.* 9：pp. 1 – 25.

关于事件理论在物理学这一理论进路所建立的理论框架的基本观点，威普尔（E. C. Whipple）总结了三点[①]：

（1）事件是基本的。我们得到粒子实体的概念是由事件的聚集（aggregate）的稳定形态而来。

（2）事件不是完全决定了的，而是以先在的事件为条件的。每一事件都是从多种多样的可能性中得出的生成性的选择。因此，"事件理论"将不是关于通常决定论意义上的隐含可能性的理论。

（3）时空不具有独立的实在性，而是在某种程度上由事件来定义的。特别地，时空不是物质的"容器"。

威普尔还说，迄今为止除了斯塔普的工作以外，还没有相关研究将上述的观念发展为一个同我们现在对实在的理解相联系的方案，更不用说形成一个能够进行真实计算的模型了。

因此，在现阶段，所需要做的工作是，展示这些观念在未来将会是富有成果的，展示构建一个理论框架，在这一框架里能够包括同现在的物理学联系起来的被承认的观点。J. B. 科布认为[②]，在二十世纪的物理学的新进展是，当代物理学的材料呼吁根据一种事件哲学来进行解释。本章也正是沿着这一进路所进行的一个探索。

三　INUS 模型和萨普斯模型

在《人性论》中，休谟将"因果接近、原因在先和因果恒常会合"作为因果关系成立的三个条件；

---

① E. C. Whipple, Events as Fundamental Entities in Physics, in II *Nuovo Cimento A* (1971 –1996), Vol. 92, No. 3, 1986, Italian Physical Society, pp. 309 – 327.

② J. B. 科布：《怀特海哲学和建设性的后现代性》，《世界哲学》2003 年第 1 期，第 31—39 页。

第一，因果接近关系。"我发现，凡是被认为原因或结果的那些对象总是接近的；任何东西在离开了一点它的存在的时间或地点后，便不能发生作用"，"互相远隔的对象虽然似乎有时互相产生，可是一经考察，它们往往会被发现是由一连串原因联系起来的，这些原因本身是互相接近的，并和那些远隔的对象也是接近的"。①

第二，接续关系。原因与结果的必要条件的第二种关系：在时间上因先于果的关系。

第三，因果恒常会合。即因和果之间的必然联系。"我们根本想不到、而完全在研究其他题目的时候，却不知不觉地发现了因果之间的一个新关系。这个关系就是它们的恒常结合（constant conjunction）。接近和持续并不足以使我们断言任何两个对象是因和果，除非我们觉察到，在若干例子中这两种关系都是保持着的。"② 在《人性论》中，休谟对于这一"必然的联系"的考察引出了哲学史上著名的"休谟问题"。为解决休谟问题，后人提出了多种解决方案，包括以康德为代表的先验主义解决方案，以罗素为代表的公设解决方案，逻辑实证主义者卡尔纳普的归纳逻辑理论，以波普尔为代表的"假说—演绎"解决方案，以及以莱辛巴赫为代表的实用的解决方案等。

在当代，从本体论和自然哲学角度研究因果性问题，主要有三个学派：作用学派、条件学派和概率学派，每个学派相应的有一个代表性的关于因果关系的模型，分别是邦格的状态空间模型、马基的 INUS 条件模型以及萨普斯的概率因果模型③。

---

① 休谟著：《人性论》，关文运译，商务印书馆 1980 年版，第 91 页。
② 同上书，第 105 页。
③ 张华夏：《关于因果性的本体论和自然哲学》，《自然辩证法通讯》1996 年第 4 期。

1. 马基的 INUS 条件模型

马基将因果看作事件，从条件逻辑上分析因果关系，将原因理解为结果出现的"一个非必要的充分条件中的一个非充分而必要的部分（an insufficient but necessary part of a condition which is itself unnecessary but sufficient）"[①]，取其中的四个关键词：insufficient；necessary；unnecessary；sufficient 的第一个字母，就是所谓的 INUS 条件。

举例而言，一所房子失火，可能有很多原因。比如，可能是以下一组条件 A：

（1）电路短路；

（2）电线附近有易燃物；

（3）着火点附近没有自动救火装置。

也可能是另外一组原因 B：

（1）吸烟者丢弃烟头；

（2）烟头落点有易燃物。

而专家经过分析，得出结论说是由于电路短路。那么，"电路短路"这一事件究竟是"房子失火"这一结果的什么条件呢？

首先，A 组条件是"房子失火"的一组充分条件，而非必要的。因为导致"房子失火"也可能是 B 组条件，所以 A 组条件是结果的一组"非必要但充分条件"。其次，"电路短路"只是 A 这一组充分条件中的一个部分，而且是一个非充分但必要的部分。因为单"电路短路"并不能构成"房子失火"的充分原因，但同时 A 组里没有"电路短路"也不能构成"房子失火"的充分原因，因而"电路短路"是必要的。所以"电路短路"是

---

① J. L. Mackie, *The Cement of the Universe：A Study of Causation.* Oxford：Oxford University Press, 1974, p. 62.

"房子失火"这一结果的"一个非必要但充分的条件中的一个非充分但必要的部分"，即是结果的 INUS 条件。

将 INUS 条件作某种形式化的表述就是：设有一定的事件 A、B、$\bar{C}$ 分别表示各个 INUS 条件。例如用 A 代表电路短路，B 代表易燃物体，$\bar{C}$ 代表着火点附近没有自动救火装置（这里 $\bar{C}$ 上的一横表示负的条件）。它们的合取构成某结果 P 出现的一组充分条件。因为其组成因素都是 INUS 条件，所以不包含多余的充分必要因素，我们称它们为事件 P 的最小充分条件。

但是一个结果的出现，可能是其他一组充分条件引起的。因而不能排除其他的最小充分条件的存在。我们可以用 $DE\bar{F}$ 或 $GH\bar{I}$ 等表示这些最小充分条件组，也就是异因同果问题。

则，全部最小充分条件的析取即是结果 P 出现的充分必要条件。即：

$$AB\bar{C} \vee DE\bar{F} \vee GH\bar{I} \cdots\cdots \leftrightarrow P$$

这里的 $\vee$ 表示这些最小充分条件不必同时出现，也可以同时出现。用 X 表示最小充分条件中与合取的各项，用 Y 表示其余各最小充分条件项，则上式可简化为：

$$(A \wedge X) \vee Y \leftrightarrow P$$

这样 INUS 条件就可以定义为：

A 是结果 P 的 INUS 条件，当且仅当对于某些 A 和某些 Y，$(A \wedge X) \vee Y$ 是 P 的充要条件。A 是 P 的 INUS 条件简记为：$A \in INUS\ (P)$。

从历史上看，INUS 模型继承了霍布士"一起结果的原因，都在于动作者与被动者双方面之中的某些偶性。这些偶性全部出现了的时候就产生结果；但是如果其中缺少了其中一个，结果就不产生"[①] 的观点。马基模型的优点是，它"将必要原因论、充分原因论和充要原因论都作为特例包含进他的因果概念分

---

① 《十六—十八世纪西欧各国哲学》，商务印书馆 1975 年版，第 87 页。

析中了"①，从而能够对因果之间的条件关系进行比较完善的分析。其缺点则是"完全无法对因果关系中的'引起'这一关键词进行分析。由此带来的后果是，它既不能表征物质客体之间的作用，也不能表征因果关系的时空特征"②。

2. 萨普斯的概率模型

萨普斯（P. Suppes）认为，原因就是使事件概率化的任何东西。该模型的基本思想是：因果关系可以归结为一种特殊的概率关系。若在 t 时刻有一事件 A，在 t' 时刻有一事件 B，只要发生 B 的绝对概率 $P \langle B \rangle$ 和在有 A 以后发生 B 的条件概率 $P \langle B | A \rangle$ 满足：

$$P \langle B | A \rangle > P \langle B \rangle$$

则我们可以说，A 是 B 的可以受理的初步原因，当一个原因产生其效应的概率等于 1，这个原因就可以定义为充足原因或决定原因。

萨普斯的整个因果理论建立在概率演算基础之上，唯一默认的假设是"影响在效应之前"，甚至没有作"每一件事总有某件原因"的假设。可以说，萨普斯的理论是休谟观点的现代版本，即，因果联系是常在的接合或交替持续③。

邦格对萨普斯的此观点批评说④，萨普斯像休谟一样把因果关系同偶然持续关系混为一谈。按萨普斯的观点，可以合乎逻辑

① 张华夏：《因果性究竟是什么？》，《中山大学学报》（社会科学版）1992 年第 1 期。

② 张志林：《因果关系的状态空间模型》，《自然辩证法通讯》1996 年第 1 期，第 7—13 页。

③ 楼格：《因果关系评述》，载孙小礼、楼格主编《人 社会 自然》，北京大学出版社 1988 年版，第 180 页。

④ 转自张志林《因果关系的状态空间模型》，《自然辩证法通讯》1996 年第 1 期，第 7—13 页。

地说：我房间里气压表读数正在下降（事件 A）是外面正在下雨（事件 B）的原因，因为 A 与 B 之间有恒常的接合和持续关系，并且 $P\langle B\mid A\rangle>P\langle B\rangle$。

从该模型的描述中可以看出，它同样无法对因果关系中的"引起"这一关键词进行分析。由此带来的后果是，它既不能表征物质客体之间的作用，也不能表征因果关系的时空特征。

张志林认为："马基模型和萨普斯模型不能合理地表征因果关系的要害在于它们忽视了物质客体之间的相互作用。"① 而因果关系的第三个模型——邦格的状态空间模型正是将相互作用作为因果关系定义的关键。

四　邦格的事件理论及因果状态空间模型

在《科学与近代世界》中，怀特海提出了"具体误置性谬误"（the fallacy of misplaced concreteness）这一概念。所谓"具体性误置谬误"，指的是将抽象性、派生性当作了"具体性"。在怀特海看来，"具体误置性谬误"有两种典型表现，即牛顿物理中的"简单位置观念"和休谟哲学中的"简单孤立印象"。②

"休谟的困难来自这样一个事实，他以简单位置开始，而以重复终结。"③ 而"简单位置的观念对归纳法来说，将产生极大的困难"④。休谟把经验进行原子式的分割，变成"简单孤立印象"，即时空中的一个一个的点，相互之间缺乏任何依傍与联系，一盘散沙，因而，这种理智上的抽象产生了逻辑上难以解决的问

---

① 转自张志林《因果关系的状态空间模型》，《自然辩证法通讯》1996 年第 1 期，第 7—13 页。

② 陈奎德：《怀特海哲学演化概论》，上海人民出版社 1988 年版。

③ 怀特海：《过程与实在》，中国城市出版社 2003 年版。

④ 怀特海：《科学与近代世界》，商务印书馆 1989 年版。

题，即休谟自己的困惑：因果关系何以可能？因为在这样一种思维模式下，经验之流的前件与后件之间缺乏必然的联结过渡。这也正是因果之间的必然性联系的致命缺陷。休谟在提出因果问题时，他给出的推理过程的关键就是这种连接过渡的缺乏。

怀特海的解决方法是以一种"内在关系论"来取代印象的相互孤立。他认为，每一份经验材料，都必须在全部的具体经验里去认识，否则，将无法把握任何一个孤立的感觉或印象。事件之所以成为事件，就是由于它把多种关系综合到自身中去了，所有事件都存在于所有地点与时间内，环境一直渗入了事物的根本特性之中。休谟困惑的根源在于他在抽象认知的层面去寻求一种自明的具体体验，在认识的碎片当中寻求经验的整全，殊不知，整体是第一的、初始的，感觉印象只是作为已组成的整体结构的成分，是被整体派生出来的。

要注意的是，怀特海所谓的"内在关系"不是静止的，而是"生成"的。假设存在着作为原因的事件 A，作为结果的事件 B，事件 A 如何与事件 B 相连？怀特海通过"感受"（feel）这一感念，表达了这种生成过程。在感受活动中，事件 B 成为感受的主体，事件 A 成为感受的资料，即客体。通过感受，事件 A 被事件 B 所"摄入"（prehension），内在地成为事件 B 的一部分。

但是，怀特海关于因果性的"内在关系"的解释，其"生成关系"思想具有启示意义。加拿大著名哲学家邦格在继承因果作用学派的同时，结合了怀特海的事件本体论，而不借用必然性的概念，阐明了因果之间的生成关系，较合理地给出了因果关系的定义。

在研究因果性问题的作用学派、条件学派和概率学派中，邦格模型将原因与结果都看作是事件，将因果关系定义为原因所属的物质客体对结果所属的物质客体的作用，并以严格的数学形式对事件、作用、相互作用以及因果关系的概念给出了定义，在三个模型中最为严密，最具优势。

加拿大著名哲学家邦格认为事件就是"事物状态的变化",因果关系则是事件之间的一种关系,是生成事件的一种格式。这里突出了变化的概念,这承袭了怀特海将时间维度作为事件本质因素的观点。同时,一个事物的状态可理解为这一事物的一组性质在某一特定时刻所保持的值的集合,事物状态的变化也就是其性质的变化。

关于因果关系与事件,邦格认为[1]:

第一,因果关系是事件间的一种关系,而不是性质、状态或观念间的关系,严格说来,甚至不是事物之间的关系。当我们说事物 A 引起(cause)B 去做 C,我们是指事物 A 中的某一事件或事件集产生了(generate)事物 B 状态的变化 C。

第二,因果关系不是事件与事件之间的外在关系。每一结果都是由其原因所生成的,因果联系是生成事件的一种格式,也可以说,是能量传递的一种方式。

第三,事件的因果生成是有规律的而不是多变的,即是说有一定适用范围的因果规律。

第四,原因能修正倾向性(概率),但原因不是倾向性。

第五,世界不是严格因果的。在宽松的意义上讲,科学是决定论的。

在以上观点的基础上,邦格建立了因果关系的状态空间模型。该模型可表述如下:考虑任何具体的事物——不论是场或粒子,原子或化学系统,细胞或有机体,生态系统或社会,我们可以假设,任何事物在每一时刻都处于某一状态(相对于同一给定坐标系),没有东西能够永远停留在同一状态上。描述状态及状态变化的方式如下:列出一个事物 x 所有已知的 n 个属性,这些属性构成一个事物的状态函数(即属性的 n 重序列)F。F 随时

① M. Bunge, *Causality and Modern Science* (third revised edition). New York: Dover Publications, Inc. 1979, pp. xix – xx.

间变化而变化，事物的可变性就体现在 F 对时间的依赖性上。

随着时间的变化，F 的值［即 $F(t)$］在一个抽象空间中运动。这一空间就称为 x 的状态空间，简称 $S(x)$。任何事件或发生在 x 上的变化，都能用 $S(x)$ 中点的一个有序对及一根有向箭头线连着来表示。在事物 x 中发生的事件，就是事物 x 的状态发生变化。所谓事件，就是一个事物的状态发生的变化。

所有这样的有序对（即事件）构成事物 x 生成的事件空间 $E(x)$。$E(x)$ 即 x 中所有真正地可能的（即合乎规律的）事件或变化的集合，它是 $S(x)$ 自身的笛卡尔乘积（即 $S(x) * S(x)$）的一个子集。这一事件空间的最重要的特点是：每一个事件中，前一状态的时间参数均小于后者的时间参数，也就是指示出原因不能在结果之后。这样，"事件 e 发生在 x 上或 x 中"就可表示为：$e \in E(x)$。而事物 x 中的过程就可以表示为 x 的状态序列，或 x 中所发生的事件的序列。

那么，发生在事物 x 中所有的变化可方便地表示为所有的 ［t，$F(t)$］这种有序对的集合［t 为时刻，$F(t)$ 为相应时刻 x 的状态］。这一集合，即：$h(x) = \{ (t, F(t)) \mid t \in T \}$ 称作事物 x 在时间 T 范围内的历史。它表现为在状态空间 $S(x)$ 中的一条轨线。

考虑两个不同事物，或同一事物的不同部分，分别称其为 x 和 y，并以 $h(x)$ 和 $h(y)$ 表示它们各自的历史。另外，以 $h(y \mid x)$ 表示 x 作用于 y 时 y 的历史。则我们可以说 x 作用于 y 当且仅当：$h(y) \neq h(y \mid x)$，其涵义就是 x 对 y 作用之后，y 的变化不同于没有 x 作用的 y 的变化，或者说 x 引起或导致（cause）了事物 y 的状态的变化。

如果 $h(y) = h(y \mid x)$，则表示 x 没有作用于 y。

x 对 y 的作用可以定义为 y 的被迫轨线与 y 的自由轨线之差：$A(y \mid x) = h(y \mid x) - h(y)$。

这里的作用实质上是 x 对 y 的单向作用。

同样，y 对 x 的单向作用或效应可以定义为 x 的被迫轨线与 x 的自由轨线之差：

$$A(x \mid y) = h(x \mid y) - h(x)$$

于是，x，y 之间的相互作用可以定义为：$I(x \parallel y) = A(x \mid y) \cup A(y \mid x)$。

对应于同一参考系中，设 t 时刻事物 x 中有事件 e，在 t' 时刻另一事物（或同一事物的不同部分）y 中有事件 e'，当：

（1）$t \leq t'$；

（2）且 $e' \in A(y \mid x)$，即 e' 属于 x 对 y 的全部作用。

我们就说 e 是 e' 的一个原因，e' 是 e 的一个效应。

正如张华夏教授所说，状态空间模型不仅表征了结果对于原因的"在此之后"的关系，而且是"由此之故"的作用关系。从而就对原因和结果之间的"引起"（cause）给出了很好的分析和解释。[①]

五　量子隐形传态过程的因果关系分析

邦格模型中提到的事件属于经典时空中发生的事件，原因与效应之间的作用也都在经典时空中进行，作用传递的速度小于光速 c，但是，在量子隐形传递过程中，量子信息部分，即粒子 1 几率幅的系数 a、b 的传递是超光速的，是非定域性的，与经典时空中的定域性事件不同，为此，我们认为应当关注量子事件。

首先，在微观物理学的范围内，量子测量的结果必定是一系列可能的数值中的一个，单次测量出现的观察值是不能确切地预言的。即在量子世界中，个别事件的发生是非决定性的，只存在

———————————

[①]　张华夏：《关于因果性的本体论和自然哲学》，《自然辩证法通讯》1996 年第 4 期。

着由大量同类事件的观察数据表现出的统计因果性。

其次，作为概率幅的态函数具有直接因果规律可循。薛定谔方程体现的波函数的演化遵循经典观念下的决定性因果论。"对于 ψ 函数定义的量子力学状态描述来说，量子力学是一种完全决定性的理论。"[1]

这样，传统观点认为，这两方面——态演化的决定论形式和态测量的随机塌缩形式——之有机结合就是微观世界的新的因果律。[2]

在此，我们需要对决定性的概念进行一下界定。我们认为，决定性的大致涵义是，对于发生的每一个事件，都存在着一些原因，只要给出这些原因，就不会发生别样的事件。决定性即原因与效应之间有确定不移的对应关系。

通过对量子隐形传态过程的因果性分析，我们将阐明，量子信息的传递过程本身是符合严格的决定因果性的，这一分析将扩展我们对量子力学中的因果性的观念。

在量子力学中，事件除了包括时空变量之外，还应包括自旋、偏振等内部变量。自旋、偏振等确定的状态就是粒子的属性和状态。在量子纠缠中，粒子之间的非定域性，主要表明为测量结果之间的关联。测量结果就是量子事件，量子纠缠表现的就是量子事件之间的关联。而表征量子态的波函数则体现了量子态的演化过程，构成了粒子状态自身的状态空间，而测量结果，也就是测量导致的粒子的量子态的塌缩，就可以看做是发生在粒子之上的量子事件。

在量子隐形传态实验中，我们可以将粒子 1 和粒子 2 的系统所处的态的变化定义为原因事件，将粒子 3 的态的变化定义为结果事件。见第四章图 4—3。

---

① E. N. 纳格尔，*The Structure of Science-Problems in the Logic of Scientific Explanation*，Hackett Pub. Co.，1979，p. 310。

② 张永德：《量子力学》，科学出版社 2002 年版，第 28 页。

在量子传送者 Alice 对粒子 1 和粒子 2 所进行的联合 Bell 基测量前，粒子 1 的态函数为 $|\varphi>=a|0_1>+b|1_1>$；

粒子 2 的态则为纠缠态 $|\psi>_{23}=\frac{1}{\sqrt{2}}$ （ $|0_2>\otimes|1_3>-|1_2>\otimes|0_3>$ ）的一个子态。我们将此时粒子 1 和 2 组成的系统的状态标记为 S（1，2）；

粒子 3 的态函数也是 $|\psi>_{23}=\frac{1}{\sqrt{2}}$ （ $|0_2>\otimes|1_3>-|1_2>\otimes|0_3>$ ）的一个相纠缠的子态，我们将其状态标记为 S（3）。

测量可能导致的 S（1，2）的结果态为 $|\phi^{\pm}>$ 或 $|\psi^{\pm}>$，则由 S（1，2）到这四个态的变化就可以看作是可能发生在 1、2 系统上的四个事件。这四个事件构成了系统 1、2 的事件空间。

同样，粒子 3 可能的结果态是 $\begin{pmatrix} -a \\ -b \end{pmatrix}_3$ 等四个态中的一个，由 S（3）到这四个态的变化可以看作是可能发生在粒子 3 上的四个事件。这四个事件构成了粒子 3 的事件空间。

测量后，即量子隐形传态完成后，粒子 1 与粒子 2 联合状态处于 4 个 Bell 基中的一个（如 $|\psi^->$），则粒子 3 塌缩为相关联的态（如，$\begin{pmatrix} -a \\ -b \end{pmatrix}_3$）。这直接导致了粒子 2 和粒子 3 之间纠缠态的消除，粒子 3 的量子态从它同粒子 2 的联合纠缠态中的子态塌缩为与 Alice 的测量结果相对应的量子态。在这一过程中，粒子 3 与粒子 2 的纠缠态被破坏，粒子 3 获得了粒子 1 的信息 a 和 b，并发生了**实质的状态变化**。

显然，根据邦格模型中所给出的相互作用发生的判据，即"x 引起或导致（cause）了事物 y 的状态的变化"，我们可以说位于类空间隔之外的两个量子子系统之间已经发生了实质的相互作用。并且，这一相互作用过程完全满足邦格模型所给出的因果关系的两个条件。这在于：首先，这一作用的过程或因果关系的产生是瞬时完成的，满足条件（1）中的 $t \leq t'$；其次，发生在 3 上的事件，即其状态变化，也属于其事件空间。

到这里，我们再来审视霍华德的"定域作用假设"，即只有通过小于光速的物理效应，或者说定域的影响或作用，才能改变客体的实在态。在量子隐形传态过程中，量子信息的传递是瞬时完成的，是超光速的，所体现的这种作用也是瞬时的，是以超光速传递的。无疑，这已经突破了所谓的"定域作用"假设，并在这个层面上实现了对量子非定域性的实验验证。

六　几点哲学讨论

（1）有的论者认为，量子纠缠是一种统计关联，而不是由真实的物理相互作用引起的，而借助量子纠缠实现的量子信息的传递，则有可能是纯粹统计的结果。

首先，我们认为这一说法是缺乏逻辑说服力的。所谓真实的物理作用，是指能通过这种物理作用产生相应的可以观测的效应。这种可观察的物理效应，并不一定要求是直接的，也可以是间接的。量子纠缠所产生的可观察的物理效应就是间接的。构成量子纠缠的两体之间的作用仍然是物理作用，只不过不同于定域物理作用。如果相互作用的发生不需要媒介粒子，而是通过空间的某种性质来实现，那么，相互作用的传递就可能是非定域的、超时空的，它是不依赖于空间变数而表现出来的一种性质。超时空也是一种时空，只不过是超越了原有的时空定义而已。

其次，能否用统计解释来说明量子信息的传递呢？我们认为不能。因为在量子隐形传态过程中，经过粒子 1 与粒子 2 之间的贝尔基的联合测量之后，粒子 3 的形式与粒子 2 和粒子 3 之间的相关形式有统计概率性，但是，不论哪一种相关形式，粒子 1 的系数都**必然确定无疑地**已经呈现在粒子 3 的可能状态中。粒子 3

的四种表示方式都是等价的，因为在量子力学中，同一量子态有不同的表示，它们之间通过幺正变换来转换。

（2）有一种观点认为，在量子隐形传态过程中，由于粒子2与粒子3之间有在先的量子纠缠，因此，未知粒子1的系数传递到粒子3那里，没有发生真实的物理相互作用，而是一种在先的关联。但是，如果按此观点，粒子1就是借助于粒子2与粒子3之间的"桥梁"，那么，粒子2与粒子3的状态就不会发生变化，然而，经过粒子1与粒子2之间的贝尔基的联合测量之后，粒子2与粒子3之间的"桥梁"瞬间解体了，粒子1与粒子2之间构成为量子纠缠对。可见，正是贝尔基测量——一种新型的量子相互作用使粒子1与粒子2相互纠缠，同时粒子2与粒子3之间的量子纠缠脱开了，还同时使未知粒子1的系数传递到粒子3上，也使粒子1与粒子3的状态发生了变化。显然，从粒子1到粒子3之间发生了量子信息的传递。现在的问题是，是否有能量在粒子1到粒子3之间传递呢？

我们可以作这样一个猜测性解释：按照量子力学的不确定性原理 $\Delta E \cdot \Delta t \geq \hbar$，我们可以理解为：对只在短时间间隔 Δt 内持续的任何不稳定现象，其能量必有一个不确定量，使两者之间满足不确定性关系。正如张永德教授所说，这种"不确定性关系式不仅对大量同类粒子的相同实验，即所谓量子系综在统计上是正确的，现在越来越多的人认为它对单个微观粒子的单次实验也是正确的"[①]。我们现在以此进行分析。

如果粒子1与粒子2之间的测量时间为 τ，实际上，也就是粒子2与粒子3之间解除纠缠的时间，还是粒子1的系数 a 与 b 传递到粒子3上的时间，因此，粒子1与粒子2之间、粒子2与粒子3之间、粒子1与粒子3之间必然都有相同的能量波动，约为 $\Delta E \geq \hbar / \tau$，这就是说，粒子1的系数 a 与 b 传递到粒子3上

---

① 张永德：《量子力学》，科学出版社2006年版，第16页。

有一个能量的波动 ΔE。

如果传递的时间为零，那么能量的波动就是无限大，显然，这是不可能的。但是，实验表明，量子信息的传递必定是超光速的，我们可以用瞬间传递量子信息来表达。"瞬间"并不表示时间一定为零。

无疑，粒子2与粒子3之间有在先的量子纠缠，但是，在粒子1与粒子2之间进行贝尔基联合测量之前，未知粒子1的系数a与b并没有与粒子2或粒子3有任何关联，因此，我们总不能认为，粒子1与粒子3有在先的联系，但是，我们又如何解释：一旦对粒子1与粒子2进行贝尔基测量，粒子1的系数就瞬间传递到粒子3上呢？显然，只有一种解释：正是粒子1与粒子2之间的贝尔基测量，使粒子1的系数就瞬间传递给粒子3了，即量子信息的传递是超光速的。

（3）传统的相互作用的发生与进行，是与物质、能量和经典信息的传递和转换联系在一起的。而量子隐形传态过程所体现的相互作用过程是一个量子信息的传递过程，其中并没有发现经典能量的传递。这一点与邦格的观点不同，他认为因果关系是能量传递的一种格式。实际上，邦格关于因果联系之过程中有能量传递，是从经典世界中总结出来的，而在量子世界上并不能保证其正确。但是，按照我们的上述分析，量子信息的传递同样有能量的波动。可以认为，在量子信息的因果性传递过程中，"能量波动"是对经典信息传递中的"能量传递"概念的深化和推进。这样，理解这种非定域性相互作用的关键在于对量子信息的理解，与量子信息的特征相对应，这种新型的相互作用也可能是只在微观物理意义上成立的相互作用形式。

第 六 章

量子现象、量子信息与现象学相遇

现象学自从一百年前被哲学家胡塞尔创立之后，就不断吸引着哲学家和思想家通过现象学的方法来彻底反思哲学形而上学传统以及重新解蔽这个世界。胡塞尔和海德格尔本人都关注和研究自然科学，但主要以牛顿为代表的经典科学为主，他们把量子力学看作与经典科学没有本质区别的科学，因为在他们看来，量子力学仍然是数学形式体系与实验的结果，没有与经典力学从方法论上区分开。在我个人看来，量子力学本身所具有的难度可能是阻止他们真正理解量子力学的重要原因。目前，国内外有关学者都有这样的认识，即如何将现象学与当代最前沿的科学技术结合起来，大家都知道，做起来的困难相当大。量子力学自 20 世纪初诞生以来，到目前仍然是科学的前沿，具有现实和深远的意义，作者希望在此做一个抛砖引玉的工作，用现象学对量子力学展开初步探讨，本章就现象学的"现象"与量子力学的量子现象进行初步的比较研究。

需要指出的是，本章所涉及到的现象学是广义现象学，包括胡塞尔、海德格尔等学者的现象学，也包括伊德（Don Ihde）所倡导的后现象学。量子现象还是通常意义上的量子现象，即量子物理学共同体所理解的"量子现象"，就是包括量子现象本身（itself）和经典现象。

一　从现象学到后现象学

现象学是由德国著名哲学家胡塞尔开创的一个哲学学派，主要在于解决逻辑的本性、表达式的意义、客观认识的可能性等哲学问题，其根基在于意向性（intentionality）概念，即将意识活动看作为意向性。意向性是一种广义的赋予意义、构成意义及其对象关系的活动。意向性总是根据实项（reell）内容，投射出超越实项之上的意义，构造出意向行为（Noesis）与意向对象（Noema），并通过观念或意义指向某个对象。这就是胡塞尔被广为引用的一句话："每个表达式不只说些什么，而且还说到些什么；它不仅有它的意义，还涉及到某个对象。"① 对于"现象学"的涵义，胡塞尔本人有过多种说法，如它是"被直观到的现象"的科学、"本质的科学"等，这些看法并不一定为现象学的后继者所认同。但是，胡塞尔关于现象学"首先标志着一种方法和思维态度"和现象学的基本原则"回到实事本身"（Back to things themselves）则为绝大多数的现象学后继者所赞同。胡塞尔建立起了以意向性为核心的超越现象学或先验现象学（包括胡塞尔的大量手稿），构建了非常庞大的经典现象学体系，为未来现象学发展提供了多种可能性。其后海德格尔、梅洛-庞蒂等发展出不同特点的现象学。

海德格尔曾经是胡塞尔的弗赖堡大学执教时期的学生和助手，但他没有死守胡塞尔的意向性概念，而是将胡塞尔的"意向性行为的构成（constitution）"存在主义化和解释学化，使得构成境域本身具有更原本的、更在先的、更直接的地位。这里的"构

---

① E. Husserl, *Logical Investigations*, translated by J. N. Findlay. Londen and Hanley: Routledge & Kegan Paul, Vol. 2, 1970, 287.

成"用系统论的"生成"来理解会更为恰当。通过"此在"，超越二元分离，渗透原发的生活经验之中，获得意义的构成机制，揭示存在者的存在暨其意义。此在是指人的存在及其存在的方式。此在具有内在的结构，它不是现成的，而是生成的，它表明了人与存在之间是一种相互纠缠而生成的境域关系，其存在方式是"在世界之中存在"。对存在的理解是此在的一个重要特点，于是海德格尔的"此在"现象学就具有解释学的意义。

梅洛-庞蒂既不赞同胡塞尔把意向性看作是先验意识的观点，也不赞同海德格尔以此在的超越性来取代意识的意向性的做法，而是在借鉴胡塞尔和海德格尔的基础上，确立身体意向性的源始性，建立起知觉现象学。他把知觉作为自己理论的出发点，把身体当作一种独特的、暧昧的人类根本的存在方式。身体的意向性表现在，它能够在自己的周围筹划出一定的生存空间和环境，并与世界进行一种交互的相互作用。

受胡塞尔、海德格尔和梅洛-庞蒂等的现象学、实用主义与经验转向的影响，伊德形成了自己的后现象学。

从实用主义来看，伊德的后现象学主要受到了杜威的实用主义的影响。杜威与胡塞尔生于同年（1859），他们的哲学发展有时间上的平行性。胡塞尔的现象学与美国的实用主义几乎是同时产生的。但胡塞尔没有利用实用主义的有关资源，产生了以意向性为核心的先验现象学，当然胡塞尔的先验现象学并不等于就是主观的现象学，而是通过意向性行为和意向性对象所构成（constitute）的超越笛卡尔式的主客二分的认识论现象学，这是非主观的和相互联系的现象学。杜威的实用主义注重有机体与环境的关系，注重经验性或工具性。在杜威看来，经验的意义，在于有机体与环境的相互作用，并积极地适应环境。由此，伊德认为，可以构建人的经验与生活世界的相互作用。

在伊德看来，后现象学的第一步，就是将实用主义移植到现象学上。

伊德从胡塞尔的现象学主要抽出了自由变更（free variation）概念和生活世界（lifeworld）概念，从海德格尔现象学借鉴了解释学和存在主义的有关思想，从梅洛-庞蒂抽出了知觉（perception）和具身性（embodiment）概念。伊德认为，变更理论、具身性以及生活世界等概念都能在胡塞尔那里找到，他从现象学中抽出这三个核心概念，以阐明对经验的严格分析是如何形成的。借鉴杜威的有机体与环境概念，通过环境变更，分析现象的多重稳定性。

后现象学的第二步：从实用主义的现象学进入后现象学领域。伊德以变更理论为中心方法，并利用体现性概念，从而对经验进行严格的分析。在分析中，包括了积极的知觉的接合，反映了身体知觉的内置性和透视的本质。在现象学的变更分析中，包含了技术的物质性、身体技术、实践的文化语境等因素，但伊德不同意胡塞尔的如下观点，即通过自由变更而达到现象的本质，伊德认为，通过自由变更可以揭示现象的复杂的多重稳定性，或多重的稳定结构。在具体的经验分析中，现象的多重稳定性又与历史文化环境（context）相联系，亦即与生活世界联系起来了。

后现象学的第三步：荷兰技术哲学家 Achterhuis 称之为"经验主义的转向"。伊德认为，人类经验将被发现是与环境或世界本体论相互联系着的，两者都在这一关系中发生了转变。现代技术哲学不再将技术人工物当作被给予的东西来看待，而是分析了它们的具体发展和形成，这是一种包含了许多不同参与者的过程。后现象学特别关注具体的案例分析。后现象学研究者忙于关注实验设计的特征，并置身于相关的科学共同体中。伊德将他们所研究的现象称之于研发场所（R&D sites）[①]。

一般来说，现象学在于把现象作为一个新的审视问题的视点，展开新的角度，提出回到事情本身的方法论原则，揭示现象

① Don Ihde, Postphenomenology Research. *Human Studies*, 2008, 31（1）: 1 - 9.

更为丰富的意义。后现象学起源于现象学，它是在当代哲学情境下，对现象学的某种程度的调整，是一种新的历史转变。简言之，所谓后现象学就是实用主义与现象学的整合。从方法论上看，后现象学包括了经验主义的转向，经验者总是与环境联系在一起的。如果用一个简要公式来表达：后现象学＝现象学＋实用主义＋经验主义转向。另外，伊德本人也师从法国著名哲学家利科，利科的交叉学科的特点也影响了伊德的后现象学。

二 "现象"概念的词源涵义

首先我们需要对"现象"概念有一个词源学的考查。

"现象"是"现"与"象"两个字的复合。《汉语大词典》（普及本）（汉语大词典出版社 2000 年版）"现"的相关涵义有：显露，出现；现在，眼前；指正在从事的；现前实有的；当即，临时。《汉语大词典》（普及本）"象"的相关涵义有：形象，现象；状貌，图象；征兆，迹象；体现，表现；法，执法；效法，仿效；类似，类比；类推，好像；道教指"道"。《汉语大词典》（普及本）"现象"的涵义有：谓神、佛、菩萨等现身于人间；指事物在发展变化中所表现出来的外部形态。在《金山词霸》（2002年版）的《高级汉语大词典》中，"现象"的解释有：phenomenon；事物在发展、变化中所表现的外部形式；可观察的事实或事；一项经历或实际存在的事物；谓神、佛、菩萨等现身于人间。

可见，中文的"现象"由"现"与"象"复合而成，包括一些基本涵义：显露之形状、样子、景象，还包含了不同性质的事物的显现这一涵义（如神、佛、菩萨等的现身），应当是事物的质变。

从"现"与"象"的本来涵义来看，"现象"还包括了显现出来的"道"，"象"还指道家与道教的道。在《道德经》中，

"道"是最高的概念，是无形与有形、潜在与显在、物质与规律的统一体。"孔德之容，惟道是从。道之为物，惟恍惟惚。惚兮恍兮，其中有象；恍兮惚兮，其中有物。窈兮冥兮，其中有精；其精甚真，其中有信。"（《道德经》第二十一章）因此，从这一意义上讲，中文的"现象"也包含了所显现的东西（如"物"、"精"）与本质（"象"）的统一。

"现象"的德文为 phänomen，英文为 phenomenon，它们源自希腊语 φαινόμενον，派生于动词 φαίνεσθαι，其涵义是"呈现自身"。动词形式 φαίνεσθαι 又来自于 φαίνω——具有"带到白天的光之下，置于光之下"的涵义。按海德格尔的考证："现象表示显现，在自身中显现自身。"[①] 现象就是置于光中或被带到光中的东西的全体，有时希腊语仅仅把"现象"与存在者（entities）视为一体。海德格尔又说："如果我们将这一步理解现象概念，每件事情依赖我们的直观，即被指定在现象的最初意义的东西（现象作为自身显示）与第二意义的东西［现象作为表象（semblance）］是如何结构上关联的。"[②] 在希腊文中，有许多"现象"意指看起来像什么东西，这就是相似的，就是所谓表象。

可见，中西方对"现象"概念的基本涵义并没有多大的区别。从这些词源及其演化来看，我们可以做出这样的概括：现象就是所显现的形象、形式、情形或事实；包含了显现的东西与本质的统一；还隐含着"现象"具有发展、变化的涵义。

三　现象学的"现象"概念

从西方哲学的经验论者（如洛克、贝克莱、休谟）与唯理论

[①] M. Heidegger, *Being and Time*, translated by J. Macquarrie & E. Robinson, London: SCM Press Ltd., 1962, p. 51.

[②] Ibid..

者（柏拉图、笛卡尔、莱布尼兹等）来看，他们都将"现象"看作由人的感官所受到的刺激而产生的简单观念，如感觉观念、印象、感觉材料等，以及在它们的基础上直接形成的并没有经过反思的复合观念。

而胡塞尔所讲的现象包括了上述"显现出来的东西"概念，他说："现象"是指显现活动本身，又指在这显现之中显现着的东西。① 这显现活动与其中显现出来的东西（比如意向对象）内在相关，且有一个显现活动和显现着的东西的不断维持过程，具有生成性。由于胡塞尔的现象学最终归结为意识活动，因此，胡塞尔的现象有一个意向性的构成的生发机制。正如张祥龙教授所说，胡塞尔所讲的现象中含有一个意向性构成的生发机制：既体现在显现活动一边，又在一定程度上体现于被显现的东西那一边。这也就是说，任何现象都不是现成地被给予的，而是被构成着的；即必含有一个生发和维持住被显现者的意向活动的机制。②

海德格尔将胡塞尔的现象学观念从意识的内在联系之中提取出来，放置到世界之中，从存在者的存在与演化的角度来认识现象，并严格区分为现象与显现。他说："显现（appearance），作为某种事情的显现，并不意味着显示自身，相当于意味着通过不是显示自身的东西来宣示自身（announcing-itself），然而通过显示自身的事情来宣布自身的到来。显现不是显示自身。"③ 海德格尔还指出："现象决不是显现，尽管从另一方面来看，每一个显现依赖于现象。""显现自身有两重意思：一是当下显现（appearing），意指不是显示自身的宣示自身；二是做宣示——在显现自身中指明不是显现自身的事物。"④

---

① 胡塞尔：《现象学的观念》，倪梁康译，上海译文出版社 1986 年版，第 18 页。

② 张祥龙：《从现象学到孔夫子》，商务印书馆 2001 年版，第 379 页。

③ M. Heidegger, *Being and Time*, translated by J. Macquarrie & E. Robinson, London: SCM Press Ltd. 1962, p. 52.

④ Ibid. , p. 53.

海德格尔阐明了现象的构成性。"对于通过显示自身的事物，在宣示自身的意义上的显现（appearance），现象是构成性的（constitutive），尽管那样一个现象可能否定性地采取表象的形式，显现也只能够变成纯粹表象。"①

在上述分析的基础上，海德格尔对"现象"给出了一个非常重要的界定："现象学的现象概念，意指显示自身：存在者的存在（being of entities），它的意义、变更（modifications）和衍生物（derivatives）。"② "在现象学的现象之后根本不存在别的事物；另一方面，将要成为现象的事物可能被隐藏。并且仅仅由于现象在最接近和极大程度上没有被给与，因此，不需要现象学。遮蔽是现象的对应概念。"③ 这就是说，存在者的存在与显现是统一的，存在者的存在不是在显现之外或之后。

海德格尔的"现象"概念不同于胡塞尔的"现象"概念。海德格尔的"现象"包括存在和存在者的自身显示，以及存在的演化。

四 量子现象的概念及其比较

在物理学中，物理现象是指客观事物（如物质、能量或时空）所表现出来的外部形象，是观察得到的初步形象。在同样的物理外界条件下，物理现象具有可重复性。物理现象可以分为宏观物理现象和微观物理现象。量子现象是一类基本的微观物理现象。1900 年普朗克发现能量子概念和 1905 年爱因斯坦提出的光量子假说，意味着能量可能具有不连续性，对认识量子现象具有

① M. Heidegger, *Being and Time*, translated by J. Macquarrie & E. Robinson, London: SCM Press Ltd. 1962, p. 54.

② Ibid., p. 60.

③ Ibid..

重要意义。量子现象的早期研究特别关注原子的结构。

J. J. 汤姆孙在剑桥卡文迪什实验室研究了所称的"阴极射线"在磁场和电场中的偏转，并于 1897 年得出结论：这些"射线"是物质粒子，存在着比原子更小的粒子，原子是由许多部分组成的。

开尔芬勋爵早就提出过"涡漩原子"概念。在 1901 年，为适应新的观察事实，他又提出了一种新的原子模型：物质原子是由带正电的均匀球体组成的，整个物质原子里面负电是按分立电子的形式分布的。

在开尔芬的原子模型的基础上，汤姆孙 1904 年假定，原子是一个带正电的球，电子在这球内到处运动着。

卢瑟福发现，开尔芬和汤姆孙的原子模型不适用于解释 α 粒子通过不同种类的物质（例如通过金箔）时的散射量。到 1911 年卢瑟福提出了新的原子模型：正电荷集中在原子核的中心，这个原子核被电子围绕，电子的分布是使原子电中性的，原子的大部分质量是在正电荷上。这就是原子的行星模型。显然这是一个经典力学式的原子模型。

卢瑟福的有核原子模型，虽然圆满地解释了 α 散射实验，但是却遇到了不稳定性的困难。但是，玻尔认为，所谓卢瑟福模型的不稳定性问题是由经典理论的解释造成的，而不是模型本身的问题。

1912 年，玻尔已认识到普朗克常数具有非常重要的意义，它是产生非经典物理原理的关键。在卢瑟福的原子模型的启发下，玻尔开始尝试构建原子的量子理论，他提出了一个动态的原子结构轮廓，指出经典物理规律不能完全适用于原子内部，必须遵循原子系统特有的量子规律。1912 年的 6 月，玻尔提出了定态概念，处于定态的原子系统不辐射能量。

1913 年，玻尔接受了卢瑟福的原子有核模型，并在普朗克、爱因斯坦理论的基础上提出了量子态的崭新概念，把光谱、光量子说和原子有核模型有机结合在一起，解释了原来不能解释的氢原子光谱规律。从玻尔1913年发表它的原子理论到1925年（这一年海森堡提出了量子力学的基本方程），他持续地用他的原子概念来说明所有实验上的化学原子的观察性质。玻尔不仅从科学上思考和解决原子理论，而且从认识论和方法论进行解决。

在量子力学的早期，量子现象是以原子结构为核心的，认识到了微观事物具有分立性或量子性，微观世界具有分立性或不连续性，进而开始认识到现象与观察之间是相互结合的。玻尔所理解的量子现象，就是指微观个体（如光子、氢原子等），该个体可以由受到量子规则的限制的经典力学来描述。把测量理解为现象与测量仪器的相互作用过程，显然这样一种认识是经典物理测量的简单对应。

1927年，玻尔在科莫论文中，已开始认识到量子现象不同于经典物理的现象："量子公设意味着原子现象的任何观察将包括与不可忽略的观察方式的相互作用。因此，在通常意义上，独立的实在既不能归结于现象，也不能归结为观察方式。"①

1929年，对于量子力学中的测量，玻尔说："事实上，作为量子的不可分性就要求着，当利用经典观念来注释一个别的测量结果时，在我们关于客体和观察工具之间的相互作用的说明中，必须允许有一个大小的活动范围。这就意味着，随后的一次测量，将在一定程度上使得前一次测量所提供的信息失去其预言现象之将来进程的意义。显然，这些事实上不但会对可由测量获得的信息的范围有所限制，而且也会对我们所能赋予这些信息的意义上有所限制。在这里，我们遇到一条新形式下的老真理：在我们关于自然的描述中，目的不在于揭露现象的实在要素（real es-

---

① Niels Bohr, *Atomic Theory and the Description of Nature*, Cambridge: At The University Press, 1934, p. 54.

sence），而在于尽可能地在我们经验的种种方面之间追寻出一些关系。"① 这意味着我们应当将关注量子现象的关系而不是其实在的要素或本质。

1935 年，玻尔受到爱因斯坦、波多尔斯基和罗森的 EPR 论文的挑战，更加注意量子现象及其互补原理。玻尔早在 1927 年科莫论文中就提出了波动概念与粒子概念的互补性、时空描述和因果要求之间的互补性。福尔斯（J. Folse）把玻尔 1927 年在科莫论文提出的"现象"称之为现象性客体（phenomenal object），该客体的性质由观察来决定。显然，这里的"现象"是与观察仪器相互作用而产生的东西，也明确表现在玻尔 1929 年出版的《原子论与自然的描述》一书的"序言"中。

在 1935 年回答 EPR 论证的论文中，玻尔提出了位置与动量的互补性物理性质。1937 年，他认为，一个现象有两个互补的方面，它们由粒子图景和波动图景描述。② 由实验所揭示的量子现象的互补特征，获得了相互的排斥性条件，这意味着，在不同的观察相互作用下，相同现象可能呈现出不同特征。③

不难发现，到 1937 年，玻尔所认识的量子现象还是指"这显现之中显现着的东西"或海德格尔的"存在者的存在"，还没有认识到显现活动及其存在者的存在之演化。

自从 1939 年之后，玻尔改变了"现象"一词的用法，"现象"是指整体的观察的相互作用④。玻尔认为："保留'现象'这一单词，作为在给定实验条件下的观察效应的综合，这一定义

---

① Niels Bohr, *Atomic Theory and the Description of Nature*, Cambridge：At The University Press, 1934, p. 18.

② Bohr, Biology and Atomic Physics, in *Atomic Physics and Human Knowledge*, p. 16.

③ Ibid. , p. 19.

④ Henry J. Folse, *The Philosophy of Niels Bohr：The Framework of Complementarity*. Amsterdam：North-Holland Physics Publishing. 1985, p. 157.

更适合量子力学符号表征的结构和解释，以及更符合认识论原则。"① 玻尔说："这些条件，包括说明所有必要的相关测量仪器的性质和规定，事实上构成了定义概念的唯一基础，现象通过这一概念被描述。"② 这表明，量子现象的描述必须说明其相关测量仪器的性质，否则，无法描述量子实验这一活动本身所呈现出来的量子现象。玻尔说："不同量子现象之间的明显的差异，其描述包括了不同的经典概念，如时空坐标或动量和能量守恒，事实上，它的直截了当的解释是，在于呈现那种现象的不同实验安排的相互排他性特征。"③

玻尔的互补性用在许多方面。1939 年之前，玻尔在互补性方面主要关注两种描述方式的互补性，即时空坐标描述与因果性要求的描述。从 1946 年开始，玻尔重点关注现象的互补性。他说："尽管量子物理的现象不再以通常的方式结合起来，但是它们可以在下述意义上是互补的，即：只有它们完全详尽阐述了客体的证据，且这些证据是无歧义可定义的。"④

我们认为，现象的互补性，就是指相互排斥的现象实质上相互补充的，它们都是阐明量子客体的结构、本质或意义所必需的。现象的波动性与粒子性是互补的。由于不同的实验装置，因而具体的波动性、粒子性又有所区别，这些差别构成了波动图景和粒子图景更全面的内容，这就等同于通过现象学中更多的自由变更，以获得现象的本质、现象的结构或现象的多重稳定性的复杂结构。

在 1948 年，玻尔用"互补性证据"（complementary evidence）

---

① Bohr, The Causality Problem in Atomic Physics, a lecture given in Warsaw, May 1939, published in *New Theories in Physics*（Paris：International Institute for Intellectual Co-operation, 1939）, p. 24.

② Ibid. .

③ Ibid. , p. 22.

④ Henry J. Folse, *The Philosophy of Niels Bohr：The Framework of Complementarity.* Amsterdam：North-Holland Physics Publishing. 1985, p. 160.

来指称从不同实验中获得的不同观测事实。[①]在玻尔后来的论文中，最通常是指"互补现象"[②]。玻尔认为，"在客观描述中，的确更适当的是，仅使用现象一词去指称在特定环境下获得的测量结果，该环境还包括整个实验安排的说明"[③]。玻尔有关量子现象包括环境的观点，得到了当代量子测量理论的支持。

与冯·诺依曼的测量仪器假设相比较，冯·诺依曼把仪器看作是一个量子系统，而当代的量子测量理论把仪器看作是宏观态，表达为集体态（仪器态）与仪器（无穷分量）内部态的量子纠缠态。在宏观极限下，不管仪器内部状态如何，我们就有可能得到具有经典关联的混合态。目前讨论的关键是把环境理解为仪器内部的自由度，即奥尼斯（R. Omnes）的"内部环境"概念。[④]朱雷克（W. Zurek）在仪器与量子系统之外，还引入了环境。环境与测量仪器通过相互作用，产生理想纠缠，使量子系统出现退相干（decoherence）[⑤]。简单地说，所谓退相干现象，是指一个量子物理系统，由于与其环境不可避免的相互作用，使得系统所处的、由某个观察量的多个本征态相干迭加而成的状态，不可逆地消去了各个干涉项，使系统的行为表现得就像经典物理系统一样。

量子测量是一个典型的量子现象，有生成和转化过程，包括从微观可逆到宏观不可逆经典现象，即量子系统、测量仪器与环境的相互作用的演化构成了量子现象的完整意义。目前有关量子

①　Bohr, On the notion of causality and complemantarity, *Dialectica*, 2 （1948），314.

②　N. Bohr, Atomic Physics and Human Knowledge, New York, Wiley, 1958, pp. 90，99.

③　N. Bohr, "Science and Unity of Knowledge", reprinted in *Niels Bohr: Collected Works*, vol. 10 （Amsterdam: Elsevier, 1999 [1955]），pp. 79 - 98，89.

④　Omnes R. *The Interpretation of Quantum Mechanics*. New Jersey: Princeton University Press, 1994.

⑤　Zurek W. H., Decoherence and Transition From Quantum to Classical. *Phys. Today*. 1991 （10）: p. 36.

测量的退相干研究取得了很大进展，相互作用产生量子纠缠、导致退相干是一个具有普适性的基本物理过程。

上述分析表明，胡塞尔、海德格尔关于"现象"的概念与量子力学的量子现象概念有许多相通之处。对量子现象的认识经历了把量子现象当成个体性，即存在者的存在或显现出来的东西，将测量仪器纳入量子现象等。这与现象学的观点是一致的，即：把活动中的显现者与显现活动都包括于现象中。在海德格尔看来，现象还应当包括存在者的存在的演化。实际上，量子现象当然包括这一涵义。在惠勒的延迟选择实验中，非常明确地表明，量子现象必须包括量子现象的生成与演化的完整过程，否则就会出现惠勒的不正确认识：延迟选择实验中计数器处的半反镜的移进移出，"将不可避免地影响我们具有怎样的权力去说光子的已经过去的历史，因而，在某种意义上，正常的时间次序竟被奇怪地颠倒了"[1]。事实上，概率幅或波函数就是一个反映事件或过程的存在。事件的连续运动形成了事物的过程，过程成为量子力学最为重要的概念。或者说，概率幅从微观与宏观相结合的角度阐明了量子现象的开放性和演化性。[2] 量子现象实质上是由微观粒子在宏观外部环境（包括测量仪器等）作用下的显现，其中包含了由微观现象转变为宏观现象的不可逆过程，因此，量子现象是一个由微观现象转变为经典的宏观现象的过程，即量子现象是一个即包括微观又包括宏观的过程。

当然，我们也看到，胡塞尔与海德格尔的现象学主要从意向性或此在出发来研究现象，现象总是意向行为作用下的意向对象，意向行为与意向对象共同处于意向体验之中。而量子力学从理论和实验相结合的角度来研究量子现象，尽管在量子力学的早期甚至现在也有一些学者认为，量子力学的测量中有"主观介

---

① 《物理学与质朴性》，安徽科技出版社 1982 年版，第 5 页。

② 吴国林：《试论微观物质开放性及其对物质可分性的影响》，《科学技术与辩证法》1996 年第 1 期；《量子非定域性及其哲学意义》，《哲学研究》2006 年第 9 期。

人"，甚至认为现在的测量会影响到宇宙创生之初（惠勒语），显然，20世纪90年代以来的有关退相干（decoherence）的研究大大推进了量子测量问题：正是环境而不是人的意识的最后介入才使波包发生扁缩。

五 对现象的描述的简要比较

现象学视野中的"现象"与量子现象，不仅在其涵义与意义上有许多相近的地方，而且其描述与认识"现象"的方法其实质是一致的。

（1）可能性与概率

Possibility（可能性）与Probability（概率）在汉语中都称之为可能性，后者在统计科学中又称之为概率或几率，两者分别来自其形容词 possible 和 probable。Possible 是指，在没有与事实、规律或环境相矛盾的条件下，可能发生、存在或是真的；它强调客观上有可能性，但常常带有"实际可能性很小"的暗示。Probable 是指，将可能发生或将是真的，是合乎情理的（plausible）。Probable 用来指有根据、合情理、值得相信的事物，语气比 possible 要重，有"相当可能的"意思。

在后现象学中用可能性（possibility）来描述变更。如伊德经常用到的"舞台/金字塔/机器人"（stage/pyramid/robot）图形（图6—1）的三重变更中[①]，有三重体现性、三种变更，就有三种可能性。对于这些可能性，不一定是现实的。"舞台/金字塔/机器人"都是一些画出的线，是现象学上的变更，这三种有意义

---

① Don Ihde, *Experimental Phenomenology：An Introduction.* New York：G. P. Putnam's Sons. 1977.

的图像都是可能的。但这三种图像不能结合在一起。

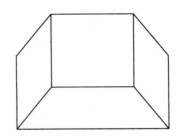

图6—1　舞台/金字塔/机器人错觉示意

　　而在量子力学中用概率（probability）来描述微观粒子出现在空间中某点的可能性。概率幅（probability amplitude）ψ是一个复值函数。表示位置的概率称之为波函数。ψ＊ψ，即概率幅的绝对值称之为概率密度。一个微观粒子处于特定区域 V 中的概率就是对该区域的概率密度的积分（要求归一化）。量子力学的概率幅表示了微观世界的存在方式，而宏观世界才是用概率即经典概率来描述可能性，量子现象反映了概率幅与经典概率的统一性。但量子力学中的互补原理说明，波动图景与粒子图景是互补的。我认为，在量子力学中，波动图景与粒子图景都可以从概率幅加上实验环境而推演出来，即概率幅是更基本的东西。

（2）变更方法与互补原理

　　从对现象的研究方法来看，现象学强调通过自由变更的方法来获得现象的本质、结构特点或多重稳定性的复杂结构，这里的"自由变更"可能是实在的变化，也可以是想像的或虚拟的变化。从对现象的自由变更中认识哪些是变量，哪些是不变量，并获得现象的本质或结构。玻尔提出用互补原理来认识量子现象及其量子现象的描述，量子现象的变化是实在的变化。互补原理关注的是量子现象的描述方式的互补性和量子现象本身的互补性。互补原理与自由变更方法的相通性，在于它们都是从不同的可能的侧面、视角等来揭示或直观现象。

变更方法与互补原理也存在着差别。在胡塞尔看来，"变化"是指实在东西的变化；其次它是指状态变化，个体保持同一。而变更不是指状态变化而个体保持同一，而是指变成别的个体。现象学与后现象学中的自由变更方法的实质，就是讲直观事物应当从尽可能多的角度（实在的或想像的）来展开，以获得事物的全部意义。在伊德的后现象学看来，对现象的自由变更所得到的各种有意义的图景不能够整合在一起。如在伊德所用的"舞台/金字塔/机器人"的变更中，舞台、金字塔与机器人是纯粹不同的东西，当然是无法整合的。互补原理是讲相互排斥的事物具有互相补充的性质，它们都是认识整体性质所必需的，即相互排斥的图景将被整合。如在量子力学的波动描述与粒子描述中，经典物理的波与粒子是相互矛盾的概念，但在量子力学中得到了统一。从实验角度来看，就是在物理允许的多种条件下，尽可能获得不同性质的物理结果。这里的每一种实验方法或测量方法都包括了一种经典模式，互补与互斥的各种模式的整合才生成事物的完整意义。

在现象学看来，通过自由变更获得事物的完整意义，即在意向性或此在的视野中，整合了各个自由变更的图景而获得现象的意义。而在量子力学中，具有实在意义的概率幅整合了量子现象的波动图景和粒子图景、时空描述与因果描述，揭示了微观事物生成和演化的各种可能性。

总之，撇开现象学本身存在的差异，经过上述比较分析，我们不难得到以下结论：现象学与量子力学对现象的研究有不少相似之处，比如，两者均关注环境与演化，可能性与概率，自由变更方法与互补原理等。两者也有不同点，比如，现象学从意向性角度把"现象"纳入意向行为之中，"现象"是意向作用下的现象；而量子力学的"现象"则是科学现象，它纳入量子理论与相关实验之中，量子现象不是主体意向作用下的现象。如果我们除去"现象"纳入意向性之中这一概念，并加以改造，在我看来，现象学的现象概念对于我们认识量子现象具有积极意义。

六 后现象学的基本概念

现象学本身在变化，从现象学角度研究量子信息并没有一个固定的模式，就是胡塞尔与其后的现象学也有相当大的不同，但它们都有一个共同的特点，即遵从"回到事实本身"（back to things themselves）这一重要的原则。著名技术现象学家伊德（Don Ihde）从现象学出发，借鉴解释学和实用主义，形成具有相当影响的，并得到国际学术界认同的"后现象学"（postphenomenology）。伊德的后现象学包括体现性（embodiment）、变更（variation）与多重稳定性（multistability）等重要概念。这三个概念都能在胡塞尔那里找到，但在伊德这里有所变化。下面我们首先考察这三个概念。

伊德现工作于纽约州立大学石溪分校哲学系，他的后现象学涉及非常宽的范围，而且研究的范围不断拓展，目前，国际上不少的学者、博士或博士后到纽约州立大学石溪分校的技术科学研究小组进行多种形式的学习、合作与开拓，这表明了后现象学所具有的学术生命力。国内对伊德后现象学的介绍与研究集中在他的技术现象学方面，下面简要介绍后现象学的几个重要概念。

意向性（intentionality）是现象学的一个核心概念，但在不同的现象学中的表现有一些差别。意向性原是中世纪经院哲学的术语。布伦塔诺用它来区分物理现象和心理现象，认为心理现象是以意向的方式把对象纳入自身之中。为此，胡塞尔认为，意向性是意识活动的根本特征，它总是"对某物的意识"，即必然是指向某种对象的。意向性涉及到两个基本概念 Noesis 与 Noema，两者都是希腊词。胡塞尔用 Noesis 与 Noema 这两个词来分别指称意识的两种不同组成，表明意识体验中行为一侧与作为对象的另一侧的关联与区别。Noesis 译为意向行为，Noema 有不同译法，如意向对象、意向内容或意向相关物。胡塞尔所说的意向对象也已经不同于近代哲学中的客体概念，因为意向对象不同于实在对象，它是一种观念的本质存在，是纯粹自我意向性活动的构成物。

伊德是从意向关联性这一角度来分析意向性。他认为，胡塞尔的现象学分析来自于严格的和不可分的关联性"我—我思—所思"（Ego-cogito-congitatum），即每一个所思必然联系到我思。海德格尔的现象学将被经验的和正在经验的相互关系存在主义地解释为：在世界之中存在（Being-in-the-world），这是一种存在主义的意向性，即海德格尔把具体的与存在主义化的此在作为在世界中之存在。梅洛-庞蒂以具身的、人体化的版本作为在世界中的存在。伊德改造了胡塞尔、海德格尔和梅洛-庞蒂的意向性概念，他用人与世界相互关系来表达[1]，即：

$$人 \xrightarrow{\qquad\qquad} \quad 世界$$
$$人 \xleftarrow{\quad - - - - - -} \quad 世界$$

在此基础上，伊德具体分析了机器或技术在人与世界中的关系，这些关系包括体现性关系、解释学关系、背景关系、改变（alterity）关系等。

在体现性关系中，人类经验被技术的居间调节所改变，人类与技术融为一体。伊德将这一关系用意向性公式表述为：

$$（人类—技术）\to 世界$$

这里的圆括号表示为一个统一体（unity）。在体现性关系中，技术展现出部分透明性，它不是人类关注的中心。眼镜就是这种类型的技术，经过短时期的适应之后，你不会感觉到它的存在，因为眼镜是半透明的，它已经成为身体体现的一部分，具有人的

---

[1] Don Ihde, *Technics and Praxis*, Holland：D. Reidel Publishing Company, 1979, pp. 4 – 6.

身体的某部分特征，它成为人类身体的延伸。

在解释学关系（hermeneutic relations）中，人类的经验与世界之间需要有技术作解释学的转换，技术没有与人成为一个共同体，而是，技术成为世界的一部分。技术在人与世界之间不是透明的。解释学关系用意向性公式表述为：

人类→（技术—世界）

由此，伊德提出了工具或仪器的意向性。他认为，工具具有一种"意向性"能力，它既可以揭示未知事物，又可以改变现象出现的方式。工具的意向能力表现在工具连续统一体之中，随着工具连续统一体产生的变化，人类—工具—世界的意向弧（intentional arc）发生变化。

变更（variation）概念。变更一词最早来自于胡塞尔的理论。在胡塞尔的早期用法中，用变更（最初来源于数学的变量理论）来决定本质结构，或者"本质"。变更可以被用来决定什么是变量，什么是不变量。在胡塞尔看来，从不同的视角以不同的方式自由想象事物，并因此会发现本质的各种方式，这被他称作现象。梅洛-庞蒂所运用的变更，是知觉的变更。伊德非常重视变更，并把这一观念提升到了核心的地位。胡塞尔的现象学强调通过自由变更的方法来获得现象的本质、结构特点，通过自由变更可以得到现象的本质。伊德在使用自由变更方法时，发现了一种与胡塞尔式的"本质"不同的东西。这种呈现的或者说"显现其自身"的东西是多重稳定性的复杂结构，他在《经验现象学》（experimental phenomenology，1977）中第一次进行了系统的研究。在变更作用下，同一个图形（对象）可以被看成是极为不同的，这完全是现象学的，也不同于心理因素中的格式塔的变化。为此，伊德认为，在自由变更作用下，现象只能显示其结构特点或具有多种可能性，现象并没有本质。就像 Necker 立方体没有本质一样，技术也没有本质。它们仅是具体使用中的技术，这意味着一个和相同的人工物在不同的使用语境中有不同的特征。①

究竟现象有没有"本质",我与伊德进行过多次交流,伊德教授承认,有些现象有本质,有些现象没有本质。因为,在我看来,物质性现象不同于虚构的线条,通过自由变更方法,既可以获得物质性现象的结构特点,也可以获得该现象的本质,本质与现象是统一在一起的。本质不是在现象之后,而是与现象结合在一起的。

"体现性"(embodiment),也有的学者译为"具身性,涉身性"等。伊德的体现性概念来源于梅洛-庞蒂的理论。梅洛-庞蒂非常重视身体和身体的体现性——知觉。用身体的表达代替"我思"以及相应在胡塞尔那里的纯粹意识的意向性。身体是现象的身体,是身心交融的、能表达的"物体",是一种能力、一种具有某种所及范围的动作。梅洛-庞蒂说:"所有我关于世界的知识,甚至是我的科学知识,来自于自己的特殊观点,或来自于对世界体验。没有体验世界,科学的符号是没有意义的。"② 梅洛-庞蒂也没有给体现性下一个定义,大体意思是,体现性是指人体的实际形状、内在的能力和通过后天学习的能力。在此基础上,伊德分析了技术在人与世界之间的一种基本关系——体现性关系。比如,当人戴上眼镜观察事物后,经过短时期的适应之后,人不会感觉到它的存在,它已经成为身体体现的一部分了,这时人与眼镜融为一体,眼镜成为人的身体的延伸,眼镜成为人身体的一部分。可见,具有体现性关系的技术,打破了主体与客体之间的清晰的界限。技术人工物或技术制品不仅是一种工具,而且它与使用者构成一个共生体。从这一意义上,我们可以说,具有体现性的技术具体体现了人的一部分器官的功能。体现性也可以

① Peter-Paul Verbeek, *What Things Do: Philosophical Reflections of Technology, Agency, and Design.* University Park: Penn State University Press, 2005, p. 118.

② Mauice Merlean-Ponty. *Phenomenology of Perception.* London and New York: Routledge, 1962, p. ix.

认为是人的意向性在技术上的体现。

伊德还提出了身体1与身体2概念。① 身体1表示了能动的、知觉的和情感的在世界之中的存在。身体2表示了由文化（包括性别、年龄等）建构的体现性。伊德的身体概念也受到了哈拉维（D. Haraway）的身体器官（bodily apparatus）的影响。② 早在1990年，伊德在《技术与生活世界》一书中就区别了微观知觉（强调身体感官之维）与宏观知觉（强调文化—解释学之维）。微观知觉与宏观知觉不是分离的，而是相互联系的，它们与身体1与身体2相平行。在实践中，微观知觉、宏观知觉又与身体1和身体2相区别。身体1与身体2相联系，但又与身体2相区别。伊德认为，体现性既是行为知觉的，又是文化赋予的。③

多重稳定性（multistability）是指一种现象具有多种变更的可能性，每一种变更具有稳定性。多重稳定性反映了现象的一种特性，反映现象既不是稳定的，又不是完全不稳定的。每一种变更都是观察者采用不同视角，获得现象的新意义。伊德认为，在多重稳定性的变换中，同时"转变了事物与直观行为的意义"。④ 在伊德的《经验现象学》一书中，有一个"舞台/金字塔/机器人"（stage/pyramid/robot）图形的三重变更中，就有三重体现性、三种可能性。对于这些可能性，不一定是现实的。这三种图象都是现象学上的变更，它们都是可能的，且具有不同的意义。又比如，他在研究"弓"时，所有的箭术都是"相同的"技术，射出

---

① D. Ihde, *Bodies in Technology*. Minneaspolis：University of Minnesota Press, 2002, p. xviii.

② D. Haraway, *Simons, Cyborgs, and Women*. New York：Routledge, 1991, pp. 183–202.

③ D. Ihde, if phenomenology is an albatross, is postphenomenology possible? In D. Ihde & E. Selinger（Eds.）, *Chasing Techoscience*. Bloomington：Indiana University Press, 2003, p. 14.

④ D. Ihde, *Experimental Phenomenology：An Introduction*. New York：G. P. Putnam's Sons. p. 79.

的箭是由弓和弓弦的张力推动的。但是，在各国的不同文化历史中，产生了不同的弓和箭，如英国士兵所使用的长弓、蒙古的骑兵安在马上的箭术、中国古代所用的弩、丛林用一种有非常长的箭的弓等。显然，不同的实践与文化形成了不同的弓与箭。不同的弓与箭需要不同的身体技术来使用。伊德认为，在不同种类的文化之间，相同的技术是可以被不同地使用的，这就是变更，尽管存在着差异。

下面我们将从体现性、变更性两个角度来考察量子信息的意义。

七 量子信息与体现性

这里我们通过一个具体的量子隐形传态实验来说明量子信息如何体现人的感知（或认识）能力。体现性反映了人的一种不变性，即事物总要为人的感官所感知（如光感、触感等），这是认识的重要基础，即使是再抽象的理论，总需要有经验证据，也包括将一些抽象的东西用图象显示出来或用伪颜色（false colors）显示出来。

我们通过对一个具体的量子隐形传态实验的分析来说明体现性，实验装置见第四章图4—6。具体表现在以下方面：

1. 实验的安排与结果能为人的意识所认知

从 UV 脉冲开始，经过晶体的非线性作用后产生极化的纠缠光子对，经过镜面、半反镜和探测器（包括符合计数），其中光子运行的宏观路线可以直接观察到，尽管它并不一定是外形量子态的光子的实际行进路线。无论任何量子实验总需要为经典的人所感知，其结果也必然是经典的输出。虽然处于量子态的光子并不一定按上图的路线运行，但是，实验安排中的晶体、反射镜、极化器等都对光子的性质产生必然性影响，这就是说，宏观的实验安排将影响微观的光子的性质的展现。任何量子实验都需要得到宏观的结果，并在宏观上得到确认。如光束在宏观空间的运行，尽管它具有量子性，都必须有宏观上的显示，这是人的体现性的要求。

2. 量子信息的意义有人的意向的渗透

微观客体本身的运动遵守量子力学的有关规律，其量子信息仅仅显示存在论视角中的意义，然而如果要对量子信息进行处理，量子信息要进行传递，我们就需要将有关意义赋予给量子信息，并对量子信息进行编码。由于量子信息容易发生退相干，因此，量子编码不同于经典的信息编码。比如，从编码在非正交量子态中获得信息，必然要扰动这些量子态，因为如果不扰动量子态，测量者就无法区分测量仪器的末态与被测量子态的演化末态。量子信息可以稠密编码，而经典信息不能稠密编码。量子位可以用来储存和传送经典信息。

比如，传送一个经典比特串（1010），Alice 可以发送 4 个量子比特给 Bob，这 4 个量子比特依次制备在 $|1>$，$|0>$，$|1>$，$|0>$ 态。当 Bob 接收到这些量子比特时，使用基底 $\{|1>$，$|0>\}$ 就可以得到比特串（1010），从而取出 Alice 编码在比特串中的信息。显然，这种通信方式与经典通信没有什么本质区别。但是，使用量子纠缠现象可以实现只传送一个量子比特，而经典信息传送 2 个比特。

量子信息系统的意义需要人的赋予，量子信息系统本身也不具有信息的处理能力，正是由于人的意向投射于量子信息系统，使得量子信息系统体现和扩展人的计算能力、知觉能力和解释能力。我们以经典计算机和量子计算机——典型的信息处理系统为例加以说明。

对于"现实世界"的意义，计算机对其是一无所知的。从纯客观的通信理论来看，现有的经典信息以比特（bit）作为信息单元，经典比特只有一个或0或1的状态。一个比特是给出经典二值系统一个取值的信息量。从物理角度讲，比特是一个两态系统，它可以制备为两个可识别状态中的一个。经典信息可以用经典物理学进行描述，不需要用量子力学描述。一旦用量子态来表示信息，便实现了信息的"量子化"，于是信息的过程必须遵从量子物理原理。在量子计算机理论中，量子信息的单元称为量子比特（qubit）。一个量子比特是一个双态系统，且是两个线性独立的态，其物理载体是任何两态的量子系统，常见的有光子的正交偏振态、电子或原子核的自旋等。

计算机本身也并不具有计算能力，它只能识别电脉冲，如0或1。因此，要使计算机处理某种信息，就必须将这种信息表示成计算机能够识别的形式。最早的计算机程序是由二进制数"0"和"1"组成的机器代码，那时的程序员必须记住每个代码的意义。现在的计算机有了一个特定的程序，这个程序的功能是把高级语言翻译成计算机所认识的机器码。显然，脉冲串的意义需要人来建立，即建立对应规则，将计算机的脉冲串与经验世界相联系，从而抽象的电脉冲具有意义，体现了人的意向能力，即人将自己的意识投向计算机。计算机的意义的根源在于人，在于人的给予。可见，计算就是将一种有意义的输入信息转换为另一种有意义的输出信息的过程。计算的目的在于得到有意义的结果。人将有意义的数据——信息赋予计算机之后，计算机就具有计算能力，计算能力的大小取决于人对计算机的赋意行为（表现为计算机理论等）与计算机本身的结构。

按伊德的后现象学，在人、技术与世界三者构成的关系中，体现性关系与解释学关系是基本关系。当人与技术成为意向统一体（neotic unity），技术就是一种体现关系；当技术与世界结合为意向统一体，技术就是一种解释学关系（hermeneutic relations）。[1]
当人将数据的意义赋予给计算机处理时，计算机表达的是人关于世界意义的体现性。当信息被计算机处理后，其输出信息的意义需要人的解释，这时计算机表达了人与世界之间的解释性关系，即人与世界之间的关系，需要计算机居间转换。

计算机不仅体现了人的计算能力，而且具有超越人的计算水平的能力，它成为许多重要技术人工物的核心组成部分，它扩展人的计算能力、知觉能力和解释能力，即是说，计算机本身具有一定的意向性，它能够指向一些人们原来不能看见和预见的事物，解决原来人们不能直接用自己的手和脑完成或根本不可能完成的计算问题，这就是说，计算机可以揭示未知事物，在一定程度上改变未知事物出场的方式。

不同的算法体现出计算机在处理同一类问题的不同运算的序列，计算机呈现出不同状态的集合及其演化序列，因而显现出不同的变更，表现出多重稳定的可能性。按照计算机科学的观点，算法＋数据结构＝程序。针对实际问题选择一种好的数据结构，并选择一个好的算法，才能构造出一个高效率的程序。运行一个算法所需要的计算机资源越多，说明该算法的复杂性越高；反之，该算法的复杂性越低。计算复杂性分为时间复杂性和空间复杂性。

但是，量子计算机在许多方面将超越经典计算机。从物理学来看，计算机就是一个物理系统。量子计算机就是一个量子力学系统，量子计算过程是量子力学系统的量子态的演化过程。经典上不同的物理态可以迭加形成存在于量子计算机中，量子态之间的纠缠在不同的量子比特之间建立了量子"信道"，于是，量子计算机可以并行运算。计算过程可归结为制备物理态，演化物理

---

[1] D. Ihde, *Technics And Praxis*. Dodrect: D. Reidel Pubishing Company, 1979, pp. 19 – 36.

态，最后对物理态实施测量。[①]　经典计算理论事实上是建立在对编码态以及计算过程的经典物理理解的基础上，而量子计算则建立在对编码态以及计算过程的量子力学理解的基础上。

量子算法是决定量子计算大大优于经典计算的根本因素。量子算法是相对于经典算法而言的，它最本质的特征就是充分利用了量子态的迭加性和相干性，以及量子比特之间的纠缠性，它是量子力学直接进入算法理论的产物。

3. 量子信息的构成性

扎哈维是研究胡塞尔的一位非常有创见的年轻学者，他认为，胡塞尔的"构成（constitution）必须被理解为涉及到呈现和有意义的过程，即，它被理解为一个过程，这一过程允许所构成的（constituted），按它所是的方式呈现、展现、清晰表达和显现自身"。[②]　就如海德格尔所说："当下构成（constituting）不意味着是在做与装配的意义上的产生；它意味着让实体以客观的方式被直观。"[③]　胡塞尔说："存在与意识是相互依赖的，并结合在超越的主体之中。"[④]　扎哈维认为，胡塞尔的"构成作为一个过程，包括了几个纠缠的超越的要素，即主体与世界（以及交互主体）"[⑤]。"主体以当下构成存在，构成同时包括构成主体的自身构成。"[⑥]　"构成过程在主体—交互主体—世界之三重结构中发

---

① 李承祖等编：《量子通信和量子计算》，国防科技大学出版社 2000 年版，第 148 页。

② Dan Zahavi, *Husserl's Phenomenology*. California：Stanford University Press，2003，p. 73.

③ Ibid. .

④ Ibid. , p. 74.

⑤ Ibid. , p. 73.

⑥ Ibid. , p. 75.

生。""构成不仅是单个主体与世界的关系，而是主体间的过程。"① 胡塞尔的构成有两个原初来源：即原初自我与原初非自我。扎哈维认为，"构成是一个在主体—世界结构中展现自身的过程"②。

量子算法需要人的创造。即使是基本规则相同，但是，人所编写的算法是有差别的。对信息进行编码后，不同的编码信息被处理的能力是不同的。微观客体运行的量子规律是一样的，但是，人们可以编写出不同的目的的量子编码。目前已创造出来的一些量子算法已显示出超越经典计算机的强大能力。有的问题是指数加速（如肖尔算法），而大量的问题是方根加速（如格罗夫算法），从而可以节省大量的运算资源（如时间、记忆单元等）。有关量子计算的具体内容见第八章。

可见，在人与客体（如经典计算机、量子计算机等）相互构成中，人的意向——以算法为代表——得到改变，计算机的计算能力得到改变，信息自身得到改变（从经典信息到量子信息）。

如果不承认微观世界有其自身独特的物理的、客观的规律，而认为这些量子客观规律是人的"约定"，是人的大胆的创造，是人的意向投射到对象上产生的，那么，我们就可以将量子算法用之于经典计算机中，看其是否能够解决原来经典计算机所不能克服的计算复杂性。显然，量子算法无法用于经典计算机，经典计算机所内在具有的计算复杂性也不可能得到克服。有人还会认为，使用许多台（如上万台）经典计算机进行并行处理也可以实现量子计算机的并行处理的效果，然而，这种认识也完全错了！因为经典计算机之间不可能具有微观世界有独有的相干性、纠缠性等。因此，人的认识能力始终不能摆脱微观规律的制约，人只能与微观世界相适应或对微观世界进行合乎客观规律的改造。人

---

① Dan Zahavi, *Husserl's Phenomenology*. California：Stanford University Press，2003，p. 76.

② Ibid. , p. 74.

创造的量子算法也必须符合量子物理的规律。

八　量子信息与变更性

自由变更被胡塞尔作为本质直观的基础，这在于变更创造了变项，对众多变项的个体直观可以转变为本质直观。胡塞尔认为"变化"是指实在的东西的变化；其次它是指状态变化，个体保持同一。而变更，既指实在的东西的改变，也指非实在的东西的改变；此外，变更是指变成别的个体。变更的基础却在于，我们放弃个体之物的同一性并且把这个个体臆构为其他的可能个体之物。所谓变更，就是指一事物转变为另一事物，变更可能是真实的，也可能是虚拟的。

1. 量子克隆与变更性

经典信息可以完全克隆，这说明经典信息能够转变为许多完全一样的东西。一篇文章可以多次复印，其经典信息是一样的，如文章的内容。但是，量子信息不可克隆（No-Cloning）。量子信息不可克隆原理说明，量子信息不能一次复制出完全一样的一个量子态，但有可能通过其他方式传递量子信息，量子信息可以从一种形式转变为另一种形式，这是一种客观的变更。比如，量子信息从一地消失后，并在另一地产生出来。

我们也注意到，量子不可克隆原理并没有限制不严格地复制量子态。量子信息可能以不等于零的概率得到完全的复制，这是量子控制论的实现控制的重要依据。这也与量子力学的不确定性原理不矛盾。

量子不可克隆表明，量子信息的变更不同于经典信息的变更，量子信息难以精确复制，这也反映出量子信息的某种独特本性：量子信息具有一定程度的实在性和唯一性，就像每一个人有一个不同于他人的 DNA 一样，或许量子信息就有这样的独特性。

2. 隐形传态过程中的变更性

量子信息变更性可以通过量子隐形传态来认识（见图 5—14 及其具体理论过程与实验过程）。量子隐形传态的量子过程如下：

Alice 为了给 Bob 传输一个未知的量子态 $|\varphi> = a|0_1> + b|1_1>$ 还需要有另外两个纠缠的粒子，即粒子 2 与粒子 3。我们将处于纠缠关联的粒子 2 和粒子 3 的状态写为 $|\psi>_{23}$。为了将粒子 1 传送给 Bob，Alice 与 Bob 必须分别持有粒子 2 与粒子 3。Alice 通过 Bell 基联合测量粒子 1 与粒子 2，于是未知量子态的量子信息就瞬间传递给粒子 3。Bell 基联合测量实际上是使用可以识别的 Bell 基的装置，对粒子 1 与粒子 2 进行联合测量。

显然，只要 Alice 通过经典的通信手段告诉 Bob 它在测量中得到的结果，Bob 就可以通过适当的操作恢复出未知粒子 $|\phi>$ 的状态，因为粒子 3 所处的 4 个状态都反映出了未知状态（波函数）的系数 a 和 b。这样，粒子 1 的 $|\phi>$ 就已传送给远处的 Bob，即 $|\phi>_3$，只不过现在由粒子 3 扮演粒子 1 的角色。

在量子信息的传递过程中，首先粒子 3 转变为 $\begin{pmatrix} -a \\ -b \end{pmatrix}_3$、$\begin{pmatrix} -a \\ b \end{pmatrix}_3$、$\begin{pmatrix} b \\ a \end{pmatrix}_3$ 或 $\begin{pmatrix} -b \\ a \end{pmatrix}_3$ 所描述的 4 个状态之一，然后在得到来自于 Alice 测量的经典信息之后，Bob 作相应的幺正变换之后，才成为粒子 1 的相同样式。显然，这里粒子 3 与粒子 1 的基底或载体可以有所区别。

实验中传输的只是表达量子信息的系数 a 和 b，作为甲地信息载体的光子本身 $|0_1>$ 和 $|1_1>$ 并不被传输，而在本地被破坏了，而量子信息的“状态”在乙地与作为新的信息载体的光子 $|$

$0_3 >$ 和 $|1_3 >$ 相结合，成为原来未知量子信息的恢复者。

3. 变更的同一性与解释学策略

量子信息可以传递，可以隐形传态，还有量子纠缠的交换等。这些都是量子信息的变更。就如经典信息从信源到信宿过程的，也是一种变更，其内容都有变化，因受环境的干扰。在前述的隐形传态实验中，获得未知光子 1 状态的光子 3 与原来的光子 1 是不是同一的（在其他实验中，可以是粒子的自旋等）？

在伊德的视觉解释学（visual hermeneutics）概念的基础上，Rosenberg 提出了解释学策略。解释学策略是指使影像的一个变更成为可能的一个故事（story）。[①] 所谓解释学策略，是指对于同一研究对象，有不同的研究路径（或研究传统，研究轨迹），也有不同的技术相伴随，或者说，对于同一研究对象，我们有不同的研究方法，解释学策略在于对这些不同的方法、不同的技术或不同的研究路径，要分析这些不同的方法、研究路径或不同的技术对研究对象产生什么样的影响，要做出一个一致性（consistent）的、合历史（story）的解释，进而对原有的各种研究方案作出评价，发现其意义。解释学策略包括在创造影像的过程中，理解由影像技术带给研究对象的转变。要理解技术转变对影像内容的影响效果。解释学策略除提供对图像内容的一致性描述之外，它还包括对图象变化的理解，由图象技术用之于对对象的研究。

从后现象学来看，量子信息如何得到解释呢？

在量子隐形传态过程中，以光子为例进行说明。光子 3 与光子 1 有相同的自旋，光子 3 与光子 1 就是全同粒子，它们又有相同的偏振，我们认为，光子 3 与光子 1 只能是内部状态相同。二

---

① R. Rosenberg, Perceiving other planets: bodily experience, interpretation, and the Mars orbiter camera. *Human Studies*. 2008，（1）：pp. 63 – 75.

者的动力学状态或外部时空状态并不相同。事实上，在实验过程中，光子1与光子3处于不同的经典时空状态或路径，从著名物理学家费曼的量子力学的路径积分思想来看，不同的路径将影响微观粒子的性质，因此，只能说光子3获得了未知光子1的相同内部状态，但并不是未知光子1本身。

在量子隐形传态实验中，从外部时空来看，光子3与光子1具有不同的经典路径，尽管其自旋与偏振相同，仍然不具有完全的性质同一或哲学全同性。事实上，当光子3获得了光子1的部分量子信息，光子1的载体并没有被传递，当贝尔基联合测量光子1与光子2，光子1就转换为与光子2相纠缠的光子1′（原来的光子1被破坏了）。

可见，光子3对于光子1来说，就是一种变更。光子3与光子1仅是内在同一，而不具有外在同一。光子3与光子1之间既同一又差异。

九　现象学意义上的量子信息

我们下面探讨现象学下的量子信息的涵义：

胡塞尔关注现象的生成性。胡塞尔所讲的现象中含有一个意向性构成的发生机制：既体现显现活动，又在一定程度上体现了被显现的东西。即是说，任何现象都不是现成地被给予的，而是被构成着的。海德格尔也注重现象的演化，他说："现象学的现象概念，意指显示自身：存在者的存在，它的意义、变更（modifications）和衍生物（derivatives）。"[1]

胡塞尔通过自由变更方法来获得现象的本质。在胡塞尔看

---

① M. Heidegger, *Being and Time*, translated by J. Macquarrie & E. Robinson, London: SCM Press Ltd. 1962, p. 60.

来，变更，既指实在的东西的改变，也指非实在的东西的改变。显然，量子信息是实在的现象，我们不需要在意识中通过虚拟或想象的变更来发现其本质，而是直观量子信息本身，从其存在到演化的过程中发现它的稳定结构或不变性。现象学所说的本质，正如著名现象学科学哲学学者希伦（Patrick A. Heelan）所说："这些不变性，组织结构被称之为本质、现象学的本质或简言之对象的本质。本质能够展现多重不变性，每一个不变性对应于侧面的不同系统。"① 通过自由变更，创造出杂多的变项，它包含着差异与同一两个方面。这一系列变项的差别之中的同一性即是本质。或者获得现象的结构特点。量子信息就是一个量子现象，它是我们所直观的量子信息，也就是处于量子系统，也可以是被传递的量子信息，没有这直观之外和之后的量子信息，本质与现象是统一在一起的。

列宁说："物质是标志客观实在的哲学范畴，这种客观实在是人通过感觉感知的，它不依赖于我们的感觉而存在，为我们的感觉所复写、摄影、反映。"② 这段话给我们启示是："客观实在"与感觉的"复写、摄影、反映"构成了物质自身的两个相互依存的方面。客观实在反映了物质的自我同一性，反映的是物质的肯定的方面，即物质之所是，不在于展示，反映的就是"物质就是存在"，没有必要向他者传递自身是什么，这是一种原初的存在。感觉的"复写、摄影、反映"实质上是物质向他者传递信息，让他者知道物质之所是，这就使得物质具有解释的可能性，物质的这一性质实质上揭示了信息的特性，即物质的信息特性，它反映的是物质与他者之间的关系与关联方式。从这一意义上，物质当然不等于信息。因为物质是整体性概念，而信息属于部分性概念。系统论告诉我们，整体与部分有联系，但整体不等于部

---

① Patrick A. *Heelan*, *Space-Perception and The Philosophy of Science*. Los Angeles： University of California Press, 1983, p. 6.

② 《列宁选集》第 2 卷，第 128 页。

分。从信息的这一意义来看，同样满足信息的通信观点，即 1948 年申农所说的，信息是"不确定性的减少"。1950 年，著名学者维纳认为："信息这个名称的内容就是我们对外界进行调节并使我们的调节为外界所了解时而与外界交换来的东西。"[1] 维纳的名言："信息就是信息，不是物质也不是能量。"[2]

我们认为，信息就是物质的状态与关联方式的自我显现，关键在于向他者传递、显明或解蔽物质之所是。可见，物质的客观实在性与信息是相互统一的。

对于微观物质而言，量子实在就是微观物质自我同一性的显现。量子信息就是微观物质的状态与关联方式的自我显现。这里的"显现"还有一个在什么境域中显现，通过什么方式来显现，以及向谁显现的问题。

胡塞尔把原本给予的直观看作是认识的源泉，他说："每一种原初给予的直观都是认识的合法源泉，在直观中原初地（可说是在其机体的现实中）给予我们的东西，只应按如其被给予的那样，而且也只在它在此被给予的限度之内被理解。"[3] 任何经验或个体的直观可以转化为本质直观。胡塞尔常用的一个例子是，一张红纸。这一张红纸是一个经验的对象，它包括了纸的形状、红色的深浅等。当人直观这张红纸时，意识可以超越具体的红纸的红色的深浅、而直接把握到红本身，这就完成了从具体的、个别的经验，超越到一般的红。他说："关于红，我有一个或几个个别直观，我抓住纯粹的内在，我关注现象学的还原。我除去红此外还含有的、作为能超越的被统摄的东西，如我桌子上的一般吸墨纸的红等；并且我纯粹直观地完成一般的红和特殊的红的思想的意义，即从这个红或那个红中直观出的同一的一般之物；现在

① 维纳：《人有人的用处》，商务印书馆 1978 年版，第 9 页。
② N. 维纳：《控制论》，郝季仁译，科学出版社 1963 年版，第 133 页。
③ 胡塞尔：《纯粹现象学通论》，李幼蒸译，中国人民大学出版社 2004 年版，第 32 页。

个别性本身不再被意指，被意指的不再是这个红或那个红，而是一般的红。"①

如果说，宏观的一张红纸，我们可以通过自己的感官来直接把握一般的红，那么，如果没有进行相应的科学实验，谁又能够通过自己的感官直观到原子或原子核等微观粒子，并进一步直观到原子或原子核等微观粒子的本质吗？显然，没有原子物理等高能物理的实验，没有借助相应的科学仪器或科学工具，人们是无法经验地直观到微观粒子的，更不用说直观到微观粒子的本质。

我们必须制造并借助仪器或工具，才能使量子现象自身在自身中显现出来，这种显现显然不能直接与我们的经验和体验相照面。海德格尔认为，锤子的锤性是通过锤子在用中得到显现的。同样，我们认为，量子现象也只有从它的开始状态到它的完结状态的整个过程中才能得到如其所是的显现出来，而不能仅看其完结状态或开始状态。海德格尔说："在现象学的现象之后根本不存在别的事物；另一方面，将要成为现象的事物可能被隐藏。"②由此看来，成为现象的事物可能被隐藏，因此需要有工具来使隐藏的现象本身显现出来。事实上，后现象学的创始人伊德认为，测量仪器在人与对象之间起到了居间调节的作用，测量仪器使被测的对象能够在人的面前表演显现出来。

因此，理解量子现象之所是，必须考察其从发生到发展的全过程，并考虑测量工具或仪器在其中的作用，因为测量工具构成了量子现象的整个视阈，并通过测量仪器将宏观世界与微观世界连接起来。

由于人们不能直接地通过感官把握像电子那样小的微观现象，因此，微观现象（如电子的现象）与人相照面的东西并不是原初的微观对象（如电子），而是微观对象与宏观环境（包括测

---

① 胡塞尔：《现象学的观念》，倪梁康译，人民出版社 2007 年版，第 48 页。

② M. Heidegger, *Being and Time*, translated by J. Macquarrie & E. Robinson, London: SCM Press Ltd. 1962, p. 60.

量仪器等）共同构成的。

现象学技术哲学家伊德认为，工具具有一种"意向性"能力，它既可以揭示未知事物，又可以改变现象出现的方式。工具的意向能力体现在工具连续统一体之中。工具连续统一体是一个具有视觉效果的技术变化过程。放大镜表明了最简单的体现关系，被放大了的物体与肉眼所见的完全相同，工具具有半透明性。电子显微镜的视觉不再通过工具直接体现，表象（即照片）成为观察的可视结果，它使工具居间调节的知识具有解释学特性。可见，工具从相对透明性向不透明性发展，只有具备一定专业技能的人才会使用这种技术。

在量子信息的生成过程中，人们并不能直接看到微观事物，必须通过量子测量仪器（装置），即量子技术的居间调节，量子现象才能被认识，

微观事物在其意义的转换过程中，首先遇到的是测量仪器或工具。人类—量子技术—世界的意向弧发生了变化，量子技术获得了自身的生命，成为一个他者和观察中的独立要素。测量技术就是以量子理论为基础所制造的方法、工具或方式。事实上，在量子技术的制造过程中，除了纯客观的原初物理质素之外，还必须有量子理论与人的意向性的共同作用。比如，一辆汽车并不等于把各个部件的装配在一起，还包括美学等多种文化因素的渗透。在不同的量子信息理论的前提下，量子技术与量子信息的涵义也会有所区别。

由此，我们认为，在现象学意义上，量子信息是由量子技术与量子实在（或量子客体）不断生成的，实质上，量子信息就是意向性与量子实在所构成（constitution）的状态与关联方式的自我显现。这里的"构成"是现象学的一个重要概念，这里的构成不是指意向性与量子实在的简单相加，而是在构成这一过程中，意向性与量子实在两者都发生了变化，形成了一种新的境界或视阈，具有居间的特点。于是，量子信息也包括了意义的转换。这

里使用"意向性"一词，既指量子技术所具有的工具意向性，也指在量子信息的意义的生成过程中，人的意向行为（直接或间接）的渗透，从本源上讲，意向性来自于人的意向行为，并将意义作用于量子技术，赋予它们以意义，从而量子信息的各种转换是有意义的，而不是没有意义的量子态或几率幅的转换。在"转换"的过程中，也包括量子信息的语义的变化。另一方面，量子实在也对意向性产生控制作用，意向行为必须适应技术客体的要求，而不能违背技术客体的内在本性，或者说不能超越其内在本性的容许范围。微观世界有其自身的客观运动规律，人的意向作用可以利用这些规律来创造微观理论、创造量子技术（包括软件与硬件），并最终指向量子实在。

第 七 章

量子算法与量子计算

在计算机科学理论中，研究计算复杂性具有重大意义。过去有关的计算复杂性都是基于经典计算机理论。随着量子信息理论与量子计算机理论的发展，量子计算将会改变经典计算复杂性理论，原有的一些经典复杂性，将被量子算法所克服。这也就产生了一个问题，计算机中的复杂性，是本体论层次，还是认识论层次上的？本章主要研究计算复杂性的基本概念、量子计算的基本特点及其哲学意义。

一 计算复杂性及其相关概念

在计算机科学理论中，对计算复杂性的研究具有重大意义。算法 + 数据结构 = 程序，这是著名的瑞士计算机科学家 N. Wirth 教授对程序的构成的描述。程序设计的目的是解决实际问题。针对实际问题选择一种好的数据结构，并选择一个好的算法，才能构造出一个效率高的程序。算法是对数据运算的描述。同一个计算问题往往可以用多种不同的算法来求解，为了找出最好的算法，必须对这些算法进行比较。那么，怎样挑选好的算法呢？在解决实际问题时，我们希望所选的算法运算的时间效率高，占用的空间小。因此，在选用的算法是"正确"（对于每个输入均能在执行一段时间后结束并且对于一切合法的输入能够给出满足要求的结果，即能够解决给定的计算问题）的前提下，执行算法所需要的时间、执行算法所要占用的存储单元数量以及算法是否易于理解、易于编码等是主要应考虑的因素。

所谓算法就是解一类问题的方法，或者是某种指令集。比如，计算从 1 到 100 的和，有多种方法：

方法一：$1 + 2 + 3 + \cdots + 100$ 依次计算。

方法二：先计算 1 到 20 之和，其次计算 21 到 40 的和，……把这 5 个 20 个数的总和相加就得到总和。

方法三：先加 1 与 100，其次加 2 与 99，如此进行下去，也可以得到总和。

这里的每一种方法就是一种计算方法，即算法。显然在这些方法中，有某种方法是最节约时间和节约存储空间的方法。对于大量的数据，寻找出最优的方法就可以大量节约计算所需要的时间与空间。算法复杂性就是衡量算法难易程度的尺度，它可以分为时间计算上的复杂性与空间计算上的复杂性。

一个算法是一个有限规则的集合。这些规则确定了解决某一类问题的一个运算序列。算法具有以下特点：

（1）有限性，一个算法执行有限步骤后必须终止；

（2）确定性，一个算法中的每一个计算步骤必须是精确定义，且无二义；

（3）能行性，一个算法执行的每一步都在有限时间内完成；

（4）输入，一个算法都要求有一个或多个输入信息；

（5）输出，一个算法有一个或多个输出信息。

计算复杂性是衡量算法效率的一种指标。计算复杂性分为时间复杂性和空间复杂性。比较求解同一问题的两个不同算法的效率的一种重要方法是分析算法的复杂性。算法的复杂性分析在设计或选用算法时起着重要的指导作用。计算复杂性理论是关于用计算机解决各种算法问题的困难程度的理论。现有的计算复杂性理论主要是针对经典计算而言的。对计算复杂性进行研究，就是用数学方法分析使用计算机解决计算问题的复杂程度。运行一个算法所需要的计算机资源的多少，体现出该算法的复杂性高低，所需要的资源多，说明该算法的复杂性越高；反之，说明该算法的复杂性越低。在计算复杂性研究中所研究计算机资源，主要指的是时间和空间（即存储器）资源。显然，我们在设计算法时追求的，是尽可能低的计算复杂性。当我们已知给定的问题有多种算法时，在选用算法时应选择其中复杂性最低的一个。

计算复杂性是算法所求解问题规模的某个函数。对一个问题首先要确定规模，问题规模是一个和输入有关的量。在程序的实际执行过程中，每条语句执行一次所需的时间往往受到机器的指令性能、速度以及编译所产生的代码质量等不确定因素的影响。如果我们将以上因素忽略不计，将对算法的时间耗费的分析独立于机器的软、硬件系统之外，设每条语句执行一次所需的时间为单位时间，那么一个算法的时间耗费就是该算法中所有语句的频度之和（频度指的是算法中重复执行次数最多的语句的执行次数）。一个算法所耗费的时间等于算法中每条语句的执行时间之和；每条语句的执行时间 = 语句执行一次所需时间 × 语句的执行次数。

算法编制完成程序后，一般来说，如果用 n 表示问题的规模，那么算法中基本操作重复执行的次数可以用问题规模 n 的函数 $f(n)$ 来表示。解这一问题的某一算法所需要的时间为 $T(n)$，则称 $T(n)$ 为时间复杂性。当输入量 n 逐渐加大，时间复杂性的极限就是算法的渐进时间复杂性。

算法的渐进时间复杂度 $T(n) = O(f(n))$。$T(n)$ 是算法所耗费的时间。当问题的规模 n 趋向无穷大时，$T(n)$ 的数量级称为渐进时间复杂度，符号"O"表示的是 $T(n)$ 的数量级。这个表达式的含义是：随着问题的规模 n 增大，算法执行时间的增长率和 $f(n)$ 的增长率相同。

渐进时间复杂度用计算问题的规模的数量级表示。如果求解一个问题需要的运算次数是问题规模 n 的指数函数，则称该问题具有指数时间复杂性；如果所需的运算次数是 n 的多项式函数，则称它有多项式时间复杂性。时间复杂性函数 $T(n) = O(p(n))$（$P(n)$ 是多项式）的算法，称为多项式时间算法。一个算法能在 cn^2 的时间内处理完规模为 n 的输入。就称这一算法的时间复杂性为 $O(n^2)$。

类似于时间复杂度，一个算法的空间复杂度 $h(n)$ 也是问题规模 n 的函数，渐近空间复杂度也常常简称为空间复杂度。空间复杂度是指算法编制完成程序后，在计算机中运行时所占用的存储空间大小。时间复杂度的减小通常是以空间复杂度的增大为代价的；空间复杂度的减小也往往导致时间复杂度的增大。通常讨论的比较多的，是时间复杂度。

一般来说，考虑一个问题类的计算，通常用一个自然数 n 来度量它的大小，n 在不同的问题中有不同的意义。对于函数来说，n 可能是自变量的个数；对矩阵来说，n 可能是元素的个数；对图来说，n 可能是其顶点数；对多项式来说，n 可能是其阶数；对于一个集合来说，n 可能是其元素个数等。对于大小为 n 的问题，如果计算它最多需要时间为 $g(n)$，则这一问题类的时间复杂性为 $g(n)$；如果计算它最多需要内存为 $h(n)$，则其空间复杂性为 $h(n)$。可见，一个问题的复杂性是其大小 n 的函数。

在算法的复杂性讨论中，最为重要的是渐近复杂性。为了解决一个问题，可以设计出不同的算法，往往这些算法的复杂性不同。一个问题的复杂性是指实现该问题的所有算法中，复杂性最小的那个算法的复杂性。

不同的算法具有不同的时间复杂性函数。一些算法的效率较高，一些算法的效率较低。计算机科学和计算数学科学家公认一种简单的区别：这就是多项式时间算法与指数时间算法的区别。

下面我们比较几种算法的速度。假设都用 10^{-6} 秒能够完成一次运算的高速计算机，那么规模 n 与运算时间的关系，如表 7—1 所示。对于多项式时间复杂性函数，工作量随问题规模 n 增长而增长的速度都比较平缓，但对于指数时间复杂性函数，这种增长到后来就非常剧烈。[1]

表 7—1　　　几个多项式与指数的时间复杂性函数的比较

时间复杂性函数	规模 n					
	10	20	30	40	50	60
n	0.000001 秒	0.000002 秒	0.000003 秒	0.000004 秒	0.000005 秒	0.000006 秒
n^2	0.0001 秒	0.0004 秒	0.0009 秒	0.0016 秒	0.0025 秒	0.0036 秒
n^3	0.001 秒	0.008 秒	0.027 秒	0.064 秒	0.125 秒	0.216 秒
n^5	0.1 秒	3.2 秒	24.3 秒	1.7 分	5.2 分	13.0 分
2^n	0.001 秒	1.0 秒	17.9 分	12.7 天	35.7 年	366 世纪
3^n	0.059 秒	58 分	6.5 年	3855 世纪	2×10^8 世纪	1.3×10^{13} 世纪

数据来源：顾小丰、孙世新、卢光辉：《计算复杂性》，机械工业出版社 2005 年版，第 13 页。

如果计算机的速度越来越快，是否没有必要担心问题的规模或指数时间复杂性呢？仍然以表 7—1 的种算法为例。设这 6 种算法用现在的计算机在 1 个小时完成的规模是 n = 1000。设发明了速度快 100 或 1000 倍的计算机。则 1 小时内可以解决的问题的规模的变化情况见表 7—2。对于 n^5 算法，若计算机提高 1000 倍，1 小时内解决的最大问题的规模仅从 1000 增加 3980，约增加 3 倍。对于 2^n 算法，若计算机提高 1000 倍，1 小时内解决的最大问题的规模仅从 1000 增加到 1009.6，约增加 10%。可见，提高计算机

---

[1]　顾小丰、孙世新、卢光辉：《计算复杂性》，机械工业出版社 2005 年版，第 13 页。

速度，对计算机的算法复杂性改善较小。为此，计算机科学和计算数学把多项式时间算法看作的"好的"算法。见表7—2。

表7—2　改进计算机速度对多项式和指数时间算法的影响[1]

时间复杂性函数	用现在的计算机	用快 100 倍的计算机	用快 1000 倍的计算机
n	N_1	$100N_1$	$1000N_1$
n^2	N_2	$10N_2$	$31.6N_2$
n^3	N_3	$4.64N_3$	$10N_3$
n^5	N_3	$2.5N_4$	$3.98N_4$
2^n	N_4	$N_5+6.64$	$N_5+9.97$
2^5	N_5	$N_6+4.19$	$N_6+6.29$

在经典计算复杂性理论中，计算问题分为三类：P 类、NP 类、NPC 类。具有多项式时间复杂性的问题类称为 P 类（Polynomial）问题，这一类问题是大量存在的。NP 类（Nondeterministic Polynomial）问题是能够写出其算法，但对它们已知的最好的算法的复杂度不能用多项式来表示的问题。在 NP 类有一些具有特殊性质的问题，它们的计算复杂性具有等效性，如果它们当中的一个问题能用多项式时间解决，则它们其余的问题也都能用多项式时间求解。这样的问题我们称之为 NP—完全问题类，记作 NPC 类。如果随着问题规模 n 的增长，一种算法的复杂性以不快于 n 的多项式的速度增加，就称该种算法对该类问题是有效的，或称此算法为快算法或有效（率）算法；否则，若所需的计算次数的增加按问题规模 n 的大小的指数函数增长，则该种算法对该类问题是难解的，称为慢算法或无效（率）算法。一般认为，P 类问题是可以有效解决的；NP 类问题不能有效解决。也就是说，具有多项式时间复杂性的问题（如乘法）是有效的，具有指数复杂

---

[1]　顾小丰、孙世新、卢光辉：《计算复杂性》，机械工业出版社 2005 年版，第 14 页。

性的问题（如因子分解）是无效的。

经典算法复杂性见表 7—3，量子算法复杂性见表 7—4。

表 7—3 算法复杂性分类[①]

经典复杂性分类	说明	例子
P	多项式时间算法。算法运行时间在最坏情况下，也是输入的多项式时间	绝大多数程序
NP	多项式时间算法之外的。但是对于答案的验证可以在多项式时间内得到是否正确	大数质因子分解
NP 完全问题	NP 问题的子集。一个 NP 完全问题可以通过多项式时间算法映射到另外一个，N 完全问题上	货郎担问题
ZPP	非确定型图灵机可以在平均多项式时间内解决	
BPP	非确定型图灵机可以在多项式时间内以大于 2/3 的概率解决问题。通过一定的迭代成功的概率可以接近 1	

表 7—4 量子算法复杂性分类[②]

量子算法复杂性分类	说明	与经典复杂性问题的关系
QP	在最坏的情况下，量子计算机可以在多项式时间内解决问题	$P \subset QP$
BQP	量子计算机在最坏的情况下，可以在多项式时间得到正确答案的概率大于 2/3	$BPP \subseteq BQP$
ZQP	量子计算机平均可以在多项式时间内得到正确的答案	$ZPP \subset ZQP$

按照现代可计算性与计算复杂性观点，计算问题可以分为

---

① 戴葵等：《量子信息技术论》，国防科技大学出版社 2001 年版，第 32 页。
② 同上书，第 33 页。

3 类：

（1）不可计算问题，或者说不存在任何一种算法实现的问题。如"哥德巴赫猜想"、"停机问题"等。

（2）有以多项式为界的算法存在的问题（P 类问题）。如排序问题。

（3）问题的计算复杂性为 $\Theta(a^n)$，$a > 1$。如梵塔问题就是顽型问题，它不存在时间复杂性为多项式阶的算法。

二 量子计算的基本特点

从物理学来看，计算机就是一个物理系统。量子计算机就是一个量子力学系统，量子计算过程是量子力学系统的量子态的演化过程。经典上不同的物理态可以选加形成存在于量子计算机中，量子态之间的纠缠在不同的量子比特之间建立了量子"信道"，于是，量子计算机可以并行运算。计算过程可归结为制备物理态，演化物理态，最后对物理态实施测量。[①] 经典计算的理论事实上是建立在对编码态以及计算过程的经典物理理解的基础上。而量子计算则建立在对编码态以及计算过程的量子力学理解的基础上。

实现量子计算，必须解决 3 个关键性问题：一是量子算法，以提高运算速度；二是量子编码，它是进行可靠运算的保证；三是量子逻辑网络，它是作为量子计算的物理器件。

在量子信息论中，量子相干性起着本质性的作用。量子信息的所有优越性均来自于量子相干性，但是，环境影响将使量子相干性产生随时间指数衰减，这就是困扰量子信息论的消相干问

---

① 李承祖等编：《量子通信和量子计算》，国防科技大学出版社 2000 年版，第 148 页。

题。消相干将引起量子错误，量子编码的目的在于纠正和防止这些量子错误。目前，量子算法、量子编码取得了重大突破。在腔QED、离子阱、核磁共振、超导系统等已演示了简单的量子网络。可见，实现量子计算已不存在理论上不可跨越的障碍，技术上的实现还有一定的路程要走。

在量子算法、量子编码与量子逻辑网络 3 个根本因素中，量子算法又是决定量子计算大大优于经典计算的根本因素。量子算法是相对于经典算法而言的，它最本质的特征就是充分利用了量子态的迭加性和相干性，以及量子比特之间的纠缠性，它是量子力学直接进入算法理论的产物。量子计算主要具有以下特点。

1. 量子存储器具有巨大的存储能力

经典计算机的最基本单元是经典比特。量子计算机的最基本存储单元是量子比特。一个量子比特是一个双态系统，且是两个线性独立的态。两个独立的基本量子态常用狄拉克符号记为：$|0>$ 和 $|1>$。量子比特是两态量子系统的任意迭加态。比如，$|\psi> = C_0|0> + C_1|1>$，且 $|C_0|^2 + |C_1|^2 = 1$，其中系数 C_0 与 C_1 为复数。

计算机都有寄存器。量子寄存器就是量子比特的集合。对于 n 个量子比特的系统，其中一个状态可表示为：

$$|a> = |a_{n-1}> |a_{n-2}> \cdots |a_1> |a_0>$$
$$a = 2^{n-1}a_{n-1} + 2^{n-2}a_{n-2} + \cdots + 2^1 a + 2^0 a_0$$

其中 $a_i = \begin{cases} 1 \\ 0 \end{cases}$ $i = (n-1), (n-2), \cdots, 2, 1, 0$，共 n 个，

其中 $|a_{n-1}>$ 表示第 (n-1) 个量子比特，余类推。

比如，5 的二进制为 101，其量子寄存器表示的量子状态为：

$$|\Psi> = |1>|0>|1> = |2^2 \times 1 + 2^1 \times 0 + 2^0 \times 1> = |4+1> = |5>$$

对于 n 位量子寄存器，可以存储的基态的脚标为：N = 0, 1,

2，…，(2^n-1)。即有 2^n 个基态。最一般的态就是希尔伯特空间中的一个矢量，为各种可能的基态乘以相应的复系数的迭加，表达为：$|\Psi> = \sum_{N=0}^{2^n-1} C_N |N>$，它描述了可存储的各种可能的、不同的态的同时存在，这是量子寄存器不同于经典寄存器的特征。

按照经典信息论，对于一个二值系统（0，1），若取二值之一的概率是 1/2，则给出这个系统的取值是 0 或 1 的信息量就是 1 比特。对于 n 个二值系统，n 位二进制数共有 2^n 个，每个都等几率地出现，于是指定其中一个的信息量就是 n 比特。换言之，一个经典比特可以制备在两个逻辑态 0 或 1 中的一个态上，而不能同时存储 0 和 1。但是，一个量子比特可以制备在两个逻辑态 0 和 1 的相干迭加态，即是说，它可以同时存储 0 和 1 两个状态。可见，量子存储器具有巨大的存储量。对于有 n 个量子比特的量子存储器，同一时刻存储 2^n 个数的迭加态，而在经典情况下，同一时刻只能存储 2^n 个数中的一个。见图 7—1。

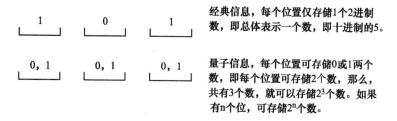

经典信息，每个位置仅存储1个2进制数，即总体表示一个数，即十进制的5。

量子信息，每个位置可存储0或1两个数，即每个位置可存储2个数，那么，共有3个数，就可以存储 2^3 个数。如果有n个位，可存储 2^n 个数。

图 7—1 经典信息与量子信息的存储示意

2. 量子计算具有并行性与纠缠性

量子计算的平行性由量子算法的并行性决定。当我们把代表几个数的相干迭加态制备在一个量子寄存器之中，我们就可以对其进行运算。量子力学中的所有运算是幺正变换和线性变换，因此，可以保持态的迭加性。幺正变换还是局域变换，即只对一定的量子位起作用。

在经典计算机中，有串行计算与并行计算两种处理数据或指令的模式。简单讲，所谓串行计算，就是指计算机依次处理指令或问题。并行计算可分为时间上的并行和空间上的并行。时间上的并行就是指流水线技术，而空间上的并行则是指用多个处理器并发的执行计算。并行计算主要针对的是空间上的并行问题。并行计算还可分为数据并行和任务并行。一般来说，数据并行主要是将一个大任务化解成相同的各个子任务，比任务并行要容易处理。并行计算主要需要用到并行设计模式和并行算法，并行计算的复杂度比串行计算要稍微高一些。

例如，（1）串行计算（$1+2+3$）

串行计算主要是依次计算。

第一步，$1+2=3$

第二步，$3+3=6$

（2）并行计算下述 4 组数之和。

$1+2+3$，$10+11+12$

$2+4+5$，$1+6+9$

并行计算主要是同时处理。

第一步，可以用 4 台计算机同时计算

$A=1+2+3=6$，$B=10+11+12=33$

$C=2+4+5=11$，$D=1+6+9=16$

第二步，将 4 个同时计算的结果再相加：

$A+B+C+D=6+33+11+16=66$

当然，这里的并行计算，是经典的并行计算。真正的量子并行计算还要利用量子纠缠。比如，在某些复杂的计算情况下，可以需要将 $AB+CD$ 的 4 个元素 A、B、C 或 D 纠缠起来。

例如，设有一逻辑门 U 产生以下作用：

$$U|0> = \frac{1}{\sqrt{2}}(|0> + |1>) \qquad U|1> = \frac{1}{\sqrt{2}}(|0> - |1>)$$

逻辑门就是一个算符。量子计算机的各种逻辑门都是由算符来实现的。这就是说，算符 U 使波函数丨0＞转变为丨0＞与丨1＞的迭加态，算符 U 也使波函数丨1＞转变为丨0＞与丨1＞的迭加态，差别的是这两个迭加态的相位是不一样的。

又设 3 位量子寄存器初始状态都处于丨0＞，对每一位实行量子逻辑门 U 的演化，于是有：

$$丨\Psi＞ = U \otimes U \otimes U 丨000＞$$
$$= U丨0＞U丨0＞U丨0＞$$
$$= \frac{1}{\sqrt{2}}(丨0＞ + 丨1＞) \otimes \frac{1}{\sqrt{2}}(丨0＞ + 丨1＞) \otimes \frac{1}{\sqrt{2}}(丨0＞ + 丨1＞)$$
$$= \frac{1}{2\sqrt{2}}(丨000＞ + 丨001＞ + 丨010＞ + 丨011＞ + 丨100＞ +$$
$$丨101＞ + 丨110＞ + 丨111＞)$$

上式就是按三个括号展开后相简即得。可见，每一个量子算符操作同时变换两个量子态，而这三个量子算符是同时作用的，因此，3 个量子么正变换就是一次并行处理，共得到 8 个量子态，每一个态出现的几率都是 $\left(\frac{1}{2\sqrt{2}}\right)^2 = \frac{1}{8}$。n 次操作得到 2 的 n 次方个数的寄存器的态。而经典运算中，n 次操作只得到包含一个数值的寄存器的态。

上述分析可见，如果 U 是一个线性变换。如果将 U 作用于某个迭加态，它将会同时作用于该迭加态的所有基向量，并且把对所有基向量的作用结果进行迭加，产生一个新的迭加态。由此可以看出，用这种方法计算函数 $f(x)$，只需应用一次 U 就可同时计算出 x 取 n 个不同值时的结果。这种计算结果就是所谓的"量子并行性"。[①]

或者说，如果将寄存器制备为若干数的相干迭加态，然后进

① 戴葵等：《量子信息技术引论》，国防科技大学出版社 2001 年版，第 47—48 页。

行线性、幺正运算，则计算的每一步同时对迭加态中的所有数进行，这就是量子并行计算。这一性质是由量子力学的根本性质决定的，或者更严格讲，它是由微观粒子的本质决定的。

用一个不太恰当的比喻，3 台经典计算机的计算效果是 $1 + 1 + 1 = 3$，而一台量子计算就可以相当于 3 台经典计算机，更重要的是，这一台量子计算机可以产生出：$1 + 1 + 1 < 3$ 或 $1 + 1 + 1 > 3$ 的效果（如图 7—2 所示），即量子计算能产生出相干、相消与量子纠缠效应，就像几个水波源会产生水波振幅的增加与减弱一样，如图 7—3 所示。

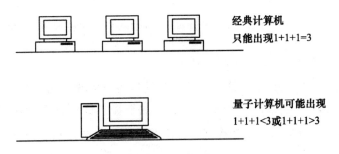

图 7—2　经典计算机与量子计算机的计算方式示意

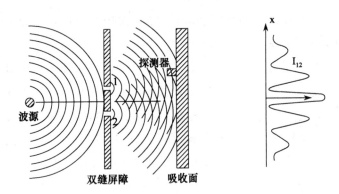

图 7—3　量子计算的平行计算就具有双缝衍射那样的相干与迭加性质

可见，量子计算机对 n 个量子存储器实行一次操作，即同时对所存储的 2^n 个数据进行数学运算，等效于经典计算机重复实施

2^n次操作，或者等效于采用2^n个不同的处理器进行并行操作。随着 n 的增加，量子存储器存储数据的能力将指数上升。

比如，一个 250 量子比特的存储器（如由 250 个原子的两个能级构成）可能存储的数据为 2^{250} 比现有已知的宇宙的全部原子数目还要多，可见，量子计算机可大大加速经典函数的运算速度。而 250 个经典比特的存储器只能存储一个 250 位的数，或者说，只能存储 2^{250} 个数中的一个，该数的位数是二进制的 250 位数。比如 101 是二进制 3 位数。

量子计算还具有纠缠性。当整个存储器处于一个确定的量子态时，其中某些量子位可以不处于（各自）确定的量子态上。

由于量子算法具有并行性，因此，同时对求和式中所有自变量 a 的每一项的作用，就可以一次性得到相应的全部函数值 f（a），然后，利用幺正算符 U 中的相互作用，迅速将函数值 f(a) 存储在 B 的各对应的量子态内，由此形成了 A 和 B 两个存储器的量子态之间的纠缠，即：

$$U(f)\frac{1}{\sqrt{q}}\sum_{a=0}^{q-1}|a\gg|0\gg=\frac{1}{\sqrt{q}}\sum_{a=0}^{q-1}U(f)|a\gg\otimes|0\gg$$

$$=\frac{1}{\sqrt{q}}\sum_{a=0}^{q-1}|a\gg\otimes|f(a)\gg$$

这里的 |a≫表示有 q 个 |a> 的直积，即 |a≫ = |a> |a> … |a>。

由于 A 与 B 之间具有纠缠性，因此，测量 A 存储器，必然导致 B 存储器的坍塌，进而实现量子计算。[1]

3. 量子计算具有整体性

下面讨论多依奇（Deutsch）问题。

---

[1]　张永德：《量子信息物理原理》，科学出版社 2006 年版，第 229 页。

设有一个黑盒（black box），它实现把一个比特信息 x（$x =$ 0，1）变到一比特信息 f（x）的函数运算，即 f：$x \rightarrow f$（x），定义域和值域都可用一个比特来荷载。我们无法知道黑盒在干什么。函数 f 有以下 4 种可能：

$$f_1 (x) = x \qquad\qquad f_3 (x) = 0$$
平衡变换型，$\qquad\qquad$ 常数变换型
$$f_2 (x) = \bar{x} \qquad\qquad f_4 (x) = 1$$

我们现在并不需要知道 f 是这 4 种可能中的哪一个，而只需要知道 f 是平衡型还是常数型即可，这就是多依奇问题。

如果这个黑盒是经典的，那么，只能运算经典比特。为此，我们需运行它两次，分别算出 f（0）和 f（1），从而能得知 f 是平衡型还是常数型，且能够判断 f 是这 4 个函数中的哪一个。但是，我们只需要知道它是属于平衡型还是常数型。可见，我们计算函数 f 两次实际上给出了多余的信息，浪费了时间这一宝贵的资源。那么，是否有更好的改进方案呢？有。量子算法只需要运算一次就可以得到 f 是属于平衡型还是常数型。

如果黑盒是量子的，那么，我们只需对量子黑盒进行运算。对量子黑盒执行一个二量子比特的幺正变换，对量子黑盒采用迭加的量子态输入，只需要运行一次，就可以判断出 f 函数属于平衡型还是常数型。

设量子黑盒执行一个二量子比特的幺正变换：

U_f：$| x > | y > \rightarrow U_f | x > | y > = | x > | y \oplus f (x) >$

其中"$\oplus$"表示异或运算。若作用于第一个量子比特（$| x >$）上得 1 [f（x）=1]，则第二个量子比特状态取反（$| y > \rightarrow | y \oplus 1 > = | 1 - y >$）；否则 [f（x）=0]，不操作。黑盒就相当于一台简单的量子计算机。这个变换是一个用第一个量子位函数值 f(x) 控制的受控非操作。

利用 H 量子门，将量子黑盒的第 1 个量子位制备为 $\frac{1}{\sqrt{2}}$（$| 0 >$

+ | 1 >) 量子态，第 2 个量子位制备为 $\frac{1}{\sqrt{2}}$ （ | 0 > - | 1 > ） 的

迭加态，作为量子黑盒的输入。经过运算可以得到：

$$U_f[\,|x> \frac{1}{\sqrt{2}}(\,|0> - |1>)\,] = (\,-1)^{f(x)}\,|x> \frac{1}{\sqrt{2}}(\,|0> - |1>)$$

然后，对第 1 量子比特进行测量，投影到测量基：

$$| \pm > = \frac{1}{\sqrt{2}}\,(\,|0> \pm |1>)$$

如果测量的结果是 | + > = $\frac{1}{\sqrt{2}}$ （ | 0 > + | 1 > ），经比较有：

f (0) = f (1) = 0，或者 f (0) = f (1) = 1，这一结果表明，f 是常数函数。

如果测量的结果是 | - > = $\frac{1}{\sqrt{2}}$ （ | 0 > - | 1 > ），经比较有：

f (0) = 0, f (1) = 1，或者 f (0) = 1, f (1) = 0，这一结果表明，f 是对称函数。

可见，对量子黑盒采用迭加的量子态输入，只需要运行一次，就可以判断出 f 函数属于平衡型还是常数型。

量子计算机之所以能通过一次运算就给出 Deutsch 问题的答案，是因为它不仅能运算 f (0) 和 f (1)，而且它能对 | 0 > 和 | 1 > 的任意迭加态进行运算，然后从中取出有关函数 f 的整体信息[既依赖于 f (0) 又依赖于 f (1) 的信息，如 f 是平衡类还是常数类]。这就是所谓的量子算法的并行性。[①] 量子计算的并行性，也说明了量子计算具有整体性特点。

历史上，计算方法与所使用的计算工具密切相关。计算工具是计算方法的物质基础。从经典计算机来看，并行计算机与串行计算机的主要区别在于它的指令流和数据流的多倍性。指令流是

---

① Deutsch D., Jozsa R., Rapid Solution of Problems by Quantum Computation. *Proc. R. Soc. Lond. A*, 1992, Vol. 439：p. 553.

指计算机执行的指令序列。数据流是指令流所调用的数据序列。并行算法不只是一种新技术，而且也是一种新思想、新观念。有的学者认为，人们开展并行算法研究的基础，在于客观物理世界是并行的。由于世界上许多事物都是并行发生的，彼此间有一定的联系，从而给并行算法的研究方法奠定了基础。把一个问题分解成为互相独立，但彼此又有联系的若干问题（或若干进程）是并行算法研究的主要方法和手段。在经典并行计算中，是大量计算机的并行工作。而单个量子计算机本身具有不同于经典计算的并行性，在于量子计算的并行具有迭加性、相干性和纠缠性等新的特点。

4. 某些量子算法具有加速能力

被广泛应用的 RSA 公钥系统，是根据数论的研究成果发展而来的，其安全性建立在用经典计算机进行因数分解是困难的这个基础上，因为对 RSA 来说，逆向解密过程是一个与分解因数密切相关的问题。

在现行计算机上，有一些运算是比较简单的，如乘法 $17 \times 29 = ?$，结果可以很快得出；有一些运算是比较困难的，反过来，求一个数的两个素数因子：$493 = ? \times ?$。

对于整数的因子分解问题，计算复杂度是随着输入数据的位数的增加以指数方式增大的。所谓因数分解问题是：一个 n 位整数 N，它等于两个素数 n_1 和 n_2 相乘的积，其中 N 为已知，由给定的数 N 去求这两个未知的素数因子 n_1 和 n_2。在经典计算机上进行因子分解，是依次用 2，3，4，…，$\sqrt{N}$ 作为除数去除 N，直至把能整除 N 的那些素数找出来。使用这种算法，计算的时间复杂度为 $O(2^{\frac{n}{2}})$（n 为输入量的位数），以指数方式增长。显而易见，这不是任何有限阶的多项式，输入数据 N 越大，解起来难度越大，因而这一算法不是一个有效算法。RSA 技术的发明者之一

Rivest 于 1977 年提出了一个 129 位的数 N：

1143816257，5788886766，9235779976，1466120102，1829672124，
2362562561，8429357069，3524573389，7830597123，5639587050，
5898907514，7599290026，879543541。

1994 年，人们曾经用 1600 个工作站协同计算，花了 8 个月才把这个数的因子分解计算出来。1997 年伦敦股票交易所的 CREST 系统使用的 155 位的 RSA 技术，目前速度最快的计算机也不能破解。可以看出，当 n 大到一定程度时，即当输入的正整数的位数很大时，以位数的指数方式和以位数的多项式方式增长方式的巨大差别开始显现。在复杂度为指数阶 O（2^n）的情况下，O（2^n）的时间复杂度对于经典计算机来说是不可接受的。

1994 年，AT&T 公司的肖尔（Peter Shor）博士在他的一篇论文中提出了一种利用量子计算机解决一项重要数论问题——大数分解问题的方法，这个算法被称为"Shor 大数因子化"的量子算法。使用 Shor 量子算法求解正整数的因式分解问题，它的时间复杂度随输入数据的位数的增加以多项式方式增长。它充分发挥了量子并行性的作用，理论上完成一个 400 位大数的因子分解计算只需要花费一年左右的时间。因而 Shor 算法对因子分解是有效的，如果多量子位的量子计算机能真正产生，那么破解 RSA 公钥系统将是很容易的。这说明量子计算相对经典计算的巨大优越性；但是，这一算法的实际应用，将会使现行的计算机上使用的公共安全加密系统的安全性受到极大威胁。

用肖尔量子算法进行因子分解的思想是把求数 N 的因子问题简化成求一个周期函数 f 的周期问题，然后利用傅立叶变换找出函数的周期。而我们知道量子计算中的输入态和输出态是处于量子纠缠之中，对余因子函数的输出态进行测量并得不到它的周期，但是可利用分立傅立叶变换，不测量输出态，而测量输入态，以求得周期，于是就可以实现因子分解，而所需要的时间只随位数的多项式方式增长。这其中还利用了量子的相位的相干性

与相消性。

在经典计算机中，复杂性产生在求周期之中。比如设该函数 $f(x)$ 的周期为 r，有 $f(x) = f(x+r)$ 成立。

除了求周期 r 之外，上述步骤在经典计算机上均需要多项式时间，求周期 r 的计算所需要的时间以 N 的位数 n 的指数函数方式增长。使用肖尔量子算法，求解同样的问题却只需要多项式时间，关键在于使用了分立傅立叶变换求周期 r。主要步骤是辗转相除和求函数 $f(x)$ 以及求 $f(x)$ 的周期，在量子算法中它们的时间复杂度依次为 $O(n^2)$、$O(n^2 (\lg n)(\lg \lg n))$、$O(\lg n)$。因此，求一个 n 位大数的两个质因子的 Shor 算法的时间复杂度为 $O[n^2 (\lg n)(\lg \lg n)]$ 这是 n 的多项式。

经典因子分解与量子因子分解的根本区别在于：量子傅立叶变换（QFT）。

离散傅立叶变换是一种重要的数学变换，它是有限长序列傅立叶变换的有限点离散采样。也就是说，离散傅立叶变换把一个离散函数变换为另一个离散函数。量子傅立叶变换（QFT）是对离散傅立叶（DFT）的一种变换。

设输入寄存器的量子位数为 n，量子分立傅立叶变换（Quantum Fourier Transform）的定义是：

$$| x > \rightarrow \frac{1}{2^{n/2}} \sum_{c=0}^{2^n-1} e^{2\pi i c x/2^n} | c >$$

通过量子傅立叶变换，肖尔证明，基于 2^n 的量子傅立叶仅用 $n(n+1)/2$ 个量子门就可实现。这就是量子傅立叶变换所需要进行的运算与位数是多项式关系而不是指数关系，从而使肖尔的量子算法是一个多项式算法，是一个有效算法。换言之，量子肖尔算法充分利用了量子的相位的相干性、相消性与量子计算的并行性，从而具有指数加速的特点，克服了经典计算复杂性。

我们以最低的指数情况 L^2 作为经典因子分解所要进行的运算

次数。由于量子分立傅立叶变换是幺正变换，可以由两种量子门（H 门和 2 个量子位的相移门）实现，需要的量子门的数量为 L（L＋1）/2。分立傅立叶变换所需要的计算次数是位数 L 的多项式形式 L（L＋1）/2。所以，量子分立傅立叶变换是有效运算。因为 L（L＋1）/2 $\leqslant L^2$，当 L＞5 时，$2^L＞L^2$。设 L＝200，$2^{L/2}=2^{100}\approx 10^{30}$。

对于十进制 60 位的数进行因子分解，如果用运算速度约为 10^{12} 次/秒的经典巨型计算机进行经典计算，需要的运算次数是 10^{30} 次，耗费的时间为 10^{17} 秒，这大约相当于宇宙的寿命（约为 10^{17} 秒）；在采用量子算法的情况下，需要作的运算次数约为 $L^2\approx 4\times 10^4$，以同样的运算速度，只需要 10^{-8} 秒即可完成。

Shor 算法对因子分解是有效的，如果多量子位的量子计算机能真正产生，那么破解 RSA 公钥系统将是很容易的。这说明量子计算相对经典计算的巨大优越性；但是，这一算法的实际应用，将会使现行的计算机上使用的公共安全加密系统的安全性受到极大威胁。目前一个推广了的 Shor 算法已经在核磁共振中得到实验实现。

1997 年，格罗夫（Grover）发现了具有广泛用途的量子搜寻算法。它适用于解决如下问题：从 N 个未分类的客体中寻找出某个特定的客体。我们知道，经典算法只能是一个接一个搜寻，平均而讲，这种算法需要寻找 N/2 次，找到的几率为 1/2，但是，用 Grover 的量子搜寻算法仅需要 $\sqrt{N}$ 次。例如，要从 100 万个电话号码中寻找出特定的号码，经典方法平均需要找 50 万次，其正确的几率为 1/2。如果用格罗夫的量子算法，每查询一次可以同时检查所有 100 万个号码。因为 100 万个量子比特处于纠缠态，量子纠缠会使前次的结果影响到下一次的量子操作，于是，量子算法只需要 1000（即 $\sqrt{N}$）次，获得正确答案的几率为 1/2，但若再多重复操作几次，那么找到所需电话号码的几率接近于 1。①

总之，目前已构造出来的一些量子算法已显示出超越经典计算机的强大能力。有的问题是指数加速（如肖尔算法），而大量的问题是方根加速（如格罗夫算法），从而可以节省大量的运算资源（如时间、记忆单元等）。但也有一些问题则没有量子加速。

量子计算机具有超出经典计算机的能力，关键在于构造出适合量子计算机的量子算法。量子计算机是服从量子力学规律的物理机器，它可以支持新类型的量子算法。某些量子算法，可以在多项式时间内解决在经典计算机需要指数时间的问题，这表明，量子计算机把一个 NP 类问题转化为 P 类问题。目前，还没有证明，分解大数质因子是 NP 类问题，但很多人相信它是 NP 类的。这样按照上述经典算法复杂性理论，就有可能把经典计算理论中的某些 NP 类问题在量子计算机上化成易解的 P 类问题。于是，经典计算复杂性理论分类在量子计算上将失去绝对性，也需要重新考虑以经典图灵机为基础的计算复杂性理论。

首台通用编程量子计算机问世，它是由美国国家标准技术研究院研制的，可处理两个量子比特的数据。② 见图 7—4。通用编程量子计算机采用了量子逻辑门技术来处理数据。制造量子逻辑门需设计一系列激光脉冲，以操纵铍离子进行数据处理，再由另一个激光脉冲读取计算结果。量子逻辑门已编码为激光脉冲。当量子门对量子比特进行逻辑操作时，铍离子便会开始旋转，实现对量子比特的存储。研究小组表示，在准确率提升至 99.99% 时，该芯片才能作为量子处理器的主要部件，通用编程量子计算机才会真正有实际应用。

---

① D. Bouwmeester, A. Ekert and A. Zeilinger, *The Physics of Quantum Information*. Berlin: Springer-Verlag. 2000, p. 413.

② http://news.sciencenet.cn/sbhtmlnews/2010/1/228291.html.

图7—4　首台通用编程量子计算机示意

三　量子计算的哲学启示

1. 物理学与数学的关系

近代以来，数学总是走在物理学的前面，并成为物理学的重要工具。似乎抽象的数学与经典层次的物理学没有多大的联系。

对于自然科学与数学的关系，康德就认为："在任何特殊的自然学说中所能找到的本义上的科学，恰好同其中所能找到的数学一样多。因为如前所述，本义上的科学，尤其是自然科学，要求一个为经验性的部分提供基础并先天地立于自然事物的知识之上的纯粹部分。"[①] 他又说："关于一定自然事物的一个纯粹自然学说（物理学说和灵魂学说），却只有借助于数学才有可能，并且由于在任何自然学说中所找到的本义上的科学正好像其中所找到的先天知识那么多，所以在自然学说中所包含的本义的科学也正如在其中可以使用的数学那么多。"[②] 这就是说，本义上的自然科学（即物理学）要借助于数学显现出来。

---

① 康德：《自然科学的形而上学基础》，邓晓芒译，上海人民出版社2003年版，第6页。

② 同上书，第7页。

　　事实上，数学与物理学始终是相互联系的。我们知道，纤维丛是一个数学概念，而规范场是一个物理概念，这两者都是从数学与物理学的不同角度发展出来的，当时，著名数学家陈省身与物理学家杨振宁并不知道两者之间有深刻的联系，陈省身教授把两者比较为"同一大象的两个不同部分"，而杨振宁则用"两叶理论"予以概况数学与物理有共同的根基。他说："数学与物理学之间的关系如此之深，然而，如果认为两方面有那么大的重叠，那就错了。它们并不是这样。它们各有不同的目的和兴趣。它们有明显不同的价值判断，它们还有不同的传统。在基本概念的水平上，它们令人惊异地共同使用某些概念，但即使在这里，每一方面的生命力是沿着各自的脉络奔流的。"①

　　一般来说，自然科学是经验科学。但是对数学的性质，是经验的，还是先验的，一直争论不休。以穆勒为代表的传统经验主义认为，数学中的大部分命题都是经验的一般化，即是建立在对经验事实的直接归纳之上。而先验论者认为，数学真理具有与生俱来的先验性。比如，康德所说的"先天综合判断"。著名科学哲学家拉卡托斯则认为，数学有着不同于一般经验科学的特殊性，数学是拟经验的。他的拟经验主义数学观的主要特征是：肯定数学理论的真理性有待于后天的检验，同时又强调了数学标准，即数学命题（或数学理论）的真理性主要取决于它的数学意义，而并不是它在社会实践中的成功。

　　早期的测量为数学奠定了基础，近代的微积分与现实世界的联系并不明显。但是，量子算法与量子计算表明，数学的经验性又在更高层次显现出来了，这就是说，量子力学所揭示的微观世界的性质成为量子算法与量子计算的物理基础。正是这一微观世界的物理基础，才使量子算法与量子计算成为可能。

　　事情的另一面，我们还可以追问量子力学的基本方程——薛

① 宁平治等主编：《杨振宁演讲集》，南开大学出版社1989年版，第4、398页。

定谔方程是如何得到的？它正是通过类比，通过数学建立的，其正确性在于不断得到量子力学实验的证认。可见，数学深刻揭示了客观物质世界的本质。量子力学所揭示的微观物理系统的经验性质，促进了计算数学和计算机科学的发展，也为解决计算复杂性提供了新的有力的工具。事实上，原来爱因斯坦等人提出 EPR 论证时，仅是作为一个佯谬，在于反驳量子力学不具有完备性，而 EPR 论证是在量子力学的前提下从数学角度推演出来的，而不是作为一个真正的物理过程，但随后的一系列物理实验严格证明了 EPR 关联是微观客体的最基本的性质，量子算法与量子计算正是以 EPR 关联——量子纠缠作为其关键运行机制。

量子算法与量子计算以量子力学为基础，这就实现了数学与物理学的结合。量子算法与量子计算利用了量子力学的各种基本性质，比如，量子相干性、迭加性、并行性、纠缠性、测量坍塌性等。从历史来看，数学总是走在物理学的前面，物理学利用和依靠数学，但量子力学真正帮助数学去改进和突破原有的数学理论限制。因此，建立在原有数学基础上的经典计算复杂性理论必然要作重大的调整。从量子算法与量子计算这一角度来看，数学具有拟经验性，即数学的正确性及其运算机制受到了微观经验世界的支配，与此同时，数学又有自身的脉络，数学所建构的数与空间成为探索物理世界的重要工具。

2. 量子算法与量子计算阐明了波函数的实在性

量子力学中波函数（几率幅）究竟有没有物理意义，一直存在争论。德布罗意认为，波函数是物理波，其导波理论认为，粒子骑在波上；它的双重解理论认为，非线性解表示粒子，线性解代表波。薛定谔认为波函数是物理波，用波包代表粒子。玻尔和海森堡认为，波函数代表几率波，几率波具有物理实在性，它具有潜在性。目前教科书所采用的观点是玻恩的几率波解释，即是说波并不像经典波那样代表什么实在的物理量的波动，它只不过是关于粒子的各种物理量的几率分布的数学描述而已，几率波解释只是将波的振幅的平方与各种物理量的测量值之间建立起了几率的关系。玻恩的波函数与微观实在并没有直接的联系。

如果说有关波函数的论争是在量子纠缠的客观实在性并没有得到认识之前做出的，那么，我们认为，当量子纠缠确认为一种客观性关联，并且作为量子算法和量子计算的根本性基础，有关波函数的实在性论争应当告一段落，波函数就是微观实在与量子信息的统一，波函数表达的几率波的实在性质不同于经典力学的粒子和波的实在性质。如果我们不承认量子系统的波函数的实在性，那么，量子计算和量子算法就如同是在虚无缥缈的神话中变戏法。从量子计算与量子算法来看，波函数（或几率幅）与算符都具有物理实在的意义，波函数完全描述了量子系统的状态和运动性质，而算符描述了微观物质相互作用的性质，测量仪器对量子系统的作用就等效于一个力学量算法作用在波函数上。

量子计算充分利用了微观物质的新性质。量子信息的存储与量子计算深刻表明，微观客体既在这里，又在那里，这是量子并行计算的根本基础，这充分体现了亦此亦彼辩证逻辑。而经典信息存储与经典计算却不是这样，却是严格的形式逻辑。量子计算所体现的辩证逻辑通过形式逻辑的运算而显现出来。

潘建伟及其同事等完成了量子存储的重要成果，实现了长寿命的量子存储。[①] 他们的成果发表在 2009 年 2 月 1 日出版的英国《自然》杂志子刊《自然—物理学》（*Nature Physics*）上。量子存储可以将光的量子态存储于原子系综的自旋波激发态中，是量子中继器的关键部件。通常认为，由于退相干机制的存在，使得已实现的量子存储的寿命都非常短，只有 10 微秒左右，短的存储

① Bo Zhao, etc. A millisecond quantum memory for scalable quantum networks. *Nature Physics*. 2009（5），pp. 95 – 99.

寿命极大地限制了量子中继器在远距离量子通信中的实际应用。潘建伟研究小组通过对量子存储退相干机制的详细研究，发现导致量子存储寿命短的原因，一个因素是磁场的影响，另一个重要因素是原子热运动造成的自旋波的失相。为此，在实验中，通过选择对磁场不敏感的原子"钟态"（clock state）来存储量子态，同时延长自旋波激发的波长，于是将量子存储的寿命首次提高到 1 毫秒以上，相当于光可以在空气或光纤中传播 300 公里以上。该实验成果将单量子存储的寿命提高了 2 个数量级，向未来基于量子中继器的远距离量子通信迈出了坚实的一步。

3. 量子算法对克服经典计算复杂性的启示

计算复杂性可以分为时间复杂性与空间复杂性。计算复杂性是由算法的复杂性决定的。计算都有一个物理的操作运行过程，完成这一过程需要最起码的运行时间和计算空间。时间复杂性与空间复杂性的存在告诉我们，时间和空间是计算最基本的物理限制因素，计算时间与空间都是有限的，且与人类的活动的合理的时间与空间尺度密切相关，如果超出这一合理时空尺度，计算就是不现实的，也是不可能的。比如，计算时间高达几年或几十年，其计算就不现实，而且还不能保证在这计算期间是否不出现新的问题，如机器是否发生物理故障。

不仅时间与空间的现实合理尺度构成了计算复杂性，而且丘奇—图灵（Church-Turing）论题深刻揭示了存在不可计算问题，或者说不存在任何一种算法实现的问题。丘奇—图灵论题的表述是：直观可计算的函数类就是图灵机以及任何与图灵机等价的计算模型可计算的函数类。不可计算问题的存在，意味着世界本身是复杂的，其复杂性远远超过了时间复杂性与空间复杂性，因为时间复杂性与空间复杂性表明人类理性是可能予以把握的，只是其运行时间与所占空间超过了人类运行它的合理尺度，但是，不可计算问题从根本上否定了人类对某些问题的任何可计算性。我们认为，目前有关计算复杂性的定义是操作性和现象性的，并没有揭示计算复杂性的本质。因为从经典计算理论来看，只有多项式时间算法是可计算的，而指数时间算法是不可能克服的。复杂程度与算法有关。[①] 经典计算复杂性分类对于量子力学失去绝对性，量子计算机有可能把 NP 问题转化为易解的 P 类问题。但目前，仍不能肯定这种推论的正确性。量子计算理论表明，某些经典的指数时间算法是可以转化为量子多项式时间算法，即经典时间复杂性得到克服。比如，肖尔算法就是这样的量子算法。已发现一些量子算法（如 Grover 算法）比经典算法可以更快地求解问题。但这种加速不是把指数算法变成多项式算法，而是把一个需要 N 步的算法变成需要 $\sqrt{N}$ 步的算法。虽然这种算法不是指数加速，但是，加速效果仍然相当可观。

为什么量子算法能克服经典算法所不能克服的某些复杂性呢？我们认为，关键在于量子计算机是一个复杂系统，量子计算所具有的复杂程度不低于求解问题的复杂程度，即以复杂性克服复杂性。当然，如果量子计算的复杂程度低于问题的复杂程度，那么，量子计算也无法求解问题。因此，量子计算也只能求解一部分问题，从根本上讲，世界是非线性的、复杂的和不稳定的，可求解的问题是少数。

肖尔找到的分解大数质因子的快速算法，使得量子计算机把一个 NP 类问题转化为 P 类问题，尽管还没有证明分解大数质因子是 NP 类问题，但是，很多人相信它是 NP 类的。

从定性来看，经典算法具有有限性和离散性，经典计算机的计算是逐次计算和部分性计算，而计算问题具有无限性和整体性，因此，必然存在经典计算机无法完成的计算问题。而量子计

---

① 赵瑞清、孙宗智：《计算复杂性概论》，气象出版社 1989 年版，引言，第 2 页。

算（机）是一个复杂系统，其计算具有并行性与整体性，因此，量子计算机就可能克服某些经典计算复杂性。现有的计算复杂性分为空间复杂性与时间复杂性，显然这样一个定义是一种操作意义上的定义，是一种对经验现象的描述，并没有揭示出计算复杂性的本质。

但是，并不是说量子计算就可以解决所有的经典计算复杂性。实际上，数学世界是一个具有高度自主性、客观性的世界。一个问题是否有解，是由数学的客观性决定的。

按照康德的观点，物理学是通过数学体现出来。我们认为，物理世界通过数学体现出来，计算的复杂性体现了物理世界的复杂性。计算的复杂性涉及到两个层次，一个是本体论层次，一个是认识论层次。原来有的计算问题没有经典算法解，而现在却有量子算法解，这说明该计算问题是认识复杂性，而不是客观复杂性。如果显现的数学问题在本体论上是复杂的，那么，这样的复杂性就不能有算法解。计算的认识论复杂性，其解取决于人的认识能力和人创造的工具的水平。

4. 量子黑盒的方法论意义

量子黑盒实际上涉及到了量子控制这一重要问题。什么是量子控制呢？贝克鲍姆（P. H. Bucksbaum）教授认为它是"物理研究的一个新领域。它通过利用精细的控制（目前主要是激光场）操纵量子现象。量子计算、慢光子、原子束及其类似的目标都属于这一新领域——量子控制"[①]。量子控制的主要目标是根据我们的要求，在预先选定的时间 t 内，控制系统从观测的初始量子态 $|\psi(0)>$ 达到目标态 $|\psi(t)>$。量子控制的被控对象主要

---

① P. H. Bucksbaum. Particles deriven to diffraction. *Nature*, 2001, 413（1）: pp. 117-118.

是微观领域的量子系统，遵循量子力学的规律和量子信息理论。简单讲，量子控制就是控制量子态。

由于量子系统的量子性、相干性、不确定性和复杂性，量子控制与经典控制有很大的不同。正如谈自忠教授指出："量子控制系统有别于经典系统的最大特征在于其反馈控制的特殊性，因为反馈所需的量子测量即使在理论物理和实验物理领域至今也没有得到完全解决。"① 在量子控制中，最优控制最先取得成功。

在经典控制论中，有一个黑箱问题。这一概念是维纳在研究控制论的过程中提出来的，他在研究电网络系统时说："我把黑箱理解为这样一种装置，它具有两个输入端和输出端的四端网络，它对输入电压的现在和过去实行一定的操作，但是它靠什么结构来执行这种操作我们并不需要知道任何信息。"②

对于一个黑箱来说，往往是我们不能完全知道它，可能知道它的一部分性质或结构，甚至它的一部分性质也不知道。对于黑箱的认识，我们可以采用控制论的黑箱方法去认识，即对黑箱进行输入，然后我们得到输出，通过输入与输出的历史与现在的变化，即外界变量的变化来推知黑箱应当具有什么的性质或结构，当然这里是黑箱体现出来的外部性质，但是黑箱的外部性质是内部性质在外界条件的作用下才产生的。通过变换输入与输出的条件，就能够获得黑箱内部的某些性质和运行规律。即经典控制的黑箱方法在于获得被控的经典系统的结构或性质。

输入经典信号，获得一系列的输出的经典信号，由此来推断经典系统的结构或性质。

量子控制的目的是对量子系统状态进行有效的主动控制，就是对波函数进行控制，以实现人们的期望暂时或永久的改变微观物质的量子状态，或将波函数控制到人们所期望的状态上。量子

---

① 丛爽编著：《量子力学系统控制导论》，科学出版社 2006 年版，"序"。

② 维纳：《控制论》，科学出版社 1985 年版，"序"第 X、VI 页。

控制的目的不是去推断量子系统的结构或性质，而是通过量子控制使被控的量子系统处于人们所期望的状态。

对于量子系统来说，我们能否变换其输入，得到不同的输出，由此推断量子系统的结构呢？

对量子系统进行测量，其结果必然是经典结果。因为量子系统的终态——量子态是没有办法直接被测量的，而只能测量到对应力学量的本征值，但是，每一个力学量的本征值都有一定的几率被发现。

由于微观粒子显现出波粒二象性，但微观粒子本身并不是波粒二象性，而是指的微观粒子在经典或宏观环境下显现出来的波动性或粒子性。也就是说，波动性或粒子性都是经典语言，而不是微观世界的语言。对量子系统的测量结果是经典结果，当然用经典语言来描述，无法用微观语言来描述。这表现在延迟选择实验中，我们不能够根据实验结果（经典结果）的粒子性来推断过去事物（输入的光）就是粒子的，也不能够根据实验结果的波动性来推断过去事物（输入的光）就是波动的，原因就在于完全描述微观粒子性质的是波函数或几率幅。

因此，根据量子测量的经典输出结果的性质来推断量子系统的输入事物的性质，或根据经典输出来推断经典输入的性质，这在微观世界是不可能的。换言之，在经典控制论中的黑箱方法，即通过变换输入与输出的条件，就能够获得黑箱内部的某些性质和运行规律，显然，这一方法并不能直接用于未知内部结构的量子系统上。人们要认识微观对象，还必须借助互补原理、对应原则、直观原则等。（如图7—5示意）

黑箱与黑盒的英文都是 black box，但是在经典控制论中它被译为"黑箱"，而在量子信息技术或量子控制论中它被译为"黑盒"。中文的区别也说明了两者确有区别，在中文日常的意义上，"盒子"要小于"箱子"。

李承祖教授等认为："计算机科学中的黑盒，是指可以执行某种计算任务的一段程序。量子计算机中的黑盒是可以完成某种计算任务的一系列幺正变换……假设我们有一个量子黑盒，为黑盒制备一个输入，测量输出可以得到计算结果。"[①] 可见，这里的"黑盒"是一种认识客观对象的工具，或者是一种"测量工具"，一段程序。量子黑盒可能具有指数类型的加速，可以克服经典计算复杂性。

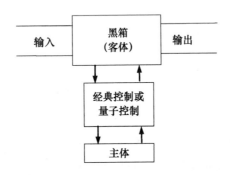

图7—5 主体、控制、输入与输出的关系示意

如果我们有一个量子黑盒，为黑盒制备一个输入，测量输出可以得到计算结果。对于量子黑盒，针对不同的具体问题，我们采用了不同的量子算法。量子黑盒有不同的具体的计算函数。也就是说，量子黑盒所处理的问题 Q 是清楚的，有相应的表达式，如多依奇（Deustch）问题、数据库等，从经典计算来看，这些问题 Q 是消耗更多的计算资源、难以计算或不可能计算，而由于量子黑盒可以获得指数加速，并能够克服一些不可计算的问题。如 Simon 问题，就是一个指数复杂性问题，经典计算没有办法解决。可见，量子黑盒并不同于经典控制论中的黑箱——经典黑箱的涵义。

经典黑箱就是指内部要素和结构尚不清楚的经典系统。而量

① 李承祖等：《量子通信和量子计算》，国防科技大学出版社 2000 年版，第 154页。

子黑盒是一段量子算法所构成的程序，它处理的对象是已知的经典问题，可以从量子计算的角度来处理。量子黑盒本身所代表的程序的运行机制也是清楚的，因为它一定服从量子力学的规律。量子黑盒所包含的程序就具有控制性，它将输入经过量子运算之后转换为输出。

量子控制总是通过量子信息去控制量子系统。而经典信息只能控制经典系统。尽管有的量子系统看起来是经典的，但其运行机制或工作原理是量子力学和量子信息的，如隧道扫描显微镜等就是如此。

第 八 章

对称、量子信息与相互作用

对称是自然界显现出来的一种重要形式。杨振宁教授提出"对称性支配相互作用"原理。那么对称与相互作用，谁更基本？是否有相互作用的对称起源？或者说，对称比相互作用更重要或更基本？或者说，对称是限制相互作用的一个方面？在量子隐形传态过程中，对称性与相互作用有没有关系？本章将就对量子信息、对称性与相互作用展开研究，探讨有没有新的相互作用。

一 对称性与相互作用

1. 对称的涵义

（1）对称性的涵义

对称性是人们在观察自然和认识自然的过程中所产生的一种信念或方法，它包含对称与对称破缺两种形态。在自然界的运动、变化和发展过程中，它的具体表现是极其丰富多彩的，也是千变万化的。例如，任何一个旋转球体，当它在绕过中心的任意一轴旋转过一定角度后，它的形态和位置都不会发生任何改变，通常人们将轴体的这一性质称为绕球体的旋转对称性。正因为如此，人们就很难断定该球体是否在旋转，如何才能断定球体发生了旋转运动呢？很简单，只要我们在球体上画出一些记号，那么我们就能根据这些记号的位置是否变化，就可以判断该球体是否发生了旋转，从物理学的角度来看，这些记号所起的作用就是使球体不再具有严格的旋转对称性，也就是说，这些记号破坏了球体的旋转对称性，这就是所谓的对称性破缺。不难看出，在对称性原理中所包含的对称性破缺，在认识事物的运动变化规律中是何等的重要。正是这种方法才使天文学家们在观测各种天体的旋转运动中，发现彼此各不相同的天体运动、演化规律的。例如，我们可以把太阳上的黑子作为一种记号去研究太阳，这样才使我们认识太阳黑子活动的周期；把脉冲星向地球发射的脉冲周动作为记号去认识中子星的内部状态及运动演化规律；根据银河系及各种星系的不完整对称性，即存在形态上的破缺对称性去认识银河系的旋转运动及各种星系的同类运动及其演化；我们生存在地球上，但如何去认识地球的旋转运动？如何去建立起日、月和年的概念？从对称性的角度出发去观察地球上的生活环境，人们发现了二十四小时为周期的时间平移对称性，但这个对称性存在微小的破缺，即根据月亮每天的位置和形状的差别，人们发现了不同两天之间的区别，再进一步地发现了年的周期和农历月的周期等等。

由此可见，对称及其破缺的表现形态是多种多样的、极其复杂的，因此，我们在运用它们去研究探索自然界的规律时，一定要仔细观察对称及其破缺的条件，如果稍有不慎就可能错把假象当成真相了。也就是说，在一定的条件下表现出来的对称性相当严格。在新的条件下可以显示出对称性的破缺。也可以这样说，自然现象中显示出来的严格对称性，可能真正地反映出它背后的物理机制就具有这样的对称性，也可能在其背后的物理机制并不具有这样高的严格对称性。

（2）对称性、守恒性与变换关系

任何对称现象的发现，都是与把两种不同情况进行比较后才认识的。在数学上，将两种情况间通过确定的规则对应起来的关系，称为从一种情况到另一种情况的变换。因此，人们将对称性概括为，如果某一现象（或系统）在某种变换下不改变，那么我们就说该现象（或系统）具有该变换所具有的对称性。可见，一种对称性总对应着一种变换形态，而另一种变换形态又总对应着一种不变性。下面讨论三点：

首先，任何对称性总是通过相应的特定变换形态表现出来的，正是基于这种认识，人们又从变换的不同形态来对对称性进行分类，从连续与否来分，可将对称分为连续对称性与分立对称性；从时空与事物属性来分，我们又可将对称分为空间对称（如P）、时间对称（如T）、内部性质的对称（如C、J、I、G、Q、B、L、S）及复合形式的对称（如CP、CPT、能量—动量张量守恒）等。从整体与局域来分，对称性又可分为整体对称性与局域对称性。

其次，不同的对称性又与特定形态的不变性，或者守恒性，或者守恒量相对应。这方面的规律，最先由著名女数学家诺特发现，称之为诺特定理。这个定理指出，如果运动规律在某一变换下具有不变性，必定相应地存在一个守恒定律。例如，动量守恒、能量守恒、角动量守恒等就是这样得到的。

当然诺特定理深一层的意思还可包括破缺情形在内。即是说，如果运动定律的某一对称性并不严格成立而是有所破缺时，那么相应的守恒量就应该改为近似守恒量，其中不守恒的部分所占的比例，将随破缺所占的比例而定（如P、C、及CP在弱作用下的破坏）。物理学中存在的这种现象，也给物理学家们作为方法利用上了，他们根据实验观察到的近似守恒量的近似守恒量的程度，反过来推测基本运动规律可能采取的形式，在粒子物理学的发展中，人们曾充分地利用这点来研究基本运动规律的可能存在形式，还利用它来预言新粒子的存在（如人们曾预言中微子的存在）。

再次，将变换不变再深入一步，既然运动规律在一个变换下保持不变总对应着一个守恒定律，那么，如果运动规律对某一变换群中所有的变换都保持不变，试问它们应该存在几个守恒定律，对于这个问题的回答是显而易见的。根据对应原理，对于那些由分立变换构成的群，每一个变换对应地存在着一个守恒量；对于那些由连续变换组成的群，群的每一个生成元都对应地存在着一个守恒量。例如球体的旋转对称性是连续变化的，也就是说与它相应的存在无穷多个变换，用群论的语言来说，这些无穷多变换构成了一个三维转动群，它有三个生成元，因此对应的独立守恒量就应该有三个守恒定律。

（3）对称性的自发破缺

设一个粒子在一个平面上运动，再设粒子在平面上的势能的值在中心点处为最大，而且粒子对中心点势能最大处于满足旋转对称性，但是，当粒子的能量处于最低状态时，显然粒子不能位于平面的中心点，而只能处于距离中心点的某一确定的圆上的某一位置，并且还可能同时处于该圆的所有位置上。这一情况说明处于最低能量状态的粒子不再对中心具有旋转对称性了，在现代物理学中，人们把这种现象称为对称性的自发破缺。所谓真空对称性的自发破缺就是这样产生的。粒子物理学和规范场论认为，所有的物质客体总能量最低的状态就是真空。如果运动规律在某种变换下是不变的，即具有某种对称性，那么所有能量最低的状态的总和也应该具有这种对称性。但是，如前所述，任何一个能量最低的状态都不具有这种对称性，即是说，凡是真空状态总要发生对称性的自发破缺。

对称性的自发破缺这个概念，最先源于磁学中对磁畴形成过程的研究。20世纪60年代才引进粒子物理学和规范场，并把它作为该理论的基础出发点之一来加以利用。温伯格和萨拉姆在建立弱电统一场论时就是这样做的。

以上讨论我们可以概括如下：任何对称性都能通过数学上的变换群给以确切的定量描述，它告诉我们，运动规律的对称性和物理学中的守恒量有直接的关系，并且在一定条件下还会发生对称性的自发破缺。

（4）对称性原理成立的前提

通过上面的讨论我们还应该明确一个问题，即物理学的一切对称性原理的成立有一个前提条件：只有某些基本量是不可能观察到的量（称为"不可观察量"），对称性原理才能成立，否则对称就会发生破缺，不可观察量转化为可观察量。对称性原理与三个方面的内容是密切相关的，这就是不可观察性的假说、有关数学变换下的不变性以及作为物理结果的守恒定律（或选择定则），理论的真理性是通过这些守恒定律的可检验性来获得确证或否证的。同时也说明了"变换不变性"是检验物理理论真理性的主观判据。例如，牛顿力学是完全对称的，因为它是建立在绝对空间、绝对时间、绝对运动和绝对方向、绝对左右和绝对正负的基础之上。狭义相对论打破了时、空、运动等的绝对性，认为它们是相对的，是随运动而变化的，因而不是完全对称的。同时还假定绝对速度是不可观测的。所以才导出洛伦兹变换不变性以及随之而来的与洛伦兹群的六个生成元相联系的守恒律。同样，广义相对论假定：不可能把加速度与适当安排好的引力场区别开来。表8—1总结出了物理学中常用的某些对称性原理的三个方面。

（5）不对称性与可观测量

不可观测有两种情况：第一，可能确实不能观测到；第二，可能由于目前的观测技术不行，如果是后一种情形，一旦当我们的观察范围更广泛，仪器更精密，以致使原来认为是不可观察的量，实际上变成可观察的量时，对称性就被破坏了。例如，由于质子态和中子态带有不同的电荷，它们是不同的。于是，这个不可观察量的差别就打破了同位旋的对称性，又如，P 宇称、CP 宇称。在日常生活中，左和右也是不对称的（如人的心脏偏左），然而，这种日常生活中的不对称性，应归源于外界环境的偶然的不对称，或初始条件的不对称，而不是自然规律中本质上的不对称。同样理由也可以说明正、反粒子之间的差别。

表 8—1　　　　　　　　对称原理与不可观察性的关系

不可测量性	不变性	守恒量	选用范围
空间绝对位置	空间平移	动量（p）	完全
绝对时间	时间平移	能量（E）	完全
空间绝对方向	空间转动	角动量（J）	完全
带电和中性粒子间的相对相角	电荷规范变换	电荷（Q）	完全
重子和其他粒子间的相对相角	重子数规范变换	重子数（B）	完全
e^- 及 ν_e 和其他粒子间的相对相角	电子数规范变换	电子轻子数（L_e）	完全
μ^- 及 ν_μ 和其他粒子间的相对相角	μ 子数规范变换	μ 子轻子数（L_μ）	完全
左右的不可分辨性	空间反演（p）	宇称（π）	弱作用中被破坏
同位旋多重态成员在强作用中的不可分辨性	同位旋空间旋转	同位旋（I, I_3）	强作用中适用，I_3 在电磁作用中也适用
π^+，π^0，π^- 等在强作用中的不可分辨性	G 共轭变换	G 宇称（G）	强作用中适用
时间流动方向的不可区分性	时间反演（T）		弱作用中部分破坏
正反粒子的不可区分性	电荷共轭（C）	C 宇称（C）	弱作用中部分破坏

章乃森编著：《粒子物理学》上册，科学出版社 1994 年版，第 238 页。

如前所述，"不可观察量"意味着对称性，而可观察量则意味着不对称性或对称破缺。例如，正负电荷符号及左右对称的规定，原本是一种约定，但是，随着不对称性的发现，我们现在用观察手段找到它们之间的绝对差别，即是说可以观察到了。1956年，吴健雄用 β 衰变第一次证实了弱作用下宇称守恒定律受到破坏。后其他学者在实验中进一步证实 C 和 P 联合反演，即 CP 也是不对称的。由 CP 破坏出发，通过理论上的论证，可以推断物理定律在时间反演下也是不对称的，所有这些都为实验观察所证实。

对称性有一个程度问题。不同程度的对称性，在不同的相互作用中的表现是不同的，如强作用、弱作用等。强作用满足的对称性最多，所以它使许多过程不能发生，因而不是所有粒子都能进行强衰变的。对电磁相互作用来讲，它所满足的对称性要小，同位旋和 G 宇称的守恒性不满足。当粒子发生强衰变时，它就可能发生电磁衰变，这时粒子的寿命就比较长一些。当对称性更小，电磁衰变也不能发生时，粒子就只能通过弱作用发生衰变，这时粒子的寿命较长。如果弱衰变也不能发生，则这种粒子就是绝对稳定的。强作用的作用最强，引力作用的作用最弱。

2. 相互作用的涵义

对相互作用的科学认识起始于力概念。简言之，力是物体与物体之间的相互作用。凡使物体的运动状态、方向、结构或形变等发生改变的作用就被称为力。从伽利略建立运动学理论到牛顿建立牛顿力学，这是对相互作用的首次科学认识。牛顿将力的性质表达为三大定律：

牛顿第一定律是指，任何物体，在不受外力作用时，总保持静止状态或匀速直线运动状态，直到其他物体对它施加作用力迫使它改变这种状态为止。该定律说明是改变物体运动状态的原因。牛顿第一定律亦称"惯性定律"。它科学地阐明了力和惯性这两个物理概念。牛顿第一定律仅在惯性参照系中成立。

牛顿第二定律是指，物体运动的加速度的大小与其所受合力的大小成正比，与其质量成反比，加速度的方向与所受合力的方向相同。第二定律定量描述了力作用的效果，定量地规定了运动的改变与所加外力的正比变化，使相互作用的动因表述达到数学化，通过惯性质量定量描述了惯性的大小。

牛顿第三定律是指，任何物体间的作用力和反作用力同时存在，同时消失，它们的大小相等，方向相反，作用在同一条直线上，但分别作用在两个不同物体上。作用力与反作用力没有本质的区别，不能认为一个力是起因，而另一个力是结果。两个力中的任何一个力都可以被认为是作用力，而另一个力相对于它就成为反作用力。牛顿第三定律是宇宙间揭示相互作用的一个基本规律。

牛顿发现了万有引力定律，该定律是指，自然界中任何两个物体都是相互吸引的，引力的大小与两物体的质量的乘积成正比，与两物体间距离的平方成反比。万有引力定律是解释物体之间的相互作用的引力的定律。是物体（质点）间由于它们的引力质量而引起的相互吸引力所遵循的规律。

相对论与量子理论使人们加深了对相互作用的认识。爱因斯坦的狭义相对论将客体的相互作用从宏观低速领域扩展到高速领域，揭示了物质运动与时空之间本质联系。

广义相对论则着重于时空本身的性质及其与引力场的关系，广义相对论放弃了经典力学中的力、质量等概念，而以能量、动量相结合的能量—动量张量来表达。

微观世界具有内在的不确定性，量子理论使用几率幅或波函数来探索微观客体的运动，不使用力的概念来阐明微观事物的运动。

牛顿的万有引力定律和三大力学定律的发现，把天上和地上物体的运动联系起来了。但是牛顿力学的建立一开始就孕育着矛盾，其中之一就是万有引力定律面临困难，即由于推迟效应，牛顿第三定律与万有引力定律发生了冲突。为解决这一问题，牛顿提出了一个假说：万有引力不同于摩擦力等其他种类的力，是一种瞬时的、超距作用力，力的传递不需要任何时间，无须以太作为力的传播媒质。显然，这种超距理论一开始就不那么令人满意。

到目前，物理学家发现了弱力、电磁力、强力和引力等四种相互作用，它们都是近距作用。物质世界的一切物理规律归根到底都受到四种不同的基本作用力的支配。现代的物理理论又试图将这四种基本作用力统一起来。

格拉肖（1961 年）、温伯格（1967 年）和萨拉姆（1968 年）建立了电磁作用与弱作用相统一的理论，传递弱电统一相互作用的粒子是一种规范粒子，构成三重态，即 W^+、W^0、W^-。这三种粒子已在 1983 年的 1 月和 6 月被发现了。

弱电统一理论的成功，使得许多物理学家去探索建立弱作用、电磁作用和强作用三者相统一的所谓大统一理论。尽管目前大统一理论与超大统一理论家没有成功，但是，20 世纪 70 年代弱电统一的成功激发了科学家的统一情结，爱因斯坦的统一梦想又清晰了许多。科学家们之所以追求各种相互作用的统一，就在于科学家认为科学理论应当是逻辑简单的。因为事物的现象是杂多纷繁，而其本质是简单的，逻辑上是无矛盾的。

到目前为止，物理学已发现，粒子主要有两大类，即：

物质粒子——构成物质的主要成分［夸克和轻子（如电子等）］

规范粒子——作用力的传递者

此外，还有希格斯（Higgs）粒子、磁单极子等。希格斯粒子是粒子质量产生的根源，磁单极子是一种预言的粒子，其质量非常大，目前，希格斯粒子和磁单极子都没有从实验上发现。

各种相互作用力的传递就是通过规范粒子来实现的。电磁相互作用的传递者是光子，弱作用的传递者是 W^+、W^-、Z^0粒子，强相互作用的传递者是胶子。前述的这三种相互作用的传递者都已经发现了。引力的传递者是引力子，目前还没有在实验中发现，但是，理论上讲，它应当存在。由于引力非常弱，引力子的发现具有很大的困难。

总之，物质之间的相互作用都是近距作用（即不超过光速），而不是超距作用（即不需要时间）。在宏观物理学中，由于大部分相互作用是电磁相互作用，其力的传递者是光子，其传递速度就是光速，因而人们感觉到力的传递好像不需要时间。

在通常的相互作用中，都要传递中间玻色子（如光子等）来传递相互作用，从信息论来看，AB 之间的相互作用，可以理解为，就是从 A 发出一个中间玻色子，B 接受一个玻色子，或者相反。按量子场论，每个粒子周围都是大量的虚粒子的产生与消灭。这就相当于信源与信宿之间的信息传递。

从传递过程来看，信息就是借助具有物质（如载波、手写的信纸等）的载体所传递的某种东西或信号（如电视信号）。

由此，我们可以给相互作用作一个界定：相互作用就是客观事物之间的物质性媒介（如粒子）的交换，并使客观事物本身发生变化。"相互作用"表明，事物之间的作用是相互间的，不是单向的。由于信息的传递不超过光速，因此，事物之间的相互作用不是瞬间发生的，而是有一定的时间滞后。

现在许多实验表明，已有的四种相互作用已无法解释业已发现的物理现象，需要在原有的相互作用的有关概念与理论的基础上，重新审视相互作用力的涵义与相关的理论。

3. 对称支配相互作用及其哲学意义

（1）从实体到场

科学的物质实体概念是从近代科学革命以来才产生的。首先，在化学上，玻意耳提出了元素概念，17 世纪形成了玻意耳的微粒哲学，物质是由微小的、不连续的粒子或称之为原子组成的，物质的物理性质和化学性质可以用组成的粒子的大小、形状和运动来解释。[①] 在玻意耳哲学的基础上，牛顿从力学的角度提出了物质的原子理论。1799 年道尔顿提出了原子论，1811 年阿伏伽德罗提出分子概念，形成了科学的原子——分子学说。由此形成了近代较完整的物质实体观：第一，物质，是由具有广延性、质量、形状等不变属性，并且具有不可入、不可再分的原子构成的。第二，一切自然过程都按照力学定律变化，所有的物质运动服从严格的决定论规律。第三，时间与空间是绝对的、无限的和分立的，独立于物质与物质运动。

物理学家法拉第反对原子论，否定力可以通过空虚空间而起超距作用的观念。提出了"场"概念，他把场称为"力线"。他认为，场是一种充满空间媒质的应力状态。麦克斯韦则发展了法拉第"场"的思想，用连续的场表示这种新的物理实在，用偏微分方程描述场，从而否定了对场的机械论的解释，给场赋予了新的内容和更普遍的意义。

麦克斯韦"场"概念的提出改变了牛顿关于物理实在观念，动摇了牛顿体系的理论基础。爱因斯坦对"场"概念给予很高的评价，他说："法拉第和麦克斯韦的电场理论摆脱了这种不能令人满意的状况，这大概是牛顿时代以来的物理学的基础所经历的最深刻的变化……在这理论中，场最后取得了根本的地位，这个位置在牛顿力学中是被质点占据着的。"[②]

到 20 世纪，形成了较为完整的"场"理论。场是物质存在的一种基本形式，其基本特征在于场是弥散于全空间的，物的物理性质可以用一些定义在全空间的量来描述。在场论中，场与粒子是统一的，粒子是场的激发态，真空是场的基态。

---

① I. B. Cohen. *Isaac Newton's Papers and Letters on Natural Philosophy.* Cambridge，1958，p. 244.

② 《爱因斯坦文集》第 1 卷，商务印书馆 1976 年版，第 355—356 页。

场表现出与近代物质实体不一样的特点，但是，场仍然满足规范不变性。迄今为止，描述相互作用的场理论只有三种，即电磁场、引力场和非阿贝尔场，分别由麦克斯韦、爱因斯坦和杨振宁（及他的合作者米尔斯）所建立。正如诺贝尔物理学奖获得者杨振宁认为："由于理论和实验的进展，人们现已清楚地认识到，对称性、李群和规范不变性在确定物理世界的基本力时起着决定性的作用。我已把这个原则称为对称性支配相互作用。"①

（2）对称性与现代动力学的标准建立过程

先从一个经典的拉格朗日表述形式出发，然后再进行一个有明确规定的量子化过程，从而建立起一个正确的量子力学理论，由于经典运动方程是从拉格朗日函数通过哈密顿原理得到的，因而量子化过程的任务就是要完成如何构造正则动量算符、哈密顿算符和量子力学方程。只有经过这样的量子化过程，才能保证所得到的理论能满足玻尔提出的"对应原理"（即该理论应该完全与宏观范围内已知有效的经典理论相符合的对应要求），因此，在量子力学中，我们只需要讨论拉格朗日函数，因为只有得到它之后，该理论形式才能确定下来。

在场论的情况下，重要的是拉格朗日密度函数 L（拉格朗日函数本身是 L 对空间的积分）它是各个场及其偏导数的函数，而且 L 必须是相对论性的不变量，这样才能使得到的理论是洛伦兹不变的。事实上，拉格朗日密度 L 必须显示出由它所产生的理论本身要求它具有所有的对称性。可见，对称性是通过拉氏函数的不变性来体现的。对称只是从形式上做出要求，其实质是相应的不变量存在（如动量守恒等）。

守恒量、对称性与规范场是相互联系的。物理学家们发现，任何一个局域对称性都可以确定一个规范物理理论，其原因有三

---

① 《杨振宁演讲集》，南开大学出版社 1989 年版，第 465—466 页。

条：第一，由诺特定理可知，每一个守恒定律都存在一个与它相对应的特有的对称性，反之亦然；第二，任何一个特有的局域对称性，都要求一个特定的规范场相对应，反之亦然；第三，任何规范场都对应于决定开始那个守恒量的相互作用，反之亦然。将上面三条归纳起来不难发现如下一个带有极普遍意义的规律，如图8—1所示，它告诉我们：对于每一个守恒定律，一定有一个与之对应的规范理论存在（给定的守恒量，就是该规范场的源）。其惟一的前提条件是该守恒量应与一个连续对称性相关（不与分立的宇称守恒定律相关）。这样得到的理论，只有一个自由参数，即相互作用的强度。

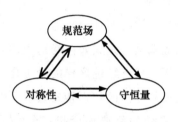

图8—1 规范变换不变性

基于图8—1所示的"规范"、"对称"与"守恒"等三者的关系。我们可从一个任意的守恒定律开始来发展规范理论，且该规范理论与对应的守恒量之间的关系，同电磁场、电荷守恒及电磁相互作用的关系非常相似。

以能量及动量守恒为一例，这时与之相关的局域对称性是在局域坐标变换下的对称性，而与之间联系的规范场则是引力场，其场源是能量—动量。

当对称性与坐标无关，而仅与内部物理状态相关时（粒子数与内部状态无关，所以我们的讨论不适用于重子数及轻子数守恒），情况比电磁规范（阿贝尔规范）要复杂得多。例如，以同位旋多重态或色夸克多重态而言，守恒量就只与标记这些多重态成员的一些量子数及从多重态的一个成员到另一个成员的跃迁相关的某些算符相联系的。例如有这样一族算符存在，它们一方面对应于同位旋或颜色这些守恒的动力学量，另一方面对应于一个变换群（这些多重态均具有对称性，因而又称为"对称性群"），而这些算符一般并不对易，这是它们与电磁规范的根本区别。总之，在每个对应情况下，对称性的数学结构决定了规范场的结构及相互作用的形式，这些对称性群按照它的数学结构各有自己的规范理论：U（1），SU（2），SU（3），SU（2）×SU（3）等等。

相互作用的统一实际上是对称性的统一。从20世纪70年代起，人们发现了超对称。它是一种将对易和反对易关系非平凡的合在一起的代数结构。将这种代数局域化我们得到局域超对称。在此类变换下不变的就是所谓超引力。在超引力中我们所知道的4种相互作用结合在一起。在经典的意义下，就是超引力把4种相互作用统一起来了。超引力的量子理论就是超弦理论。

对称性决定相互作用是现代物理学的一个基本观点。杨振宁说，20世纪在基本物理里，对称性的思考发生了根本的变化，从被动的角色变成了决定相互作用的主动角色，并称"这种角色为对称支配相互作用"。这就意味着，我们不仅要从各种相互作用出发研究物理系统的运动规律，而且要把对称性作为支配这些相互作用的更深层次的规律，并把对称性作为一种重要的物理学方法。

（3）几点讨论或哲学意义

在现代科学中，对称性更加抽象而严格。物理学家海森堡认为，科学概念的"对称性，已不是像在柏拉图的物体中那样，简单地用图形和画像来说明"。现代科学概念的对称和非对称反映了事物本质内容的对称和非对称，比如，电和磁、质量和能量、正粒子和反粒子等等。

对称性的实质是不变性，且具有不变量或守恒量。相互作用反映了物质性中介在客观事物之间的联系，客观事物之间的相互作用是通过物质性中介来传递的。"对称性支配相互作用"，应当理解为不变性或守恒量支配相互作用。或者说，客观事物之间的传递的物质性中介受到了不变量的限制和支配。

从哲学上来看，所谓事物的本质就是指事物的根本性质，它是决定一事物区别于其他事物的根本性质，显然，事物的本质具有相对的稳定性，不然就无法区别一个客观事物与其他客观事物。或者说，本质具有守恒性或不变性，本质是某种相对不变的东西或不变量。从胡塞尔的现象学来看，通过对现象作自由变更或变换，我们可以发现其不变量，这就是现象的本质。因此，在现象学意义上，"对称性支配相互作用"可以进一步理解为：客观事物的本质支配了相互作用。从这一角度，我们就不难理解"对称性支配相互作用"了。

黑格尔从哲学高度来研究对称，并在对称和非对称的辩证统一中把握美。他说："平衡对称是和整齐一律相关联的。""一致性与不一致性相结合，差异闯进这种单纯的同一里来破坏它，于是就产生了平衡对称。平衡对称并不只是重复一种抽象的一致的形式，而是结合到同样性质的另一种形式，这另一种形式单就它本身来看也还是一致的，但是和原来的形式比较起来却不一致。由于这种结合，就必然有了一种新的、得到更多规定性的、更复杂的一致性和统一性。"① 可见，黑格尔把对称理解为包含差异的变换的不变性，这种不变性是包含差异的不变性。他还注意到了对称和非对称的联系和转化，并从同一和差异的范畴角度来考察和把握。

对称就是指事物或运动以一定的中介进行某种变换时所保持的不变性。从哲学上来看，对称是指事物通过某种中介变化时出现的同一性，这种同一不是绝对的同一，是包含差异的同一。而

---

① 黑格尔：《美学》，商务印书馆 1979 年版，第 174 页。

非对称或对称破缺则是事物通过某种中介而变化时出现的差异性，这种差异也不是绝对的差异，是包含同一的差异。

黑格尔在论述对称性时，就对称性的特征提出了三条规定性，第一，对称双方应具有某些同样的性质，即具有共同性；第二，对称双方又要有不同的形式，即具有差异性；第三，对称双方要处于互相平衡的地位。从这三条中，我们看到黑格尔已经把对称性理解为对立统一的表现形式。

可见，对称性是一种特殊形式的对立统一。对立统一规律是唯物辩证法的最根本的规律，客观事物的其他规律都要受制于该规律。相互作用规律仅仅是客观事物所具有的规律之一。因此，从这一意义来看，"对称性支配相互作用"就可以看作是：对立统一支配相互作用，或者说，事物之间的相互作用不过是事物的对立统一的一种表现。

二 量子层次上的有关信息概念

1. 玻姆的主动信息的涵义

现代有关量子力学的各种实验还没有表明：隐变量理论就没有意义。事实上，玻姆的隐变量理论还具有启示意义。

玻姆于 1952 年发表了两篇论文《关于量子理论"隐"变量诠释的建议》，为量子力学建立了一个完整的隐变量理论模型。在其中提出了量子势 Q。[①] 玻姆的隐变量理论将德布罗意的概念具体化，从一个决定论的理论出发推导出非相对论性量子力学，从而表明将量子力学建立在决定论理论的基础上是可能的。

---

① D. Bohm, A suggested interpretation of the quantum theory in terms of "hidden variables". *Phys. Rev.* 1952, 15: pp. 166 – 193.

设波函数的形式为：$\psi = \mathrm{Re}\, xp\,(\dfrac{i}{\hbar}S)$

并满足薛定谔波动方程：$i\hbar\,\partial_t\psi = (-\dfrac{\hbar^2}{2m}\nabla^2 + V)\,\psi$

于是得到以下两个方程：

$$\frac{\partial R}{\partial t} = -\frac{1}{2m}\left[R\,\nabla^2 S + 2\,\nabla R \cdot \nabla S\right]$$

$$\frac{\partial S}{\partial t} = -\left[\frac{(\nabla S)^2}{2m} + V(x)\,\frac{\hbar^2\nabla^2 R}{2m\,R}\right]$$

容易得到：

$$\frac{\partial \rho}{\partial t} + \nabla \cdot (\rho\frac{\nabla S}{m}) = 0$$

$$m\frac{dv}{dt} = -\nabla(V + Q)$$

其中 $Q = \dfrac{-\hbar^2}{2m}\dfrac{\nabla^2 R}{R}$，$v = \dfrac{1}{m}\nabla s$，$\rho = R^2 = |\psi|^2$

这里 $\rho(x)$ 是几率密度，ψ 表示波函数，m 为粒子的质量，$\hbar$ 为普朗克常数。前一个方程是流体力学的连续性方程，而后一个方程很像粒子所服从的牛顿方程。

玻姆提出的隐变量理论认为，电子是由量子势所导引的真实粒子。作用在粒子上的不仅有经典势 V（x），还有附加的量子势 U（后来把量子势的符号用 Q 来表示）。粒子受到量子势作用，量子势又具有涨落性，因此，粒子运动不会遵循一条完全规则的轨道，大致类似于布朗运动粒子所显示的路径。

可见，由于波函数中同时出现在分子和分母中，有相同的阶，当我们用任意常数相乘波函数时，量子势 Q 是不变的。即是说，量子势 Q 独立于量子波场的强度而仅依赖于波函数或几率幅的形式。

在"双缝实验"中，电子向有两条缝的屏幕行进。一般认为，"粒子性"的电子只能穿过其中的一条缝。但是，在量子势的作用下，展现电子的量子波可以通过两条缝。在双缝的出射

面，量子波发生干涉并产生非常复杂的量子势，这种量子势一般
不随着与双缝的距离的增加而衰退，这就是说，量子势受到仪器
所设定的环境的影响。双缝系统的量子势与电子运动的路径示
意。见图8—2。

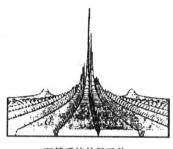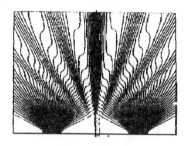

双缝系统的量子势　　　　　　　电子径迹集合图

图8—2　双缝系统的量子势与电子运动的路径

图取自：张桂权：《论玻姆的量子势因果解释及非定域性观点》，《中国矿业大
学学报（社会科学版）》2000年第2期，第9页。

量子势决定了微观粒子运动的新特征：

其一，量子势 Q 不必随着波的强度减弱而衰退，这表明量子
势具有远距离作用的特点；

其二，即使在没有任何经典力作用的粒子仍然具有量子势，
因此微观粒子难以做直线运动；

其三，量子势的形式是极其复杂的，它反映了量子测量的整
个物理装置。[①] 即量子势受到微观粒子所处环境的影响。不同的
实验装置系统会产生不同的量子势，并会以不同的方式影响粒子
的运动。整个的实验设置必须被看成是一个统一的未分割的
整体。

量子势最重要的特征之一，就是量子势将产生非定域性。

---

① F. David Peat. Active Information, Meaning and Form. http：//www. fdavid-
peat. com/bibliography/essays/fzmean. html.

"依赖量子势的相互作用能够在总系统的所有组分之间引入大量的非定域联系，这些联系不是这个总系统的性质预先安排的功能。"① "量子非定域性完全是量子势的产物。"②

量子势最重要的特点之二，是整体性。与引力场、电磁场不一样，量子势依赖于系统的整体结构。这就是说，它将测量仪器、远处观察者等翻译成信息。因此，某大范围空间（原则上，整个宇宙）的全部物理情势都包含在这个量子势中。③ 就量子势是否携带的部分信息就是实验安排这一问题，玻姆回答说："实验安排，是的。还有系统中所有其他的粒子的态，等等。因此而有我称之为一种非定域关联的东西。这种信息带来了关于整体性的崭新性质。"④

实际上，从量子势的表达式的创立过程来看，它是从薛定谔波动方程变换而来的。尽管薛定谔波动方程中的波函数或几率幅的演化是因果性，但是波函数或几率幅所存在的空间的希尔伯特空间或内部空间，而不是宏观的、外在的时空，或不是人直接所体验到的时空，因此波函数所体现出来的因果决定性是内部空间中的因果决定性，而不是外部时空的因果决定性。因为微观粒子在外部时空中的展现是波函数的绝对值的平方，这里已有非线性的转换。

由于波函数本身具有非定域性，因此，量子势只是波函数的非定域性的另一种表达而已。当然，玻姆的量子势概念更清晰地使非定域性显现出来了，而且提出量子信息的概念也是非常有意义的。

在 20 世纪 80 年代末，玻姆提出了"主动信息"（active in-

---

① D. Bohm, B. J. Hiley. *The Undivided Universe—An ontological interpretation of quantum theory*, Routledge, London, 1993, p. 108.

② Ibid. , p. 151.

③ ［英］戴维斯、布朗合编：《原子中的幽灵》，湖南科学技术出版社 1992 年版，第 35 页。

④ 同上书，第 115 页。

formation）概念用于他的量子理论的本体论解释中。量子势包含了实验装置的信息。由于量子势的形式控制量子的行为，这意味着，在量子势中包含的"信息"决定了量子过程的结果，玻姆把这种"信息"称之为"主动信息"。信息，在此情况下关于实验装置的内容，就是量子水平的某种主动信息，这种信息直接作用于物质。他说："关于主动信息的基本观点是，形式，只有极少一点能量，它进入并引导大得多的能量。"① "更大的能量的活动性被给予了一种形式：这种形式与具有较小能量的形式是相似的。"② 玻姆不断推进对量子势的研究，他不仅注意量子势的形式，而且关注量子势所包含的信息。对于电子来说，量子势作用于电子就像雷达信息指挥一只船进入港口。我们从计算机那里了解了主动信息这个概念，用一个指令指挥计算机做某件事。你告诉某人做某事，这也是主动信息，因为是你发出的信息指挥他人做事。

玻姆的主动信息不同于申农的信息概念。主动信息只与确定电子本身的运动有关，信息是完全客观的东西，是事物之间的联系方式，我们可以认为，玻姆的主动信息实质上是本体论信息。

就双缝实验而言，玻姆对粒子的似波性给出了一种因果解释。玻姆认为，粒子的似波性不是产生于粒子自身的二元性，而是产生于量子势的复杂效应。这是对物质的波—粒二象性给出了完全不同的解释。玻姆的解释从形式上看是决定论与因果性的，这是玻姆的因果解释表现得最为彻底的地方之一，但是就内容而言，又具有概率性与统计性。

玻姆解释最重要的特点是：让粒子（实体性）与主动信息结合起来，这是一个重要的创见，即物质与信息是统一的。在双缝

---

① D. Bohm and F. D. Peat. *Science*, *Order and Creativity*, Routledge, London 1987, p. 93.

② D. Bohm, B. J. Hiley. *The Undivided Universe—An ontological interpretation of quantum theory*, Routledge, London, 1993, p. 35.

实验中，粒子的运动是通过体现量子势的主动信息来指导的，即体现了粒子所受到的量子作用。从这一角度来看，粒子所受到的作用是势，而不是场。场与势是两个不同层次的物理量，势比场更基本。

与玻姆共同著书《科学、秩序与创造性》的皮特认为，玻姆提出主动信息概念，在于利用信息的活动性作为解释量子过程的真实本性，特别是，从多重可能性涌现出单个的物理结果。① 按照玻姆的量子势理论，量子势对粒子的作用不是像经典势那样直接作用于粒子的运动，而是提供主动信息（active information）"导引"粒子运动。而主动信息存在于量子势中，与人的活动和意识无关，可见，主动信息是客观的。量子及量子场构成了量子层次以上的各种物质形态，于是，物质的各个层次本身都是包含信息的。从这一意义来看，信息是客观的，具有本体论信息的特点。在玻姆看来，把信息理解成完全客观的东西，是事物之间的联系方式。

"信息池"（a pool of information）是与"主动信息"相关的另一个主要概念。波函数对粒子的效应是由相 S 和量子势 Q 决定的，S 和 Q 仅依赖波函数的形式不依赖其振幅。波函数定义在构形空间中，而不是在通常的三维空间中。波函数包含了主动信息。波函数的不同的线性组合产生不同的信息池。粒子的运动以相关的方式对共有信息池作出反应，这种主动信息按照 $V_i = \nabla_i S$ (r_1, …, r_N, t) /m 条件指导粒子，显然，这会导致普遍的非定域的量子势。在一些条件下，量子势通过共有信息池可能产生组织整组粒子的活动性的新奇性质。

玻姆的信息池概念有十分重要的意义，它表明共有信息池在组织事物活动的过程中所起的重大作用。事实上，我们的社会也

① F. David Peat. Active Information, Meaning and Form. http: //www. fdavid-peat. com/bibliography/essays/fzmean. html.

是通过共有信息池（如风俗习惯、文化传统、意识形态等）来组织的。

在玻姆看来，量子现象的非定域在于信息的非定域性。由此，我们认为，在量子非定域性的说明中，假设量子信息是非定域的，那么，就可以说明量子现象的非定域性。实际上，在量子信息理论中，就是用量子态或概率幅来表示量子信息的，自然而然，量子信息就具有非定域性。如果说，量子现象的非定域性在于量子信息的非定域性，而微观物质不具有非定域性，那么，就会产生矛盾。有没有离开物质而独立存在的信息？没有。任何信息都必须借助物质，当然，信息又不同于物质。因此，我们认为，量子客体与量子信息是统一的，量子势就是一种量子信息。

2. 黑洞的信息问题

黑洞"信息悖论"起始于 1967 年，伊斯雷尔（Werner Israel）证明史瓦西度规是唯一的静态黑洞解，后来又推广到黑洞无毛定理。经过 Carter 和 Robinson 等学者从 1971 年到 1975 年的工作，他们证明了：一个渐近平直的稳态黑洞的外场仅由黑洞的质量、电荷和自转角动量等三个参量惟一确定，这就是黑洞的无毛定理（no hair theorem）。[①] 黑洞之"无毛"，实际上还有三根毛：质量、电荷和自转角动量，这三根毛可以从外部时空发现。该定理表明，塌缩为黑洞后的星体除了只剩下三个可测量的质量、角动量和电荷之外，它已丢失所有的其他的信息（例如，内容结构、轻子数、重子数等等），这是由于事件视界作为一个"过滤膜"，只让静态远程场（静引力场、静电场）通过而把其他的场

---

① B. Carter. Axisymmetric black hole has only two degrees of freedom, *Phys. Rev. Lett.* 1971, 26：331. D. C. Robinson. Uniqueness of the Kerr black hole. *Phys. Rev. Lett.* 1975, 34：905.

都阻挡住了。[①] 见图8—3示意。

从经典理论看来，信息的丢失并不算什么问题。一个经典黑洞将永远保持下去，而信息可以被看成是储存在里面，只是不能获取而已。但是，1974年霍金发现黑洞的量子效应，黑洞以一个稳定的速率辐射能量，黑洞辐射将是纯粹的黑体谱，于是，从热辐射得不到形成黑洞的任何信息，一旦黑洞完全蒸发，将没有任何信息留下。霍金的黑洞辐射理论诞生以来，就遇到了许多麻烦，这与大多数物理学家坚持的"信息守恒定律"相矛盾，相关的"黑洞悖论"一直没有得到解决。

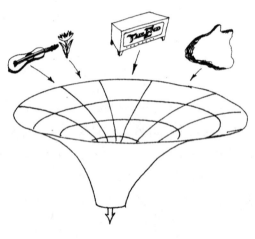

图8—3 黑洞示意

大多数物理学家相信在黑洞的形成和相继的蒸发过程中信息是不丢失的。20世纪90年代中期，在引力的全息原理被发现后，黑洞的信息不丢失观点得到了加强。1993年，诺贝尔奖获得者、荷兰物理学家霍夫特提出了引力具有全息性质，1994年美国理论物理学家萨斯金德推进了这一观点。引力的全息原理是指：一个

① 刘辽、赵静编著：《广义相对论》（第二版），高等教育出版社2004年版，第267页。

引力理论（如广义相对论）能够与一个不包含引力的量子场论
（如量子力学的推广）等价。即是说，一个引力体系（如黑洞）
能被量子场论所描述。而量子场论中的演化应当满足因果律，信
息不会丢失，于是，与它等价的引力理论也应该满足因果关系，
信息并不丢失。

我们从这里可以发现，在黑洞的信息丢失问题中，其信息是
指本体论信息，它与物质的显现相联系。比如，长度、大小、
体积、动量、电荷、角动量、能量、量子数等都属于信息。黑
洞的信息问题说明，在物理学家看来，信息具有守恒的性质。
亦即，本体论信息是守恒的。而与可复印的有关书报、与人有
关的信息，属于认识论信息，认识论信息不具有守恒性。世界
信息的增加实质上是认识论信息的增加。认识论信息来源于本
体论信息。

可见，本体论信息是物质自身的某种显现或某一方面、侧面
或层次性质的显现。黑洞的三根毛就是黑洞本身的某种显现或某
个方面或侧面的显现。信息就是事物自身某个方面或侧面的
显现。

三　量子信息意味着可能的新型量子相互作用？

上一节我们看到了有关量子层次的信息的一些表现。那么量
子信息是否意味着新的相互作用？其核心是对相互作用是否存在
以及存在的方式做何种理解、解释和应用。

对相互作用的理解，我们需要有新的认识：一是涉及相互作
用的传递是通过物质性媒介子来实现的；二是涉及相互作用的传
递速度不超过光速，也就是近距作用。自然科学总是需要有实验
与观察的支持，但是，由于科学观察手段的限制，相互作用的物
质性媒介子往往不是一下子就能发现。事实上，引力相互作用的

媒介子是引力子，到目前我们也没有发现，但我们相信引力子存在，一个根本原因就是引力作用在物体上的客观效应。

为此，我们提出相互作用存在的判据：相互作用是否存在（或相互作用是否真实，是否发生）的判据就是相互作用是否使客观事物本身发生变化。客观事物本身的变化是可以通过科学性仪器进行客观测量的。因此，我们认为，是否存在相互作用不能以是否找到了媒介子或原有理论能否说明为标准，而是以客观事物自身是否发生变化为标准。

1. 具体过程的分析

下面我们具体分析在量子信息的关键性实验中，量子信息所显现出来的物理效应。比如，在量子隐形传态中，也有几率幅之间的相互作用。隐形传态过程的具体过程，见第四章。Alice 将要给 Bob 传输一个未知的量子态 $|\varphi>$，$|\varphi> = a|0_1> + b|1_1>$，其中 a 与 b 为未知系数。为了传送量子态 $|\varphi>$，需要有粒子 2 和粒子 3 构成的纠缠态 $|\psi>_{23}$。为了将粒子 1 传送给 Bob，Alice 与 Bob 必须分别持有粒子 2 与粒子 3。Alice 还用 Bell 基来联合测量粒子 1 与粒子 2，以获得经典信息，通过经典信道将测得的经典信息传递给 Bob。

这里 Alice 的联合测量，实际上，就是使未知量子态 $|\varphi>$ 同粒子 2 与粒子 3 形成的纠缠态之间发生量子相互作用，并将由粒子 1、2 和 3 组成的复合系统的量子态 $|\psi>$ 投影在的 Bell 基的构成的"子空间"中。可见，当未知量子态 $|\phi>$ 同粒子 2 发生贝尔基联合测量，未知量子态的系数 a 与 b 就立即传递到粒子 3 上，即使粒子 3 的状态发生了客观变化。不过这里的量子态的系数 a 与 b 的传递是单向的传递，而不是通常的四种相互作用中的玻色子的双向传递。

量子态之间构成的"直和"、"直积"等就表示一种相互作用，它们揭示了量子态之间的不同于经典物理学的相互作用。就如在牛顿的万有定律 $F = G\dfrac{m_1 m_2}{r^2}$ 中，用质量 m_1 与 m_2 的乘积并除以距离的平方 r^2 来表示万有引力的性质与大小。在力矢量的平行四边形的合成法则中，采用的是矢量加法（或减法）。

由量子信息所引发的量子相互作用，还有一个重要特点，量子相互作用的传递是超光速的。在量子隐形传态过程中，一旦 Alice 用 Bell 基来联合测量粒子 1 与粒子 2，未知粒子的系数 a 和 b 就立即传递到遥远的粒子 3 上，这一过程是瞬间完成的，而且不受外部时空的限制。

因此，我们要承认有新型的量子相互作用，而不同于经典的相互作用，至于这种新型的量子相互作用，传递了什么东西，这是量子信息理论需要研究的。量子相互作用的真实性还在于量子纠缠业已应用到量子计算、量子密码等具体的量子物理的过程之中。

2. 几点哲学意义

用量子态来表示信息是研究量子信息的出发点。一旦用量子态来表示信息，便实现了信息的"量子化"，于是量子信息的过程遵从量子物理原理。信息的演化遵从薛定谔方程，信息传输就是量子态在量子通道中的传送，信息提取便是对量子系统实行量子测量。量子态本身是一种状态，是物质的一种状态，这种状态本身又显现为另一种东西——信息。就如一个人有一个状态——物理的存在，但该状态又可显现为人的高度、重量等信息，两者是二而一的事情。量子信息不是量子实在，而是作为量子实在的状态、关联、变化、差异的表现。量子态的量子系统的状态，它既表示量子实在，又表示了量子信息，客观实在与量子信息是量子态的两种不同的显现方式。

（1）这种新型的量子相互作用，是不能够通过固有的、先定的联系来说明。

量子信息的发现显现了一种新的相互作用，它不同于原来的通过传递中间玻色子一类的四种相互作用的类型。在规范场论的相互作用中，总有中间取玻色子来传递粒子之间的相互作用。

有的论者用夫妻配对这样的固有的、先定的联系例子（或骰子的正反面例子）来说明量子信息传递的非超光速性。当甲乙两人结成夫妻，不论这两人相距有多远，只要找到其中一人知道其身份，则必然知道另一人的身份。若找到的其中一人为丈夫，则另一人必为妻子，即两人之间并没有信息关联。但是，当我们需要把丙的信息通过甲传递到乙时，如果甲乙之间没有任何联系，是不可能实现任何信息传递。关键不同在于：可以通过量子纠缠这一量子通道来传递（未知的）量子信息，这是量子信息传递超光速的根本所在。

在第一章，我们提到的三粒子形成的纠缠 GHZ 态。GHZ 态之所以产生奇妙的量子行为，并不是因为这三个粒子被"预先设定"成某种模式，而是说明：爱因斯坦的"实在性的元素"（实在性）及定域性是不可能存在的。这就是说，"微观粒子预先就是什么"或"量子系统预先就存在什么"这样的假设是有问题的，尽管这样的假设在经典世界正确。量子纠缠 GHZ 态深刻表明，纠缠粒子不可能是按照预先设定的指令来行动的。相互纠缠的粒子无限远离却能彼此协调行动，其根本原因在于量子纠缠这一纯粹的量子现象，它不能从经典物理得到理解。

（2）量子信息传递超光速是否破坏了因果规律？

超光速研究的历程已有较详细评述[①]，不再赘述。在原来有

---

① 黄志洵：《超光速研究的 40 年——回顾与展望》，《中国工程科学》2004 年第 10 期。

关光速测定的实验中，如罗默法、遮断法、旋转法、雷达测距、光电测距等，实际上是在色散物质中测量到的群速而不是相速。只有的单色激光中，测定的才是相速。单色平面波一定的位相向前移动的速度，即相速。实际的波总是形式不同的脉动。任何脉动都可以看成由无限多个不同频率、不同振幅的单色平面波（如正弦或余弦波）迭加而成的。

　　除真空之外，任何介质通常都有色散存在，即各个单色平面波各以不同的相速传播，其大小随频率而变。在真空中，群速与相速是相等的。在色散介质中，必须区分群速与相速。

　　任何一个脉动，都有一定的振幅。选定具有一定数值的振幅上的点（振幅本身也是一个波动），计算这一选定的振幅点向前移动的速度，这个速度就代表脉动的传播速度，即群速 u，也就是在一定条件下运动着脉动所具有的能量的传播速度。在脉动形变不大和正常色散介质条件下，群速代表脉动所具有的能量传播速度。

　　可见，不论是相速还是群速都反映了某种经典信息（如位相，或脉动中某一点的振幅等）的传递速度。在经典物理中，任何信号的传递都需要能量，因此，也就是能量的传递速度不超过光速。相速与群速的区分不过是单色波与多个单色波的迭加（脉动），本质没有区别。

　　与量子力学相联系，应当有两个层次上的因果性概念。

　　量子隐形传态、量子纠缠交换等都是基于量子力学的基本原理建立起来的，并没有违背量子力学的因果性，但不同于经典的决定论因果性。量子力学的因果性，在量子（态函数）层次上，由态函数所表示的量子系统的状态演化是完全决定论的、因果性的，因为薛定谔方程是因果联系的，波函数或几率幅的演化具有因果性。由于量子层次与经典物理层次是通过概率（几率幅的绝对值的平方）来联系的，因此，量子层次具有决定论的、因果性的几率幅，反映在经典物理层次并没有相同的因果性模式，而且通过测量反映了概率因果性或统计因果性。

量子力学（量子信息）遵守参数独立性而违背结果独立性。测量所显示的结果的依赖性，就是一种经典的因果性，有测量的原因，并可以严格预言测量的结果。所谓参数独立性，是指一个子系统的观测结果独立于另一个子系统测量仪器所选择的参数。所谓结果独立性，是指一个子系统的观测结果独立于另一个子系统的测量的结果。[①]

量子信息超光速传递本身蕴涵在量子力学的原理之中，只不过是通过量子隐形传态与量子纠缠交换等实验更明显的表达出来了。由量子纠缠所表现出来的非定域的关联是量子系统所特有的，它没有任何经典类比，因此，因果性在量子信息表现不同于经典信息的表现。

从另一角度来看，量子信息超光速，但没有经典信道（如打电话、发电子邮件等）传递的经典信息，就不能完全确定被传递的未知粒子的量子信息，因此，人们要获得完整的量子信息的最大速度并不超光速。所以，整体讲，经典信息传递不超光速，并不破坏宏观物理学意义上的因果性。

我们认为，从量子信息传递超光速到经典信息传递非超光速的转变，是由测量导致的，这使得因果性从决定因果性向概率（或统计）因果性转变。在量子隐形传态等过程中，首先传递的部分量子信息，然后借助经典信道获得完整的未知量子态的信息，最后得到经典信息，这一过程是超光速与非超光速的统一、定域性与非定域性的统一。

（3）客观事物、信息与相互作用的关系

相互作用实际上反映了事物之间所具有的普遍联系。对相互作用的分类可以分为三大类：客体与客体的相互作用；主体与客

---

① 有关参数独立性而违背结果独立性，请见吴国林、孙显曜《物理学哲学导论》，人民出版社 2007 年版，第 224—227 页。

体的相互作用；主体与主体之间的相互作用。由于主体与客体之间的相互作用，或者说近代哲学所确立的主体与客体的二分法受到了相当程度的质疑，因此，客体的界定必然要受到主体的影响，因为客体要受到主体的解释和理解，主体也只有在具有的知识和能力（或意向）范围内去阐述，显现出来的客体必须受到了主体的"污染"，不仅如此，经主体解释后的"客观"才可能与其他主体进行交流（包括符号、语言等），并在主体间形成一定程度的共识。

客体间的相互作用，表现为客体之间是互为前提、互为条件的相互连接性，也就是一种相互的因果性，每一客体对另一客体都同时是能动的、又是被动的。相互作用的结果是引起作用双方的存在方式或运动状态的改变。在物理学中，客体的改变常以某种运动状态或系统的状态、物质或能量性质的变化等形式表现出来。在物理学的四种相互作用中，都是通过交换中间玻色子来实现力的传递。在中间玻色子的交换过程中，中间玻色子本身就显现了微观粒子的相互作用的过程，这也是相互作用本身的存在方式和显现，可见，这也是信息在相互作用上的显现。或者说，相互作用与信息是统一的。

我们认为，"客观事物"与"相互作用"是同时存在的，它们都是"存在者"（being）的表现形式。在一些具体的情况下，"客观事物"可能表现为实体、场等形式，"相互作用"可能表现为力、关系等形式。客观事物在一定环境或相互作用中，就表现为客观现象。

尽管信息不是物质，但是，本体论信息显示着物质的存在方式和状态，信息与物质是统一的。正如夏立容所说："信息是以物质为载体并与物质一起规定着客观事物的功能及特性。因此，可以说本体信息与物质同在。"① 我们的自然界既是一

---

① 夏立容：《信息与相互作用的关系》，《自然辩证法研究》1995 年第 1 期。

个物质世界，又是一个信息世界，即是世界是物质与信息的统一。信息来源于物质世界的运动与相互作用。任何客观事物又将信源、信宿、载体统一在一起，因此，客观事物与信息是统一的。

附　录

一　狄拉克符号、直和与直积

为了认识和理解量子纠缠，我们需要补充一点与量子力学有关的数学知识，这也有利于更好地表达和理解量子信息，更好地表达和理解微观世界。这些符号看似繁杂，实似简单，花十多分钟就可了解基本涵义。

狄拉克符号是由著名物理学家首创的，对于处理微观世界或量子力学问题具有重要意义。狄拉克符号是将括号 < > 分为左右两个部分，即成为 <| 与 |>，在括号左边的 <| 称之为左矢，在括号右边的 |> 称之为右矢。在英文中是由括号 bracket 从中间分为两部分，即 bra 与 ket，bra 表示左矢，ket 表示右矢。左矢与右矢相当于普通空间中的矢量，即我们日常所处的宏观空间，如力 F 是一个矢量，它有大小与方向，记为 $\vec{F}$，符号上面的箭头表示方向，有时为了书写方便也省去符号上面的箭头。速度也是矢量。

狄拉克符号是一种表示量子态或波函数的符号，它有两个优点：一是可以脱离某一具体的表象，也就是事先不必选定具体的表象；二是书写方便、运算简洁。我们下面简单介绍一下它的使用规则。

左矢与右矢是一种抽象符号，不是对量子系统的状态的具体

描述。对于具体的量子力学系统的状态可以做相应的标记，如 $|\phi>$，$|\psi>$，$|n>$，$|0>$，$|1>$，$|a>$，$|b>$，$|n, l, m>$ 等等。你想 $|\phi>$ 表示什么具体的状态都可以。在最终的计算中，这些标记还要还原为具体的函数表达式或矩阵表达式等，我们在本书中只需要了解这是一种表示方式，知道这种表达方式是如何进行较简单的计算。

按照量子力学的迭加原理，右矢的全体组成一个右矢空间，描述了系统的状态。右矢空间也就是一个描述量子系统的态空间。

左矢的全体组成一个左矢空间。左矢空间是右矢空间的共轭的空间。注意，左矢不同于右矢。左矢是右矢的共轭转置。

下面我们简单看一下右矢是如何表示运算的。

在实数中，$2 + 3 = 3 + 2$，都等于 5；$2 \times 3 = 3 \times 2$，它们都等于 6，这就是实数满足交换律，即 $a + b = b + a$，$a \times b = b \times a$；

实数也满足结合律，即 $2 \times (3 + 5) = 2 \times 3 + 2 \times 5$，或者 $(3 + 5) \times 2 = 3 \times 2 + 5 \times 2$，即 $a \times (b + c) = a \times b + a \times c$，或 $(b + c) \times a = b \times a + c \times a$，这里的 a、b、c 都是实数。

右矢的直和与直积。

与实数的加法与乘法类似，右矢也可以有自己的"加法"与"乘法"，即分别是直和与直积，分别用符号 $\oplus$ 和 $\otimes$ 表示。

在右矢的直和与直积中，没有交换律。这是由量子力学的根本规律所决定的，量子力学有不确定性原理，其数学实质就是描述微观世界的数不具有交换性。下面我们看右矢的直和与直积的基本规律。

（1）不能改变直和与直积的次序，
$$|a> \oplus |\psi> \neq |\psi> \oplus |a>,$$
例如：$|m> \oplus |n> \neq |n> \oplus |m> \neq |m + n>,$
$$|2> \oplus |3> \neq |3> \oplus |2> \neq |5>$$
$$|a> \otimes |\psi> \neq |\psi> \otimes |a>$$

例如：$| 2 > \otimes | 3 > \neq | 3 > \otimes | 2 > \neq | 3 \times 2 > = | 6 >$

（2）有如下的加法与乘法的结合律，

$$| a > \otimes (| b > \oplus | c >) = | a > \otimes | b > \oplus | a > \otimes | c >$$

这与实数中的结合律一致，即：$a \times (b + c) = a \times b + a \times c$

例如：$2 \times (3 + 4) = 2 \times 3 + 2 \times 4 = 14$

为方便，在不引起理解混乱的情况下，有的学者把直和记为"+"，直积记为"×"或"·"，甚至省略不写。另外，有的表达式出现"－"号，它相当于"＋"号，乘上（－1）。上述表达式就记为：

$$| a > \otimes (| b > + | c >) = | a > (| b > + | c >) = | a > | b > + | a > | c >$$

有时还将直积简记为：$| a > \otimes | b > = | a > | b > = | a , b >$
$= | ab >$

为了对直和与直积有一个具体的印象，我们用矩阵举例来说明。

设 $| a > = \begin{bmatrix} a_1 \\ a_2 \end{bmatrix}$，$| b > = \begin{bmatrix} b_1 \\ b_2 \\ b_3 \end{bmatrix}$

则有：$| a > \oplus | b > = \begin{bmatrix} a \\ b \end{bmatrix} = \begin{bmatrix} a_1 \\ a_2 \\ b_1 \\ b_2 \\ b_3 \end{bmatrix}$

$$| a > \otimes | b > = \begin{bmatrix} a_1 \\ a_2 \end{bmatrix} \otimes \begin{bmatrix} b_1 \\ b_2 \\ b_3 \end{bmatrix} = \begin{bmatrix} a_1 b_1 \\ a_1 b_2 \\ a_1 b_3 \\ a_2 b_1 \\ a_2 b_2 \\ a_2 b_3 \end{bmatrix}$$

可见，右矢的直和与直积，实现了态空间的扩展。

不严格地讲，由于只需要理解表达式的计算形式，$\oplus$和$\otimes$可以大致相当于实数的"加法"与"乘法"（但乘法不可能改变乘子的次序），这不会影响我们的理解。

例如：| 0 > 和 | 1 > 通常用矩阵表示：

$$| 0 > = \begin{bmatrix} 1 \\ 0 \end{bmatrix} \qquad | 1 > = \begin{bmatrix} 0 \\ 1 \end{bmatrix}$$

则 < 0 | 是 | 0 > 的共轭转置，< 1 | 是 | 1 > 的共轭转置，有：$< 0 | = \begin{bmatrix} 1 & 0 \end{bmatrix}$，$< 1 | = \begin{bmatrix} 0 & 1 \end{bmatrix}$。

可以按矩阵的乘法方法进行计算。简单讲，矩阵的乘法，就是行的元素乘上列的元素。例如：$\begin{pmatrix} a & b \\ c & d \end{pmatrix} \begin{pmatrix} e & f \\ g & h \end{pmatrix} = \begin{pmatrix} ae+bg & af+bh \\ ce+dg & df+dh \end{pmatrix}$

$$< 0 | 0 > = \begin{bmatrix} 1 & 0 \end{bmatrix} \begin{bmatrix} 1 \\ 0 \end{bmatrix} = 1$$

$$< 0 | 1 > = \begin{bmatrix} 1 & 0 \end{bmatrix} \begin{bmatrix} 0 \\ 1 \end{bmatrix} = 0$$

$$< 1 | 1 > = \begin{bmatrix} 0 & 1 \end{bmatrix} \begin{bmatrix} 0 \\ 1 \end{bmatrix} = 1$$

$$| 0 > < 1 | = \begin{bmatrix} 1 \\ 0 \end{bmatrix} \begin{bmatrix} 0 & 1 \end{bmatrix} = \begin{bmatrix} 0 & 1 \\ 0 & 0 \end{bmatrix}$$

其余类推。

我们这里介绍狄拉克符号，并不是要让读者能够计算，而是让读者理解这些符号与实数的基本规则差不多，它们反映了微观世界的基本规律，这些符号的计算都必须回到实数的表示中才能进行，比如：不能交换次序、不能直接相加等。通过了解狄拉克符号，我们就能够更好地理解量子纠缠的数学涵义与物理实质，以及非常奇特的量子现象。而任何类比的语言，都不能代替用数学语言的直接理解。

二 GHZ 定理的严格推导及其意义

设三个 $1/2$ 自旋粒子的体系处于 GHZ 态，即：

$$| \psi >_{ABC} = \frac{1}{\sqrt{2}} (| 0 >_A | 0 >_B | 0 >_C - | 1 >_A | 1 >_B | 1 >_C)$$

可以发现，量子纠缠态 $| \psi >_{ABC}$ 是 4 个相互对易的力学量组的共同本征态，$| \psi >_{ABC}$ 与相应的本征值与本征方程的关系为：

$$\begin{cases} \sigma_x^A \sigma_y^B \sigma_y^C | \psi >_{ABC} = | \psi >_{ABC} & （F-1） \\ \sigma_y^A \sigma_x^B \sigma_y^C | \psi >_{ABC} = | \psi >_{ABC} & （F-2） \\ \sigma_y^A \sigma_y^B \sigma_x^C | \psi >_{ABC} = | \psi >_{ABC} & （F-3） \\ \sigma_x^A \sigma_x^B \sigma_x^C | \psi >_{ABC} = - | \psi >_{ABC} & （F-4） \end{cases}$$

这里的 x，y 表示测量本征值的方向。其对应的本征值用 m 来表示，比如 m_x^A 表示 A 粒子在 x 方向上的本征值，其值为 +1 或 -1。m_y^A 表示 A 粒子在 y 方向上的本征值，其值为 +1 或 -1，其余类推。

从另一个角度来看，按照 EPR 的实在性判据，可观测量 σ_x^A 是一个实在性的要素，或者说，它是一个物理实在的要素，应当用一个变量来描述，比如 m_x^A。相类似，σ_y^A 可以用另一个变量 m_y^A 来描述，σ_x^B 可以用另一个变量 m_x^B 来描述，等等。事实上，从量子力学来看，本征值就是相应力学量算符所对应的实在性的要素。

按上述的本征值方程，并按照定域实在论，应当存在一组实数（ +1 或 -1 ）使如下的本征值方程组同时成立：

$$\begin{cases} m_x^A m_y^B m_y^C = 1 & （F-5） \\ m_y^A m_x^B m_y^C = 1 & （F-6） \\ m_y^A m_y^B m_x^C = 1 & （F-7） \\ m_x^A m_x^B m_x^C = -1 & （F-8） \end{cases}$$

将前三式相乘得到：$m_x^A m_x^B m_x^C = 1$，这就与上述方程组的第 4 式 $m_x^A m_x^B m_x^C = -1$ 相矛盾。

由于 ABC 三个粒子之间是类空间隔分开的，对其中两个粒子的测量将不会影响第三个粒子。从上述的本征值方程组来看，当其中两个粒子的本征值确定后，第三个粒子的本征值立即被确定。

按照经典的定域实在论，三个粒子在 x，y 方向都是实在的，都有一个确定的值即本征值相对应，即 m_x^A、m_y^A、m_x^B、m_y^B、m_x^C、m_y^C 都有实在的值。但是，本征值方程（F-7）～（F-10）严格限制了 ABC 三个粒子的本征值取的可能值。

比如，能否同时出现 m_x^A、m_x^B、m_y^C 三个本征值情形吗？

我们对照上述的本征值方程，不可能 m_x^A、m_x^B、m_y^C 同时出现，这就是说，当 AB 两个粒子出现 m_x^A 与 m_x^B 之后，粒子 C 不可能具有 m_y^C 这一本征值，按（F-10）式，粒子 C 只可能出现 m_x^C，且这三个本征值满足 $m_x^A m_x^B m_x^C = -1$。例如，当 $m_x^A = +1$，$m_x^B = -1$ 时，那么，必然 $m_x^C = +1$，此时 m_y^A、m_y^B 与 m_y^C 就不再具有实在性了，即它们不是实在性的要素了。

以（F-9）式 $m_y^A m_y^B m_x^C = 1$ 为例，此时，m_y^A、m_y^B、m_x^C 同时具有实在性，而 m_x^A、m_x^B 与 m_y^C 就不再具有实在性，即 m_x^A、m_x^B 与 m_y^C 就不是实在性的要素了。

其他情况作类似分析。这就是说，在不同的情况下，每一个粒子有不同的实在性要素，但这些实在性要素受到量子力学规则的限制。

可见，三粒子纠缠 GHZ 态说明了，这三个粒子并不是被"预先设定"成某种确定的、不变的模式，每个粒子在每个方向都同时具有确定的值，即具有实在性。因此，我们不能说，"微观粒子预先就以何种方式存在，其存在的性质怎样"，也不能说"微观粒子就以某种实在的方式存在着"，而应当正确地说：微观粒子完全由波函数（几率幅）描述，正是测量与三粒子纠缠态共同创造了测量的结果。当三粒子纠缠态确定之后，不同的测量与测量方向都会影响测量的结果，当然，这里测量的结果要受到量子力学的限制。在三粒子纠缠 GHZ 态中，不是三个粒子同时具有 6 个实在的要素，即 m_x^A、m_y^A、m_x^B、m_y^B、m_x^C、m_y^C 都有实在的值，这 6 个可能的要素究竟是哪三个粒子在哪一个方向上有实在的值，或成为实在的要素，这是由三粒子纠缠态与测量共同决定的，或者说是测量的延迟选择决定了实在的要素。显然，这里的实在的要素是经典值，是一种经典的实在，而不是量子实在。

三粒子纠缠 GHZ 态所出现的奇怪行为，只能从量子力学来理解，而不能从爱因斯坦的"实在性的要素"与"定域性"来理解。

无论三个粒子服从什么样的指令集，都会不可避免地发生自相矛盾。如果三个粒子的行为符合量子力学的规定，那么，所谓的"预先设定"就不能成立。

表 F-1　　　　　三粒子处于 GHZ 态中的本征值构成

情形	A 粒子	B 粒子	C 粒子	本征值之积
1	x	y	y	1
2	y	x	y	1
3	y	y	x	1
4	x	x	x	-1

注：x、y、z 表示各对应粒子的下标，即被测量本征值的方向。

下面我们具体分析一下三粒子的本征值的全部情况，也就是在测量中出现的各种情况：

当 A 粒子被测量得到是 $m_x^A = +1$，即是说，在 x 方向上，探测器测量得到的 A 粒子的自旋在 x 方向上投影，且数值为 +1。此时，B、C 两粒子的自旋的投影就不再是自由的了，只有两种情况，B、C 两个粒子的自旋同在 x 方向或在 y 方向。如果 B、C

两个粒子出现在 x 方向，这两个粒子的自旋投影必然是相反的（其中一个为 +1，另一个为 -1）；如果 B、C 两个粒子出现在 y 方向，这两个粒子的自旋投影必然是相同的（即同为 +1，或同为 -1）。进一步，如果测量得到 $m_x^A = +1$，$m_x^B = -1$，则只能是 $m_x^C = +1$（这就是表 F—1 的情形 4）。其余类似。

当 A 粒子被测量得到是 $m_x^A = -1$，即是说，在 x 方向上，探测器测量得到的 A 粒子的自旋在 x 方向上投影，且数值为 -1。此时，B、C 两粒子的自旋的投影也不再是自由的，只有两种情况，B、C 两个粒子的自旋同在 x 方向或在 y 方向。如果 B、C 两个粒子出现在 x 方向，这两个粒子的自旋投影必然是相同的（即同为 +1，或同为 -1）；如果 B、C 两个粒子出现在 y 方向，这两个粒子的自旋投影必然是相反的（其中一个为 +1，另一个为 -1）。

当 B 粒子被测量得到是 $m_x^B = +1$，即是说，在 x 方向上，探测器测量得到的 B 粒子的自旋在 x 方向上投影，且数值为 +1。此时，A、C 两粒子的自旋只能同时出现在 x 方向或在 y 方向。如果 A、C 两个粒子出现在 x 方向，这两个粒子的自旋投影必然是相反的（其中一个为 +1，另一个为 -1）；如果 A、C 两个粒子出现在 y 方向，这两个粒子的自旋投影必然是相同的（即同为 +1，或同为 -1）。

当 B 粒子被测量得到是 $m_x^B = -1$，即是说，在 x 方向上，探测器测量得到的 B 粒子的自旋在 x 方向上投影，且数值为 -1。此时，A、C 两粒子的自旋投影只能同时出现在 x 方向或在 y 方向。如果 A、C 两个粒子出现在 x 方向，这两个粒子的自旋投影必然是相同的（即同为 +1，或同为 -1）；如果 A、C 两个粒子出现在 y 方向，这两个粒子的自旋投影必然是相反的（其中一个为 +1，另一个为 -1）。

当 C 粒子被测量得到是 $m_x^C = +1$，即是说，在 x 方向上，探测器测量得到的 C 粒子的自旋在 x 方向上投影，且数值为 +1。

此时，A、B 两粒子的自旋投影只能同时出现在 x 方向或在 y 方向。如果 A、B 两个粒子出现在 x 方向，这两个粒子的自旋投影必然是相反的（其中一个为 +1，另一个为 -1）；如果 A、B 两个粒子出现在 y 方向，这两个粒子的自旋投影必然是相同的（即同为 +1，或同为 -1）。

当 C 粒子被测量得到是 $m_x^C = -1$，即是说，在 x 方向上，探测器测量得到的 C 粒子的自旋在 x 方向上投影，且数值为 -1。此时，A、B 两粒子的自旋投影只能同时出现在 x 方向或在 y 方向。如果 A、B 两个粒子出现在 x 方向，这两个粒子的自旋投影必然是相同的（即同为 +1，或同为 -1）；如果 A、B 两个粒子出现在 y 方向，这两个粒子的自旋投影必然是相反的（其中一个为 +1，另一个为 -1）。

可见，对 A、B、C 三个粒子而言，当测量其自旋在 x 方向上的投影，余下两个粒子的自旋的投影就不再是任意的了。

可见，这三个粒子具有某种对称性。如表 F-2 所示。

表 F-2　三粒子处于 GHZ 态中，先测量 y 方向上的自旋值的情形

第一个粒子	另外两个粒子	另外两个粒子的自旋投影分布
$m_x^A = +1$	B、C 两个粒子的自旋投影只能出现在 x 方向或 y 方向	在 x 方向，这两个粒子的自旋投影必相反
$m_x^B = +1$	A、C 两粒子的自旋只能出现在 x 方向或 y 方向	
$m_x^C = +1$	A、B 两粒子的自旋投影只能同时出现在 x 方向或 y 方向	在 y 方向，这两个粒子的自旋投影必相同
$m_x^A = -1$	B、C 两个粒子的自旋投影只能出现在 x 方向或 y 方向	在 x 方向，这两个粒子的自旋投影必相同
$m_x^B = -1$	A、C 两粒子的自旋投影只能出现在 x 方向或 y 方向	
$m_x^C = -1$	A、B 两粒子的自旋投影只能出现在 x 方向或 y 方向	在 y 方向，这两个粒子的自旋投影必相反

当 A 粒子被测量得到是 $m_y^A = +1$，即是说，在 y 方向上，探测器测量得到的 A 粒子的自旋在 y 方向上投影，其数值为 +1。则 B、C 两个粒子的自旋投影只可能分别出现在 x 方向或在 y 方向，它们不能同时出现在一个方向上，而且它们的自旋的投影值相同（即同为 +1，或同为 -1）。

当 A 粒子被测量得到是 $m_y^A = -1$，即是说，在 y 方向上，探测器测量得到的 A 粒子的自旋在 y 方向上投影，其数值为 -1。则 B、C 两个粒子的自旋投影只可能分别出现在 x 方向或在 y 方向，它们不能同时出现在一个方向上，而且它们的自旋的投影值相反（其中一个为 +1，另一个为 -1）。

当 B 粒子被测量得到是 $m_y^B = +1$，即是说，探测器测量得到的 B 粒子的自旋在 y 方向上投影的数值为 +1。那么，A、C 两个粒子的自旋投影只可能分别出现在 x 方向或在 y 方向，它们不能同时出现在一个方向上，而且它们的自旋的投影值相同（即同为 +1，或同为 -1）。

其余类推。见表 F-3。

上述我们相当详细说明了三个 1/2 自旋的粒子形成的 GHZ 纠缠态：$| \psi >_{ABC} = \dfrac{1}{\sqrt{2}} (| 0 >_A | 0 >_B | 0 >_c - | 1 >_A | 1 >_B | 1 >_c)$，即 $| GHZ >$，以及它们的测量可能性。我们理解 GHZ 态，不可能从经典物理实在的角度来理解，也不能从经典的定域性来理解，而只能从量子实在与非定域角度来理解。由于这三个粒子有共同的本征态 $| \psi >_{ABC}$，因此，它们的本征值可以同时进行测量，而避免了海森堡不确定性原理的干扰。

我们对三个粒子的自旋投影进行测量，不是说，每个粒子的自旋的投影值（+1 或 -1）已经预先地存在在那里；而是说，正是探测器对 GHZ 态 $| \psi >_{ABC}$ 的测量才导致了最后的各粒子自旋的投影值。经过测量仪器测量得到的粒子自旋的值，是经典的

值，这是经典结果，而不是量子意义上的量子现象。处于纠缠
$|\psi>_{ABC}$ 中 ABC 三个粒子，只能以波函数来理解它们的存在，而
不能理解为是经典的粒子或经典的波。就像我们理解电子的双缝
衍射一样，必须将电子理解波函数，唯其如此，我们才能理解产
生的双缝衍射的花纹。

表 F – 3　三粒子处于 GHZ 态中，先测量 y 方向上的自旋值的情形

第一个粒子	另外两个粒子	另外两个粒子的自旋投影分布
$m_y^A = +1$	B、C 两个粒子的自旋投影只能分别出现在 x 方向或 y 方向	两粒子的自旋投影必相同
$m_y^B = +1$	A、C 两个粒子的自旋投影只能分别出现在 x 方向或 y 方向	
$m_y^C = +1$	A、B 两个粒子的自旋投影只能分别出现在 x 方向或 y 方向	
$m_y^A = -1$	B、C 两个粒子的自旋投影只能分别出现在 x 方向或 y 方向	两粒子的自旋投影必相反
$m_y^B = -1$	A、C 两粒子的自旋投影只能分别出现在 x 方向或 y 方向	
$m_y^C = -1$	A、B 两粒子的自旋投影只能分别出现在 x 方向或 y 方向	

　　同样，我们在此也要说明：双粒子的纠缠形成纠缠态，也必
须从波函数来理解。以贝尔态 $|\psi^+> = \frac{1}{\sqrt{2}}$（$|0_1> \otimes |1_2> +$
$|1_1> \otimes |0_2>$）来说，只能从粒子 1 与粒子 2 的形成纠缠态来
理解，即是说，在同一时刻，粒子 1 与粒子 2 既处于态 $|0_1>$
$|1_2>$，又同时处于态 $|1_1> |0_2>$。

　　可以简单概括为：

　　三粒子纠缠态 $|GHZ>$ + 测量仪器 ⇒ 三个粒子的经典测量值。

　　我们能否假设三个粒子的实在性要素是随机分布的，且每一

个粒子有一实在性要素？若此，本征值所满足的四个等式就应当是自由的，而不是有严格的限制。

能否假设三个粒子的实在性要素在被测量之前就已经被预先决定了？

可以说，三个粒子的纠缠态——GHZ态是被预先确定的，但这是在量子力学的层次上，而不是在经典力学的意义上。在 GHZ 态中，从在经典层次上的任何意义的物理实在的设定，都是不可能的，必定将测量的结果。在没有进行测量之前，不能把每个粒子的自旋预先固定在某一个方向，而且有一个确定的单值（+1或-1）。在一定的经典仪器作用下，当量子态发生了不可逆的过程之后，才会出现经典的结果，即经典实在。

自旋是已经存在的，还是由测量导致的？

所谓自旋，实际上是指总的自旋角动量，对于一个自旋为 1/2 的粒子来说，其总的自旋角动量的平方就是 $\frac{3}{4}\hbar^2$（详见第二章第三节 "EPR 的自旋版本"），自旋角动量是一个有方向的量（矢量），它可以向任何一个方向进行投影，其自旋投影的值只能是 $+\frac{\hbar}{2}$ 或 $-\frac{\hbar}{2}$。注意：电子的自旋角动量在任意空间方向上的投影（如在 x、y、z 等方向，或者其他任意方向）只能取两个值：$\pm\frac{\hbar}{2}$，这是电子自旋所具有的性质，是由量子性所决定的。

量子力学中有一个定理，如果 F、G 有共同的本征函数（可以差别到一个负号和常数），则两者的对易关系为零，即 $[F, G] = FG - GF = 0$

很容易证明：

设 $F\psi_n = \psi_n$，$G\psi_n = -\alpha\psi_n$

其中 α 为一个常数，

则有：$[F, G]\psi_n = (FG - GF)\psi_n = F(-\alpha\psi_n) - G(\psi_n) = 0$

由于力学量组 $\sigma_x^A\sigma_y^B\sigma_y^C$、$\sigma_y^A\sigma_x^B\sigma_y^C$、$\sigma_y^A\sigma_y^B\sigma_x^C$ 与 $\sigma_x^A\sigma_x^B\sigma_x^C$ 有共同

的本征函数 $|\psi>_{ABC}$，差别仅到一个负号，因此它们之间是相互对易的，因此，这些力学量组可以同时被测量，即它们同时具有确定值。比如，$\sigma_x^A\sigma_y^B\sigma_y^C$ 与 $\sigma_x^A\sigma_x^B\sigma_x^C$ 可以同时被测量，其对应的本征值满足：$m_x^A m_y^B m_y^C = 1$ 与 $m_x^A m_x^B m_x^C = -1$，当测量到 A 粒子在 x 方向上的投影为 +1，即 $m_x^A = +1$ 时，B，C 两个粒子的可以状态，请见表 2-5 的第二行有关情况。$\sigma_x^A\sigma_y^B\sigma_y^C$ 与 $\sigma_x^A\sigma_x^B\sigma_x^C$ 可以同时被测量，这就意味着它们同时具有确定的经典值。同样，力学量组 $\sigma_x^A\sigma_y^B\sigma_y^C$、$\sigma_y^A\sigma_x^B\sigma_y^C$、$\sigma_y^A\sigma_y^B\sigma_x^C$ 与 $\sigma_x^A\sigma_x^B\sigma_x^C$ 中任意两组都同时具有确定的测量值。

需要指出的是，这四个本征值满足的方程不是随机的，有严格的要求，只有满足此，才是符合量子力学的规定。

在没有测量之前，三粒子的 GHZ 纠缠态是可逆的，可以按照薛定谔方程进行演化。

在学界，波函数、算符的实在性是有争论的。我们认为，波函数与算符都是量子实在的（在第八章与第九章还有论述），应当区分不同层次的实在性。在本例中，量子纠缠态 $|\psi>_{ABC}$ 是 4 个相互对易的力学量组的共同本征态，三粒子的纠缠 GHZ 态 $|\psi>_{ABC}$ 就具有实在性，算符的组合 σ_x^A、σ_y^B、σ_y^C 同时具有实在性，它们可以被同时测量；$\sigma_y^A\sigma_x^B\sigma_y^C$ 同时具有实在性，$\sigma_y^A\sigma_y^B\sigma_x^C$ 同时具有实在性，$\sigma_x^A\sigma_x^B\sigma_x^C$ 同时具有实在性这三对相互对易的力学量组可以分别被同时测量，但由于这 4 组相互对易的力学量有共同点的本征函数 $|\psi>_{ABC}$，因此，它们也同时可以被测量。被测量到的实在是经典实在。

参考文献

1. 《爱因斯坦文集》第 1 卷，商务印书馆 1976 年版。

2. 艾克塞尔，《纠缠态：物理世界第一谜》。上海科学技术文献出版社 2008 年版。

3. 《杨振宁演讲集》，南开大学出版社 1989 年版。

4. A. Aspect. Bell's inequality test：more ideal than ever. *Nature*，1999.

5. A. Aspect. Bell's Thorem：The Native View of an Experimentalist. in：R. A. Bertlmann and A. Zeilinger（eds.）：*Quantum [Un] speakable*. Berlin：Springer-Verlag. 2002.

6. A. Cabello. "All versus Nothing" Inseparability for Two Observers. *Phys. Rev. Lett.* 2001.

7. A. Duwell，Quantum information does not exist. *Studies in History and Philosophy of Modern Physics*，2003，（34）.

8. A. Einstein，B. Podolsky and N. Rosen，Can Quantum-Mechanical Description of Physical Reality Be Considered Complete? *Phys. Rev.* 1935。另见爱因斯坦、波多耳斯基、罗森：《"能认为量子力学对物理实在的描述是完备的吗?"》，载《爱因斯坦文集》第一卷，商务印书馆 1976 年版。

9. A. Hagar. A Philosopher Looks at Quantum Information Theory. *Philosophy of Science*，70（October，2003）。

10. Anton Zeilinger：《量子移物》，《科学》（中译本）2000 年第 7 期。

11. Bernard d' Espagnat. *Veiled Reality*：*A Analysis of Present-Day Quantum Mechanical Concepts.* New York：Addison-Wesley Publishing Company，1995。

12. N. Bohr，On the notion of causality and complemantarity，*Dialectica*，2（1948）．

13. C. H. Bennet，et al. Telaporting an Unknown Quantum State via Dual Classical and Einstein-Podolsky-Rosen Channels. *Phys. Rev. Lett.* 1895，70，1993.

14. Christopher G. Timpson，The Grammer of Teleportation，*The British Journal for the Philosophy of Science*，2006，57（3）．

15. Claire Ortiz Hill. *Word and Object in Husserl、Frege and Russell.* Ohio university press，1991.

16. D. Bohm and F. D. Peat. *Science，Order and Creativity*，Routledge，London 1987，p. 93.

17. D. Bohm，A suggested interpretation of the quantum theory in terms of "hidden variables"．*Phys. Rev.* 1952，15：pp. 166 – 193.

18. D. Bohm，B. J. Hiley. *The Undivided Universe—An Ontological Interpretation of Quantum Theory*，Routledge，London，1993，p. 108.

19. D. Bouwmeester，A. Ekert and A. Zeilinger，*The Physics of Quantum Information.* Berlin：Springer-Verlag. 2000.

20. D. Bouwmeester，Jian-Wei Pan，etc. Experimental quantum Teleportation. *Nature*，1997.

21. D. C. Robinson. Uniqueness of the Kerr black hole. Phys. *Rev. Lett.* 1975.

22. D. Howard. Albert Einstein as a Philosopher of Science. *Physics Today.* 2005，Dec. 39.

23. D. Ihde，*Technics And Praxis.* Dodrect：D. Reidel Pubishing

Company, 1979, pp. 19 – 36.

24. D. M. Greenberger, M. A. Horne, A. Zeilinger, Going beyond Bell's theorem, in M. Kafatos (eds.), *Bell's Theorm*, *Quantum Theory*, *and Conceptions of the Universe*, Dordrecht: Kluwer, 1989.

25. Dan Zahavi, *Husserl's Phenomenology*. California: Stanford University Press, 2003, p. 73.

26. David C. Scharf, Quantum Measurement and the Program for the Unity of Science, *Philosophy of Science*, Vol. 56, No. 4 (Dec., 1989).

27. D. Deutsch, R. Jozsa, Rapid solution of problems by quantum computation. *Proc. R. Soc. Lond. A*, 1992, Vol. 439.

28. Don Ihde, *Experimental Phenomenology*: *An Introduction*. New York: G. P. Putnam's Sons.

29. Duan L. M, Guo G. C. A Probabilistic Cloning Machine for Replicating Two Non-orthogonal States. *Phys. Lett. A*, 1998, p. 243.

30. E. Schrödinger. *Die gegenwarige situation in der quanenmechannik*. Natürwissenschaften, 1935, p. 23.

31. H. P. Stapp, Theory of Reality, *Found. Phys.* 7 (1977) 313 – 323.

32. H. P. Stapp, (1979): "Whiteheadian Approach to Quantum Theory and Generalized Bell's Theorem". *Found. Phys.* 9, pp. 1 – 25.

33. H. 哈肯:《信息与自组织》, 四川教育出版社 1988 年版。

34. R. Healey, Comments on Kochen's Specification of Measurement Interaction. *PSA*: *Proceedings of the Biennial Meeting of the Philosophy of Science Association*, Vol. 1978, Volume Two: Symposia and Invited Papers (1978).

35. Henry J. Folse, *The Philosophy of Niels Bohr*: *The Framework of Complementarity*. Amsterdam: North-Holland Physics Publishing. 1985.

36. Don Howard, "Holism, Separability, and the Metaphysical Implications of the Bell Experiments". In: J. T. Cushing and E. McMullin (eds.): *Philosophical Consequences of Quantum Theory. Reflections on Bell's Theorem.* Notre Dame: University of Notre Dame Press. 1989.

37. I. B. Cohen. *Isaac Newton's Papers and Letters on Natural Philosophy.* Cambridge, 1958.

38. J. A. Smolin. A four-party unlockably bound-entangled state. *Technical Report*, quant-ph/0001001. 2000, pp. 1 – 5.

39. J. S. Bell. On the Einstein Podolsky Rosen Paradox. Physics, 1964, (1): pp. 195 – 200.

40. J. B. 科布:《怀特海哲学和建设性的后现代性》,《世界哲学》2003 年第 1 期。

41. John Horgan, From complexity to perplexity. *Scientific American.* 1995, 272 (6), pp. 104 – 109.

42. Jon P. Jarrett, On the Physical Significance of the Locality Conditions in the Bell Arguments', *Noûs*, 18 (1984), pp. 569 – 589.

43. F. M. Kronz, J. T. Tiehen, . Emergence and Quantum Mechanics. *Philosophy of Science*, Jun 2002; p. 69.

44. Leibniz, Gottfried Wilhelm. *G. W. Leibniz's Monadology: an edition for students*, Nicholas Rescher (Trans.) . Pittsburgh: U. of Pittsburgh Press, 1991, p. 1720.

45. Ludwig Knöll, Arkadiusz Orlowski, Distance Between Density Operators: Application to The Jaynes-Cummings Model. *Phys. Rev. A*, 1995, 51: pp. 1622 – 1630。

46. M. A. Nielson, I. L. Chuang:《量子计算与量子信息》(一),赵千川译, 清华大学出版社 2004 年版。

47. M. Bunge, *Causality and modern science* (third revised edition) . New York: Dover Publications, Inc. 1979.

48. M. Dalla Chiara, R. Giuntini, R. Greechie. *Reasoning in Quantum Theory: Sharp and Unsharp Quantum Logics.* Kluwer Academic Publishers. 2004.

49. M. Esfeld. M. Lewis' Causation and Quantum Correlation. in W. Spohn, M. Ledwig & M. Esfeld (Eds.): *Current Issues in Causation*, Parderborn: Mentis 2001.

50. M. Heidegger, *Being and Time*, translated by J. Macquarrie & E. Robinson, London: SCM Press Ltd. 1962.

51. M. Jammer: *The Philosophy of Quantum Mechancs.* New York: John Wiley & Sons, Inc. 1974.

52. Tim, Maudlin, Part and Whole in Quantum Mechanics, in Elena Castellani (ed.), *Interpreting Bodies.* Princeton, N. J.: Princeton University Press.

53. J. C. Mingers, Information and Meaning: foundations for an intersubjective account, *Information Systems Journal*, 1995, Vol. 5.

54. N. Bohr, "Science and Unity of Knowledge", reprinted in Niels Bohr: *Collected Works*, Vol. 10 (Amsterdam: Elsevier, 1999 [1955]).

55. N. Bohr, *Atomic Physics and Human Knowledge*, New York, Wiley, 1958.

56. N. D. Mermin. Extreme Quantum Entanglement in a Superposition of Macroscopically Distinct States. *Physical Review Letters*, 1990, (15). p. 65.

57. N. 维纳:《控制论》, 郝季仁译, 科学出版社 1963 年版。

58. Niels Bohr, *Atomic Theory and the Description of Nature*, Cambridge: At The University Press, 1934.

59. R. Omnes, *The Interpretation of Quantum Mechanics.* New Jersey: Princeton University Press, 1994.

60. P. G. Kwiat, A. M. Steinberg, and R. Y. Chiao. High-Visibili-

ty Interference in a Bell-Inequality Experiment for Energy and Time, *Phys. Rev. A*, 1993, p. 47.

61. A. K. Pati etal. Impossibility of Deleting an Unknown Quantum State, *Nature*, 2000, p. 404.

62. Patricia Kitcher. Genetics, Reduction and Functional Psychology, *Philosophy of Science*, Vol. 49, No. 4 (Dec., 1982).

63. Patrick A. Heelan, *Space-Perception and The Philosophy of Science*. Los Angeles: University of California Press, 1983.

64. R. Adams, Primitive Thisness and Primitive Identity, *Journal of Philosophy. 1979*, 76: pp. 5 – 26.

65. R. Jozsa, Quantum information and its properties, Lo H-K, S. Popescu and T. Spiller (Eds.) *Indroduction to Quantum Computation and Information*, Singapore: World Scientific, 1998.

66. R. Jozsa, Quantum information and its properties, Lo H-K, S. Popescu and T. Spiller (Eds.) *Indroduction to Quantum Computation and Information*, Singapore: World Scientific, 1998.

67. R. Omnès. *The Interpretation of Quantum Mechanics*. New Jersey: Princeton Press 1994.

68. R. Rosenberg, Perceiving other planets: bodily experience, interpretation, and the Mars orbiter camera. *Human Studies.* 2008, (1).

69. Robert C. Richardson, How Not to Reduce a Functional Psychology, *Philosophy of Science*, Vol. 49, No. 1 (Mar., 1982), pp. 125 – 137.

70. S. Goldstein. Nonlocality without inequalities for almost all entangled states for two particals. *Phys. Rev. Lett.* 1994, 72: p. 1951.

71. Steven French, Identity and Individuality in Quantum Theory. http: //plato. stanford. edu/entries/qt-idind/.

72. T. Stonier, *Information and Meaning: An Evolutionary Perspective*. New York: Spinger, 1997.

73. V. B. Braginsky, F. Y. Khalili. Quantum nondemolition measurements: the route from toys to tools. *Reviews of Modern Physics*. 1996, p. 68.

74. Van Fraassen, *Quantum Mechanics*: *An Empiricist View*, Oxford: Oxford University Press. 1991.

75. W. K. Wootters, W. S. Leng, Quantum Entanglement as a Quantifiable Resource [and Discussion], Philosophical Transactions: Mathematical, Physical and Engineering Sciences, *Quantum Computation*: *Theory and Experiment*. 1998, Vol. 356.

76. H. Weyl, *The Theory of Groups and Quantum Mechanics*, London: Methuen and Co.; English trans. 1931, 2nd ed.

77. Z. B Chen et al. *Unifying Entanglement and Nonlocality as a Single Concept*: *Quantum Wholeness*. quant-ph/0308102.

78. Zhao Zhi, et al. Experimental demonstration of five-photon entanglement open destination teleportation. *Nature*, 2004, Vol. 430.

79. W. H. Zurek, Decoherence and Transition From Quantum to Classical. *Phys. Today*. 1991 (10): p. 36.

80. 陈奎德:《怀特海哲学演化概论》,上海人民出版社 1988 年版。

81. 戴葵等:《量子信息技术引论》,国防科技大学出版社 2001 年版。

82. 戴维斯、布朗合编:《原子中的幽灵》,湖南科学技术出版社 1992 年版。

83. 《物理学与质朴性》,安徽科技出版社 1982 年版。

84. 盖尔曼:《夸克与美洲豹》,湖南科学技术出版社 1999 年版。

85. 顾小丰、孙世新、卢光辉:《计算复杂性》,机械工业出版社 2005 年版。

86. 广松涉:《事的世界观的前哨》,南京大学出版社 2003

年版。

87. 黑格尔：《美学》，商务印书馆 1979 年版。

88. 侯伯元、侯伯宇著，《物理学家用微分几何》，科学出版社 2004 年第二版。

89. 侯伯元、云国宏、杨战营编著：《路径积分与量子物理导引》，科学出版社 2008 年版。

90. 胡塞尔：《现象学的观念》，倪梁康译，上海译文出版社 1986 年版。

91. 怀特海：《科学与近代世界》，商务印书馆 1989 年版。

92. 怀特海：《过程与实在》，中国城市出版社 2003 年版。

93. 《莱布尼茨与克拉克论战书信集》，陈修斋译，商务印书馆 1996 年版。

94. 李承祖等：《量子通信和量子计算》，国防科技大学出版社 2000 年版。

95. 李传锋、郭光灿：《量子信息研究进展》，《物理学进展》2000 年第 4 期。

96. 梁彪：《逻辑哲学初步》，广东人民出版社 2002 年版。

97. 刘辽、赵静编著：《广义相对论》（第二版），高等教育出版社 2004 年版。

98. 马蒂尼奇编：《语言哲学》，牟博、杨音莱、韩林合等译，商务印书馆 1998 年版。

99. 苗东升：《系统科学精要》，中国人民大学出版社 1998 年版。

100. 宁平治等主编：《杨振宁演讲集》，南开大学出版社 1989 年版。

101. 欧内斯特·内格尔：《科学的结构——科学说明的逻辑问题》，徐向东译，上海译文出版社 2002 年版。

102. 瓦尔特·顾莱纳：《量子力学导论》，北京大学出版社 2001 年版。

103. 维特根斯坦：《逻辑哲学论》，贺绍甲译，商务印书馆1996年版。

104. 维纳：《人有人的用处》，商务印书馆1978年版。

105. 维特根斯坦：《哲学研究》，陈嘉映译，上海译文出版社2001年版。

106. 吴国林：《探索知识经济》，华南理工大学出版社2001年版。

107. 吴国林、孙显曜：《物理学哲学导论》，人民出版社2007年版。

108. 吴国林：《试论微观物质开放性及其对物质可分性的影响》，《科学技术与辩证法》1996年第1期。

109. 吴国林：《量子纠缠及其哲学意义》，《自然辩证法研究》2005年第7期。

110. 吴国林：《量子信息的本质探究》，《科学技术与辩证法》2005年第6期。

111. 吴国林：《量子非定域性及其哲学意义》，《哲学研究》2006年第9期。

112. 吴国林：《量子信息哲学正在兴起》，《哲学动态》2006年第10期。

113. 吴国林、黄灵玉：《计算复杂性、量子计算及其哲学意义》，《自然辩证法研究》2007年第1期。

114. 吴国林：《量子控制的基本概念及其哲学意义》，《科学技术与辩证法》2007年第6期。

115. 吴国林：《量子纠缠的产生及其哲学意义》，《华南理工大学学报》（社科版）2008年第5期。

116. 吴国林：《现象学的现象与量子现象的相遇》，《自然辩证法研究》2008年第5期。

117. 吴国林、刘建城：《量子隐形传态过程的因果关系分析》，《自然辩证法研究》2009年第6期。

118. 吴国林：《现象学对量子测量问题的启示》，The Implication of Phenomenology to Quantum Measurement. *Wuhan 1ˢᵗ International Symposium on the Philosophy of Science——Structural Realism and the Philosophy of Quantum Physics*，Wuhan，China，2009. 7. pp. 18 – 20.

119. 夏立容：《信息与相互作用的关系》，《自然辩证法研究》1995 年第 1 期。

120. 休谟著：《人性论》，关文运译，商务印书馆 1980 年版。

121. 徐友渔：《"哥白尼的革命"》，上海三联书店 1994 年版。

122. 雅默著：《量子力学的哲学》，秦克城译，商务印书馆 1989 年版。

123. 伊·普利高津，伊·斯唐热：《从混沌到有序》，曾庆宏、沈小峰译，上海译文出版社 1987 年版。

124. 张华夏：《关于因果性的本体论和自然哲学》，《自然辩证法通讯》1996 年第 4 期。

125. 张祥龙：《从现象学到孔夫子》，商务印书馆 2001 年版。

126. 张永德、吴盛俊等：《量子信息论》，华中师范大学出版社 2002 年版。

127. 张永德：《量子力学》，科学出版社 2006 年版。

128. 张永德：《量子信息物理原理》，科学出版社 2006 年版。

129. 张镇九等：《量子计算与量子加密》，华中师范大学出版社，2002 年版。

130. 张志林：《因果关系的状态空间模型》，《自然辩证法通讯》1996 年第 1 期。

131. 赵瑞清、孙宗智：《计算复杂性概论》，气象出版社 1989 年版。

132. 钟义信：《信息的科学》，光明日报出版社 1988 年版。

133. 钟义信：《信息科学原理》（第三版），北京邮电大学出版社 2002 年版。

后　记

　　自从涉入量子信息哲学的研究以来，我已在《哲学研究》、《自然辩证法研究》《哲学动态》、《科学技术与辩证法》等重要专业杂志上发表了大量的论文，一些论文被中国人民大学报刊复印资料中心的《科学技术哲学》全文转载，有的论文被《中国社会科学文摘》转摘。论文《量子纠缠及其哲学意义》还受到美国 John Templeton 基金会的重视，该会秘书长 Jean Staune 博士及随行人员于 2006 年 7 月专程到广州市前来访问与讨论。

　　论文《现象学的现象与量子现象的相遇》的英文版《Encounter Between Phenomenological Phenomena and Quantum Phenomena》，于 2008 年 4 月 28 日在美国纽约州立大学石溪分校哲学系技术科学研究小组主任、后现象学创始人伊德（Don Ihde）教授主持的讨论会上做了报告，受到了伊德的高度评价，他认为该文具有挑逗性（provocative），该文也受到国内有关专家的高度评价。

　　正是对量子信息的研究，促使我探索量子现象学。2010 年 5 月在北京与美国波士顿大学哲学系、国际著名科学哲学家科恩（Robert S. Cohen）教授的会见过程中，他认为，我的量子现象学研究是有雄心的（ambitious）。

　　本书是国内外较早系统地进行量子信息的哲学研究的专著，对量子纠缠、量子信息、非定域性、量子计算、同一性、因果性、量子信息与现象学之相遇、量子信息与相互作用的关系等率先展开细致的研究，取得了对原有量子力学的哲学研究的一点新突破。量子信息哲学是一个正在兴起研究领域，有关问题也在争论之中，并没有一个确定的范式可以参考，但不论如何，我们都是基于量子力学和量子信息论对一些重要论题进行的哲学研究，当然，这些研究在学理上是否合理，还请各位专家学者批评指正！

借此机会，我要感谢我的博士生刘建城与硕士生黄灵玉，我与他们就有关量子信息的哲学问题展开了多次讨论。

我还要感谢为本书的主编赵剑英、肖峰，以及责任编辑，正是他们的信任与卓有成效的工作使得本书能够顺利出版。

所谓学术，就是在把玩中走出一条路。一路学术地走来，并不轻松，但的确是辛苦并快乐着。如果对笛卡尔的"我思，故我在"做另一个意义上解读，正是我思、我探索，我在世中！正如带着一架较为专业的相机以及脚架，登上无人去过的高高山峰，就为拍摄那日出、日落或美丽的风景，追求那纯粹的美！《老子》说："天下皆知美之为美，斯恶已。"这是否还有这样的意味：天下皆知那美了，就不是原初的美了，但是个别人知道那美还是美啊！从这个意义上，专心的独创摄影与做学术在本质上是一样的，是相通的，都是直观这不同变更的现象之中的本质，揭示事物之真理（truth），追求那个别人才可能体验的原初之美、自然之大美。

吴国林于华南理工大学

2010 年 7 月 25 日